Tiefgaragen

„Die Stadt"

Herausgegeben von
Professor Gerhard G. Dittrich
Direktor der SIN-Städtebauinstitut-
Forschungsgesellschaft mbH, Nürnberg

Tiefgaragen

ist die Zusammenfassung des Schlußberichts einer Untersuchung, die der Bundesminister für Städtebau und Wohnungswesen in Auftrag gegeben hat, mit dem Thema: „Voraussetzungen, Möglichkeiten und Unterbringung des ruhenden Verkehrs in Tiefgaragen verschiedener Art bei Demonstrativbauvorhaben des Bundesministeriums für Wohnungswesen und Städtebau."

BMBAU-Nr. II A 4 - 70 41 48 - 19/67)

Im SIN-Städtebauinstitut hat diese Aufgabe folgendes interdisziplinär zusammengesetzte Team unter Leitung von
Professor Gerhard G. Dittrich
bearbeitet

Ing. grad. Frank Heidenreich, Architekt
Dipl.-Sozialwirt Gudrun Land
Dip.-Ing. Hans Menge.

Ferner wirkten vom Architekturbüro
Professor Gerhard G. Dittrich mit
Fritz Linder, Architekt
Fritz Niemann

Tiefgaragen

Grundlagen, Planung, Wirtschaftlichkeit

Gerhard G. Dittrich u. a.

Deutsche Verlags-Anstalt Stuttgart

52 Tabellen, 53 Abbildungen

1974

Copyright by SIN-Städtebauinstitut-Forschungsgesellschaft mbH, Nürnberg
Deutsche Verlags-Anstalt GmbH, Stuttgart (in Komm.)
Umschlag: Professor Karl Hans Walter
Layout: Rainer Hempel
Redaktion: Werner Meier
Druck: UNI-Copy GmbH, 85 Nürnberg, Maxplatz 13

Alle Rechte vorbehalten. Auch die fotomechanische (Fotokopie, Mikrokopie) Vervielfältigung des Werkes bedarf der Genehmigung des Herausgebers und des Verlages.
ISBN 3 421 02306 9
Library of Congress Catalog Card Number: 73-75387

Inhalt

0.	**Einführung**	9
0.1	Das Problemfeld der Untersuchung	9
0.1.1	Verkehr in Wohngebieten	10
0.1.2	Ruhender Verkehr in Wohngebieten	10
0.1.3	Wohnwert und „Funktionieren" von Wohngebieten	11
0.1.4	Wirtschaftlichkeit und Rentabilität von Wohngebieten	11
0.2	Methodisches Vorgehen	12
1.	**Grundlagen der Planung für den ruhenden Verkehr**	13
1.1	Verkehrsaufkommen in Städten und Tendenzen der Verkehrsgewohnheiten; Stellplatzprognosen	13
1.1.1	Gründe für die Zunahme des Verkehrs	13
1.1.2	PKW-Bestand und seine Entwicklung	14
1.1.3	Verkehrsmittelbenutzung und Struktur des PKW-Besitzes	17
1.1.4	Prognose des Stellplatzbedarfs	27
1.2	Gesetze, Verordnungen, Richtlinien	28
1.2.1	Bundesbaugesetz und Bundesraumordnungsgesetz	28
1.2.2	Baunutzungsverordnung	30
1.2.3	Bauordnungsrecht	34
1.2.4	Rechtliche Probleme bei Gemeinschaftsanlagen	39
1.2.5	Richtlinien und Vorschläge für Stellplatzzahlen	43
1.2.6	Besondere Bestimmungen für Großgaragen	50
1.2.7	Ermittlung des Stellplatzbedarfes für Wohngebiete	51
1.2.8	Bebauungsplan und unterirdische Garagenanlagen	53
1.3	Die Flächen für den ruhenden Verkehr als wesentliche Determinante der Bauleitplanung	54
1.4	Ruhender Verkehr in Wohngebieten — Kriterium für den Wohnwert	56
2.	**Gestaltung und Zuordnung der Stellflächen**	63
2.1	Stellplatz und Garage — Größe und Anordnung	63
2.2	Aufstellungsarten und Platzbedarf von Sammelstellplätzen	67
2.3	Der Standort von Sammelstellplätzen	75
2.4	Städtebauliche Gestaltung mit Garagenanlagen	78
2.5	Mehrgeschossige oberirdische Anlagen	79

3.	Planung und Realisierung von Anlagen für den ruhenden Verkehr in ausgewählten Demonstrativbauvorhaben	83
3.1	Ergebnisse der Behördenbefragung und Interviews	83
3.2	Stellplatzplanungen – Auswertung der Bebauungspläne	87
4.	Vorstellungen der Bewohner von Demonstrativbauvorhaben zur Unterbringung ihrer PKW (Befragungsergebnisse)	91
5.	Städtebauliche Aspekte der Planung und Anordnung von Tiefgaragen	99
5.1	Vorteile von Tiefgaragen	100
5.2	Bedenken gegen Tiefgaragen	102
5.3	Sicherung der Vorteile von Tiefgaragen	103
6.	Bauplanerisch-konstruktive Aspekte von Tiefgaragen	105
6.1	Flächengliederung und Stellplatzgestaltung	105
6.1.1	Flächen- und Raumaufteilung	105
6.1.2	Rampensysteme	114
6.1.3	Systeme und Lage im Gelände	124
6.1.3.1	Doppelnutzung der Freiflächen	124
6.1.3.2	Doppelnutzung der Wohnflächen	129
6.1.3.3	Doppelnutzung der öffentlichen Verkehrsfläche – Unterstraßengarage	130
6.1.3.4	Sonderformen	131
6.2	Zuordnung der Tiefgaragen	132
6.2.1	Lage zu den Wohnungen	132
6.2.2	Die Verbindung zwischen Wohnung und Stellplatz	132
6.2.3	Lage zum Straßennetz und Netzgestaltung bei der Anlage von Tiefgaragen	134
6.3	Bautechnische Belange	135
6.3.1	Deckenlasten	135
6.3.2	Tragkonstruktion	135
6.3.3	Bauphysikalische Erfordernisse	138
6.3.3.1	Lüftung und Heizung	138
6.3.3.2	Beleuchtung	138
6.3.3.3	Brandschutz	139
6.3.3.4	Entwässerung	139
7.	Kosten von Tiefgaragen	141
7.1	Implikationen der Wirtschaftlichkeit bei Tiefgaragen	142
7.1.1	Volkswirtschaftliche und betriebswirtschaftliche Belange	144
7.1.2	Die Einnahmenseite der Kostenrechnung	144
7.1.3	Bodenpreis – heute oder morgen?	145
7.1.4	Garagenkosten als Teil des Gesamterschließungsaufwandes	145
7.2	Baukosten ausgeführter Garagenanlagen	147
7.3	Garagenkosten unter Berücksichtigung der Grundstückskosten	157
7.3.1	Entwicklung der Baupreise und Grundstückskosten	157

7.3.2	Kostenvergleich verschiedener Garagensysteme in Abhängigkeit von den Bodenkosten	159
7.4	Einzelmaßnahmen zur Kostensenkung bei Tiefgaragen	161
7.5	Kostenbild unter Einbeziehung des Erschließungsaufwandes	164
7.5.1	Erschließungsaufwand und Wohndichte	167
7.5.2	Gesamtaufwand für Erschließung und Garagen in Abhängigkeit von Bodenkosten, Erschließungsflächenbedarf, Baukosten für die Erschließung und einem Reduktionsfaktor für den Erschließungsaufwand durch Verdichtung des Wohngebietes	172
7.5.3	Garagen- und Erschließungskosten in Abhängigkeit von Bodenpreisen und Maß der baulichen Nutzung	178
7.6	Wirtschaftlichkeitsvergleich unter Berücksichtigung der besonderen Bestimmungen des § 21 a Abs. 5 BauNVo	193
7.7	Vergleichsformel zum Kostenvergleich von Bebauungsvarianten	194
7.8	Gewinn aus Tiefgaragen?	200
8.	**Ergebnisse der Untersuchung**	203
9.	**Planungshinweise**	209
	Literatur	213
	Abkürzungen	215
	Register	217

0. Einführung

0.1 Das Problemfeld der Untersuchung

Tiefgaragen sind nicht lediglich eine originelle Form, den ruhenden Verkehr unterzubringen, sie stellen vielmehr einen wichtigen Beitrag zur Lösung der Stadtbauaufgaben in der zweiten Hälfte dieses Jahrhunderts dar. Die unterirdische Unterbringung der Individualverkehrsmittel ist Voraussetzung dafür, daß die konkurrierenden Ziele des modernen Städtebaus miteinander in Einklang gebracht werden, daß nämlich der Flächenknappheit in Ballungsgebieten begegnet und der Wohnwert städtischer Siedlungen erhöht wird. Sie sichert einerseits die Vorteile individuellen Kraftverkehrs auch bei weiterhin steigender Motorisierung und mindert andererseits die gleichzeitig auftretenden Nachteile (Flächenfraß, Lärm, Luftverschmutzung und Unfallgefahr). Schließlich läßt sich durch Tiefgaragen der Gesamterschließungsaufwand reduzieren und somit Geld für die Bewältigung anderer dringender Aufgaben des Städtebaus einsparen.

Gerade der Einwand „mangelnder Rentabilität" (gemeint sind zu hohe Baukosten gegenüber herkömmlichen Garagen oder offenen Stellplätzen) wird immer wieder vorgetragen, wenn eine Planungskonzeption mit Tiefgaragen zugunsten einer Bebauung mit ebenerdigen Garagen verworfen wird. Nun werden die trefflichsten städtebaulichen Argumente nichts nützen, wenn Zusatzkosten vorgerechnet werden, die keine entsprechende Nachfrage deckt oder für die kein Träger – aus welchen Gründen auch immer – zu zahlen bereit ist. Daher versucht – neben der Darstellung der planerischen Möglichkeiten – dieses Buch, den Nachweis zu erbringen, daß und unter welchen Umständen Tiefgaragen letztlich Kostenvorteile gegenüber anderen Garagensystemen bieten.

Im Kap. 7 („Die Kosten von Tiefgaragen") werden unter Einbeziehung des Gesamterschließungsaufwandes Rechengrößen und Zahlenwerte in Formeln und Diagrammen dargestellt, um mögliche Kosteneinsparungen für Bauträger (mittelbar also auch Wohnungsnehmer) und Erschließungsträger (im wesentlichen die Kommunen) zu ermitteln.

Tiefgaragen sollen hier nicht allgemein abgehandelt werden. Mehrstöckige unterirdische Parkanlagen in Kernstadtgebieten unterliegen als Kurzzeitparkstände hinsichtlich Funktion, Benutzung und Erstellungsaufwand ganz anderen Bedingungen, wie auch ihre Wirtschaftlichkeitsrechnung. Diese Untersuchung beschränkt sich auf die Unterbringung des ruhenden Verkehrs in Wohngebieten, also auf die Anlagen für ein regelmäßiges und langzeitliches Einstellen der privaten PKW eines Areals, auf Garagen und Einstellplätze, die sich in der Regel in festem Besitz befinden. Hierbei sollen Tiefgaragen als städtebauliches Einzelelement nicht isoliert betrachtet werden. Sie werden vielmehr im Gesamtzusammenhang städtebaulicher Planung gesehen. Ihre Vor- und Nachteile werden vor dem Hintergrund anderer Garagensysteme besprochen; die komplexen Fragen der Stadtplanung werden unter dem Teilaspekt Garagenplanung aufgeworfen.

0.1.1 Verkehr in Wohngebieten

Technische Leistung und Entwicklung schufen die Voraussetzung für größere räumliche Freizügigkeit der Menschen, schufen das individuelle Verkehrsmittel, den PKW. Er war und ist die notwendige Voraussetzung für eine flächenextensive Erschließung neuer Wohngebiete.

Entsprechend weitläufige Besiedlungsformen nach sozialreformerischen wie konservativen Ideologien haben den PKW zur Voraussetzung des Wohnens gemacht. Flächen- und Investitionsbedarf des PKW wurden ihrerseits zum Hauptproblem modernen Städtebaus. Ein Circulus vitiosus? Nicht unbedingt, wenn man keines der abgeleiteten Bedürfnisse der Bewohner verabsolutiert, sondern sie in ihrem Rang den Grundbedürfnissen unspezifizierter Art (Wohnen, Leben, Bewegen) zuordnet und entsprechende wirtschaftliche und sozialplanerische Konsequenzen zieht. Untersucht werden müssen die Bedingungen, unter denen die konkurrierenden Bedürfnisse aufeinander abgestimmt werden können.

0.1.2 Ruhender Verkehr in Wohngebieten

Vor allem in Wohngebieten, in denen am Verkehr unbeteiligte Personen am meisten von seinen Auswirkungen betroffen werden, wird der ruhende Verkehr zum Problem, vor allem wegen seines immensen Flächenbedarfes. Für andere Lebensnotwendigkeiten gehen entsprechend Flächen verloren.

Zudem ist die Schaffung von Stellflächen kostspielig. Sie erzeugen besondere Lärm- und Geruchsbelästigungen bei der Umwandlung des ruhenden in fließenden Verkehr.

Was nützen ferner schnelle und leistungsfähige Straßen, wenn die Parkplatzsuche und lange Fußanmarschwege den Zeitvorteil des PKW wieder aufheben? PKW auf Parkplatzsuche verstopfen ferner die Straßen und verursachen zusätzlich fließenden Verkehr.
PKW haben zwar ihre Funktion im Fahren, die meiste Zeit aber sind sie außer Betrieb.

Während der Parkplatzbedarf in Fahrzielgebieten (z.B. Arbeitsplätze) bei vorhandener dichter Bebauung nur selten voll befriedigt werden kann, muß der Stellplatzbedarf an den Heimatstandorten der PKW voll befriedigt werden.

Erschwerend kommt in neuen Wohngebieten hinzu, daß in ihnen ein höherer Motorisierungsgrad zu verzeichnen ist als andernorts; durch Zielferne und fehlende Durchmischung ist zudem in der Regel der Pendleranteil besonders hoch.

0.1.3 Wohnwert und „Funktionieren" von Wohngebieten

Ein Kriterium für den Wohnwert eines Siedlungsgebietes ist seine verkehrsmäßige Erschließung. Mangelhaftes Stellplatzangebot, Funktionsbeeinträchtigung der übrigen Flächen (der Straßen und „sozialaktiven" Kontaktflächen) und Zeitverluste durch lange Anmarschwege beeinträchtigen den Wohnwert. Während in Europa der PKW noch vielfach als ein Wohlstandsmesser gilt, bildet er in den technisch fortgeschritteneren USA für viele Familien die Grundlage ihrer Existenz und dient als Gebrauchsgegenstand bei örtlich breit gestreutem Angebot an Arbeitsstätten zur Überwindung großer Entfernungen.

Der PKW mit seinen spezifischen Auswirkungen (Lärm, Geruch, Gefahr) reduziert bei herkömmlicher Unterbringung den Wohnwert eines Gebietes empfindlich. Dabei ist besonders ein sozialer Aspekt bedeutungsvoll: Der Gebrauch des PKW kommt hauptsächlich einer Minorität der Bewohner zugute, andere Gruppen aber (Kinder, alte Menschen, Hausfrauen) werden vorwiegend oder ausschließlich belästigt und gefährdet, wenn man von einer „gelegentlichen" Mitnahme zur Schule, zum Einkaufen usw. einmal absieht (vgl. Kap. 5).

Während sich in vergangenen Zeiten die „Verkehrsnot" aus mangelhaften und fehlenden Verkehrsmitteln ergab, bedeutet Verkehrsnot in der Neuzeit im wesentlichen Flächennot.

0.1.4 Wirtschaftlichkeit und Rentabilität von Wohngebieten

Der Problemkreis der Rentabilität spricht volkswirtschaftliche und betriebswirtschaftliche Gesichtspunkte an. Zum einen schlagen sich nämlich die volkswirtschaftlich determinierten Kosten für die Erschließung, zum Beispiel in Form des Mietpreises, als privatwirtschaftliches Datum bei den Mietern nieder — und haben auf dem Markt ihre Rückwirkungen auf die Gesamtrentabilität von Wohngebieten —, zum anderen werden Siedlungen heute zu einem großen Teil von Wohnungsbaugesellschaften nach betriebswirtschaftlicher Kalkulation auf der Basis von öffentlich erbrachten Vorleistungen erstellt.

Dabei kann aber nicht von einer isolierten Wirtschaftlichkeitsrechnung der Bauten für den ruhenden Verkehr ausgegangen werden, weil deren Daten von weiteren Parametern (Erschließungsform, Bebauungsdichte) abhängen.

Es kann sich darüber hinaus weder um eine reine Baukostenrechnung handeln — der Bodenpreis geht als wichtiges Datum mit in die Kostenrechnung ein —, noch darf die Wirtschaftlichkeitsrechnung mit der Fertigstellung der Bauwerke für den ruhenden Verkehr als abgeschlossen gelten. Entscheidend in der Bilanz ist, ob und in welcher Zeit die Erstellungskosten durch Mieten künftig gedeckt werden. Diese

Frage muß im städtebaulichen Zusammenhang berücksichtigt werden. Die Annahme der geschaffenen Stellplätze hängt nämlich ab von dem, etwa durch Planung, induzierten Zwang, sie zu benutzen, oder von dem Vorteil, den sie bieten, oder von dem Wohnwert des Gebietes, d.h. davon, ob sich entsprechend miet- oder kaufwillige Bewohner für ein Wohngebiet finden.

Die wirtschaftlichste Stellplatzart hängt bei freiem Spiel von Angebot und Nachfrage von der Gestaltung und Ausstattung eines Wohngebietes ab. Bodenkosten und optimale Bebauungsweise müssen schon bei der Planung für den ruhenden Verkehr berücksichtigt werden.

Vordergründig betrachtet scheinen Städtebau — soweit darunter bauliche Planung mit dem „Menschen im Mittelpunkt" verstanden wird — und Wirtschaftlichkeitserwägungen zu kollidieren. Vor allem bei der Verteilung der Flächen für den ruhenden und fließenden Verkehr sowie für die anderen Belange des städtischen Lebens taucht die Frage der Priorität zwischen Kostenminimierung und „humanem Städtebau" auf. Dies wird gerade bei Tiefgaragen deutlich, bei denen unter Umständen ein städtebaulicher Vorteil mit höheren Kapitalaufwendungen buchstäblich „erkauft" werden muß. Wenn man aber die dienende, sekundäre Funktion des Verkehrs und die langfristig wirkende Bedeutung einer ausgewogenen Planung für den Dauermietwert eines Wohngebietes erkennt, wird man den Erfordernissen einer anspruchsvollen, weitsichtigen Planung bei Wirtschaftlichkeitserwägungen gebührend Rechnung zu tragen haben.

0.2 Methodisches Vorgehen

Diese Veröffentlichung ging aus einer Untersuchung hervor, mit der das Bundesministerium für Städtebau und Wohnungswesen (jetzt: Bundesministerium für Raumordnung, Bauwesen und Städtebau) das SIN-Städtebauinstitut beauftragt hatte. Neben einer allgemeinen Erörterung des Themas und der Sichtung der einschlägigen Literatur sollten vor allem Ergebnisse der in 16 Neubaugebieten durchgeführten SIN-Datenerfassung 1968 zur Problemlösung verwendet werden [1]. Die Aussagen dieser Erhebung, mit deren Hilfe Material für eine Reihe von Forschungsaufträgen beschafft wurde, mußten jedoch für die hier behandelte Problematik durch einen umfangreichen theoretischen Teil ergänzt werden. Hierzu wurden Daten über bereits im Bundesgebiet ausgeführte Tiefgaragen und Flächenverteilungsziffern aus anderen Untersuchungen in Zusammenhang gebracht sowie mathematische Beziehungen zwischen Bebauungsdichte, Erschließungsaufwand, Garagenart und Stellplatzkosten aufgestellt. Schließlich konnten noch Ergebnisse der in 18 Stadtteilen unterschiedlichen Entstehungsalters durchgeführten SIN-Datenerfassung 1969 eingearbeitet werden [2].

---

[1] Vgl. Gerhard G. Dittrich (Hrsg.): Menschen in neuen Siedlungen, Befragt — gezählt. Stuttgart, 1974. (= „Die Stadt")
[2] Vgl. Gerhard G. Dittrich (Hrsg.): Neue Siedlungen und alte Viertel. Städtebaulicher Kommentar aus der Sicht der Bewohner. Stuttgart, 1973. (= „Die Stadt")

1. Grundlagen der Planung für den ruhenden Verkehr

Für eine ausreichende und ausgewogene Versorgung von Wohnbereichen mit Flächen für den ruhenden Verkehr ist eine detaillierte Ermittlung der quantitativen und qualitativen Trends im Verkehrsgeschehen erforderlich. Man muß genauere Auskunft darüber anstreben, wo wann wieviel PKW unterzubringen sind. Die Motorisierung ist weder allerorts gleich, noch verläuft ihre Entwicklung geradlinig. Landesbauordnungen und kommunale Satzungen setzen den Rahmen, innerhalb dessen für einzelne Siedlungsbereiche adäquate Prognosewerte für die Schaffung von Stellplätzen angewandt werden können. Zulässigkeit, Notwendigkeit und Ausführung von Stellplätzen und Garagen werden auf mehreren Rechtsebenen geregelt.

1.1 Verkehrsaufkommen in Städten und Tendenzen der Verkehrsgewohnheiten; Stellplatzprognosen

1.1.1 Gründe für die Zunahme des Verkehrs

Das vielfältige Angebot an wirtschaftlichen und kulturellen Leistungen sowie die Möglichkeit zu differenzierten gesellschaftlichen Kontakten machen die Anziehungskraft städtischer Gebiete aus. Ballung von Menschen und Differenzierung ihrer Tätigkeiten bei gleichzeitiger örtlicher Konzentration sind die Voraussetzungen des zivilisatorischen Fortschritts.

In der Dialektik von Differenzierung und Integration liegt der Hauptwesenszug der Stadt — und die Bedingung von städtischem Leben überhaupt: Kommunikation.

Ein Teil der ständigen Kommunikation zwischen arbeitsteiligen Institutionen ist der Transport der an diesem Prozeß beteiligten Personen — der „Verkehr".

Neue Möglichkeiten des Verkehrs (mechanisch getriebene Schienen- und Straßenfahrzeuge) haben einen „Boom" der Kommunikation geschaffen, der besonders den Städten seit etwa einem Jahrhundert eine erstaunliche Ausdehnung in horizontaler und vertikaler Richtung, d.h. Ballung und Verdichtung, brachte. Die bauliche und funktionelle Struktur ist von den neuen Verkehrsmöglichkeiten geprägt und schließlich selbst abhängig geworden.

Die Stadt als wirtschaftlich-technisches und soziales System ist auf das Fließen des Verkehrs angewiesen. Die Kommunikation unter den Stadtbürgern muß zu deren Fortbestehen als Städter gewährleistet bleiben. Arbeitskräfte müssen von immer weitflächigeren Wohngebieten zu ihren Arbeitsstätten gelangen können.

Namentlich das individuelle Verkehrsmittel „PKW" hat aber mit seiner rapiden zahlenmäßigen Entwicklung in der Zeit nach dem Zweiten Weltkrieg Probleme heraufbeschworen, die den Voraussetzungen für das „Funktionieren" von Bevölkerungs- und Produktionskonzentrationen gefährlich werden. Der große Flächenbedarf bedeutet einen Angriff auf die notwendige Dichte der Funktionen.

Mit dem PKW muß vor dem Prognosehorizont des Jahres 2000 weiterhin gerechnet werden, auch wenn es gelingt, einen größeren Teil des Berufsverkehrs auf die öffentlichen Verkehrsmittel zu verlagern.

Das Hauptverkehrsproblem für den Siedlungsplaner lautet: Wie und wo bringt man den ruhenden Verkehr unter? Denn die Haupt-„Funktion" der PKW am Wohnstandort ist das Stehen — und damit: Wegnahme von Flächen. Während sich Parkplatzangebot und PKW-Benutzung in Kerngebieten unter dem Zwang der Flächenknappheit bestenfalls nach wirtschaftlichen Kriterien und unter Funktions- und Zeitverlust einpendeln müssen, ist das Wohngebiet der notwendige Ort zum dauernden Abstellen der vorhanden PKW. Bei begrenztem Flächenangebot könnte sich der Ausgleich hier nur auf Kosten von Freiflächen und anderem Bewegungsraum zum direkten Schaden des einzelnen Bewohners einstellen.

1.1.2 PKW-Bestand und seine Entwicklung

Für die BRD ist besonders seit der Währungsreform ein kräftiges Ansteigen der PKW-Bestände zu verzeichnen (vgl. Abb. 1). Die Motorisierung vergleichbarer europäischer Staaten wurde inzwischen erreicht oder gar überschritten. Lediglich die nordamerikanischen Staaten sind in ihrer Motorisierung deutlich weiter fortgeschritten und geben Anhaltswerte für die künftige Entwicklung in Europa.

Konjunkturschwankungen (1967 — 1969) machen sich nur kurzfristig bemerkbar: Verminderte PKW-Verkaufszahlen in der Rezession werden in Zeiten der Hochkonjunktur wieder ausgeglichen. 1970 waren rund 13 Millionen PKW zu verzeichnen; das entspricht einer durchschnittlichen Motorisierung von 4,8 Einwohner je PKW in der BRD (vgl. Tab. 1). In der Stellplatzplanung von Wohngebieten läßt sich besser mit der Bezugsgröße „Haushalt" (sie entspricht in der Regel einer „Wohnungseinheit") statt mit „Einwohner" rechnen.

Abb. 1: PKW-Bestand und Motorisierung in der BRD von 1957 - 1970

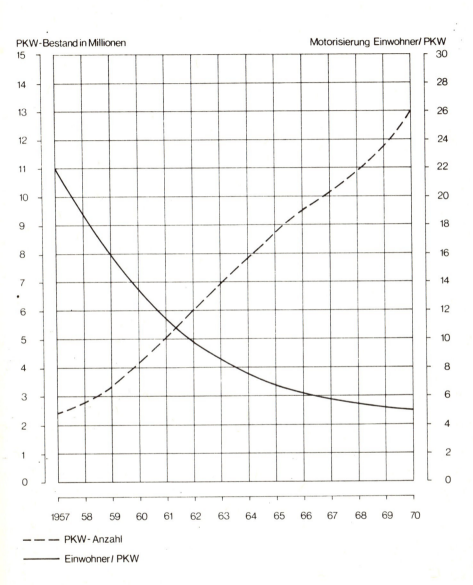

Quellen: Statistisches Bundesamt (Hrsg.): Statistisches Jahrbuch für die Bundesrepublik Deutschland 1970. Stuttgart, Mainz 1970. S. 25, 299 f. (Im folgenden: Statistisches Jahrbuch 1970 . . .); Statistisches Jahrbuch 1964 . . . S. 34, 355 f.; Statistisches Jahrbuch 1971 . . . S. 25, 320 f.

Tab. 1: Motorisierungsgrad 1961 und 1970

Jahr	Motorisierung	Index
1961	0,26 PKW/Haushalt	100
1970	0,56 PKW/Haushalt	215

Quellen: Statistisches Bundesamt (Hrsg.): Statistisches Jahrbuch für die Bundesrepublik Deutschland 1964. Stuttgart, Mainz 1964. S. 356. (Im folgenden: Statistisches Jahrbuch 1964); Statistisches Bundesamt (Hrsg.): Statistisches Jahrbuch für die Bundesrepublik Deutschland 1971. Stuttgart, Mainz 1971. S. 25, 39, 320 f. (Im folgenden: Statistisches Jahrbuch 1971).

Die Zuwachsrate von 115 % innerhalb eines Zeitraumes von neun Jahren signalisiert einen außerordentlich starken Anstieg, der — nicht richtig eingeschätzt — zur Parkraumnot auch in zahlreichen Neubaugebieten der Nachkriegszeit geführt hat.

Die Motorisierung der einzelnen Städte und Stadtgebiete ist jedoch sehr unterschiedlich: „Wie schon 1961 wurden auch bei der am 1. Januar 1966 durchgeführten Statistik der Straßen in den Gemeinden die öffentlichen Parkeinrichtungen erfaßt. Die Erhebung beschränkte sich allerdings auf Gemeinden mit 20 000 und mehr Einwohnern, so daß sich in den Ergebnissen lediglich die Verhältnisse in den mittleren und größeren Städten widerspiegeln.

Eine weitere Einschränkung wird man darin sehen müssen, daß nur solche Flächen erfaßt wurden, die ausdrücklich als Parkflächen gekennzeichnet waren. Die Zahlen sagen also nichts über die Abstellmöglichkeiten an den Straßenrändern aus und können deshalb nur bedingt als Maßstab der Kapazität für den ruhenden Verkehr gelten. Überhaupt müssen bei der Auswertung solcher Angaben die besonderen Verhältnisse der betreffenden Stadt beachtet werden, so daß der Erkenntniswert der Aussagen um so größer wird, je tiefer die Ergebnisse regional gegliedert werden. Da dies im Rahmen dieser Ausführungen nicht möglich ist, sollen im folgenden nur einige Angaben genannt werden, die die Zusammensetzung der öffentlichen Parkflächen erkennen lassen.

Erfaßt wurden insgesamt rund 1,2 Mill. Stellplätze, was einer Fläche von rund 22 Mill. qm entspricht. Die meisten Stellplätze, nämlich 0,8 Mill. oder 68 %, finden sich auf ausschließlich zum Parken verwendeten Flächen, und zwar am häufigsten auf Parkplätzen (0,4 Mill.). Die übrigen Stellplätze auf ausschließlich zum Parken verwendeten Flächen sind je nach den Gegebenheiten entweder als quer oder schräg zur Fahrbahn angeordneten Parkstreifen (0,3 Mill.) oder als parallel zur Fahrbahn angeordnete Parkspuren (0,1 Mill.) eingerichtet.

Rd. 150 000 oder 13 % der Stellplätze befinden sich auf Parkplätzen, die zeitweilig auch anderen Zwecken, z.B. als Marktplätze, dienen. Etwa ebenso groß ist die Zahl der Stellplätze auf markierten Gehwegen. Die Kapazität der für den öffentlichen Verkehr zugänglichen Hoch- und Tiefgaragen ist noch vergleichsweise gering: auf die Parkbauten entfielen knapp 0,1 Mill. oder 6 % der Stellplätze." [1]

---

[1] Legat, W.: Straßen, Brücken und Parkeinrichtungen. Ergebnis der Bestandsaufnahme am 1. Januar 1966. In: Wirtschaft und Statistik. 1967, H.6, S. 354 f.

1.1.3 Verkehrsmittelbenutzung und Struktur des PKW-Besitzes

Der Anteil der öffentlichen Verkehrsmittel an den Beförderungsfällen größerer Städte ist in den letzten fünfzehn Jahren auf Kosten privater PKW laufend zurückgegangen [1].

Die SIN-Datenerfassung 1969 ergab folgende Anteile für den Berufsverkehr: In den Neubaugebieten überwiegen mit 60 % bereits die PKW-Selbstfahrer unter den Haushaltsvorständen. In den älteren Stadtgebieten mit ihrer geringeren Erwerbsquote sind es nur 36 bzw. 41 % (vgl. Abb. 2). Der Anteil der PKW-Fahrerinnen unter den berufstätigen Hausfrauen lag mit 8 bis 15 % deutlich darunter. Dies spricht für die Zunahme der Zahl der Zweitwagen in der Zukunft.

Abb. 2: **Benutzung von Verkehrsmitteln bei der Fahrt zum Arbeitsplatz**

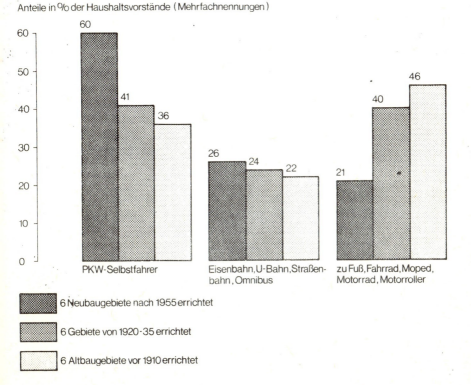

Quelle: SIN-Datenerfassung 1969

---

[1] Sill, O.: Parkbauten – ein wichtiges Mittel zur Behebung der Verkehrsnöte in den Stadtkernen. In: Sill, O. (Hrsg.): Parkbauten. Handbuch für Planung, Bau und Betrieb von Park- und Garagenbauten. 2. Aufl. Wiesbaden, Berlin 1968. S. 6 f. (Im folgenden: Parkbauten ...)

Die Benutzung von PKW für die Fahrt zur Arbeit — ein wichtiger Anschaffungsgrund — hängt wegen der größeren Entfernungen zum Arbeitsplatz mittelbar auch von der Entfernung eines Siedlungsgebietes zur City ab.

Tab. 2: PKW-Benutzung für den Weg zum Arbeitsplatz

Gebietsart	mittlere Entfernung zur Arbeitsstätte km	mittlere Entfernung zur City km	Anteil der PKW-Selbstfahrer %
Neubaugebiet (A)	8,6	5,2	60
Altbaugebiet (B)	5,7	2,5	41
Sanierungsgebiet (C)	5,1	1,9	36

Quelle: SIN-Datenerfassung 1969

Bei den Haushaltsvorständen, deren Weg zur Arbeit fünf Kilometer und länger war, lag der Anteil der PKW-Selbstfahrer schon über 55 %.
Der Besitz eines PKW hängt allgemein ab
— von der Entfernung zum Arbeitsplatz, weil der Arbeitsplatzbesatz, ausgehend von der City, abnimmt, also mittelbar auch von der Cityentfernung eines Wohngebietes (örtliche Besonderheiten ausgenommen);
— von den sonstigen Verkehrsverbindungen;
— vom Sozialstatus der Bewohner, also von Einkommen, Berufsstand, Alter.
Alle drei Kriterien sind zeitvariabel:

Die Arbeitsplatzentfernungen nehmen bei weiterem Breitenwachstum der Stadtgebiete und weiterer Arbeitsplatzdifferenzierung vermutlich zu;
die voraussehbaren Verkehrsschwierigkeiten (Straßenverstopfung und Parkplatzmangel) dürften eine wirksame Förderung des öffentlichen Nahverkehrs zur Folge haben; das mindert die Notwendigkeit, einen PKW für die Arbeitsfahrt anzuschaffen;
die Anhebung des Lebensstandards breiter Bevölkerungsschichten sowie zunehmende Freizeitbedürfnisse lassen allgemein zumindest den Besitz eines PKW je Haushalt erwarten. Dabei ist die Zahl der Zweitwagen noch sehr schwer abzuschätzen.
Für Wohngebietsplanungen ist es wichtig, sowohl die aktuellen PKW-Besitzstrukturen als auch deren Entwicklungen zu kennen, um eine möglichst zielsichere Flächenbereitstellung für die projektierte Einzugsbevölkerung vornehmen zu können.
Zweifellos haben Vertreter eines niederen Sozialstandes — gemessen an Einkommen und Stellung im Beruf — heute noch einen geringeren Anteil an der Motorisierung; ihre PKW-Zuwachsraten waren daher bislang noch größer als die der bereits stärker motorisierten Gruppen (vgl. Abb. 3 und 4).
Für die Stellplatzplanung muß man die verschiedenen Bevölkerungsschichten in bestimmten Stadtbereichen (Wohngebieten) lokalisieren. Die SIN-Datenerfassung 1969 ergab hierfür Hinweise (vgl. Tab. 3 und Abb. 5).

Abb. 3: Haushaltsnettoeinkommen und PKW-Besitz in der BRD 1969

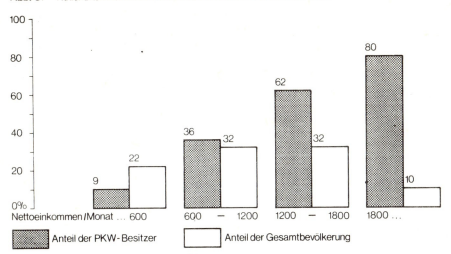

Quelle: Statistisches Bundesamt (Hrsg.): Ausstattung der privaten Haushalte mit ausgewählten langlebigen Gebrauchsgütern 1969. Stuttgart, Mainz 1970. S. 10 - 49. (= Fachserie M „Preise, Löhne, Wirtschaftsrechnungen", Reihe 18 „Einkommens- und Verbrauchsstichproben") (Im folgenden: Ausstattung 1969 . . .)

Abb. 4: Soziale Stellung und PKW-Besitz in der BRD 1961 und 1969

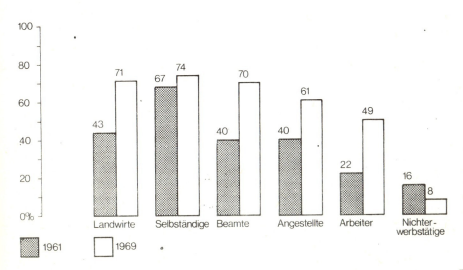

Quellen: Ausstattung 1969 . . . S. 10 - 49. Statistisches Bundesamt (Hrsg.): Ausstattung der privaten Haushalte mit ausgewählten langlebigen Gebrauchsgütern 1962/63. Stuttgart, Mainz 1964. S. 16 - 31. (= Fachserie M „Preise, Löhne, Wirtschaftsrechnungen", Reihe 18 „Einkommens- und Verbrauchsstichproben") (Im folgenden: Ausstattung 1962/63 . . .)

Tab. 3: Motorisierungsgrad der Bevölkerung in verschieden alten Stadtgebieten

Wieviele private PKW besitzen Sie und die anderen Haushaltsangehörigen?	Neubaugebiete A	Altbaugebiete B	Sanierungsgebiete C	Insgesamt
1 PKW	63,7	40,3	41,9	51,9
2 PKW	4,6	3,9	3,1	4,1
3 und mehr PKW	0,5	0,2	0,5	0,4
PKW/100 Erwerbstätigenhaushalte	77,6	60,3	57,0	69,1
PKW/100 Haushalte	73,9	48,7	49,6	61,3
PKW/100 Wohneinheiten ohne Untermieter	72,0	41,5	41,6	55,2
Keinen PKW besitzen:	31,2	55,7	54,5	43,6
und zwar aus folgenden Gründen:				
PKW ist mir zu teuer	51,6	33,7	42,6	41,8
bin zu alt/habe keinen Spaß daran	22,3	45,8	36,6	35,4
Bus, Straßenbahn usw. sind besser	22,9	16,6	12,3	17,8
kann Arbeitsplatz zu Fuß erreichen	9,0	12,4	18,1	12,5
sonstige Gründe	19,5	12,4	12,4	14,8

Quelle: SIN-Datenerfassung 1969

Abb. 5: PKW-Besitz in verschieden alten Stadtgebieten (unterschiedliche Bezugsgrößen)

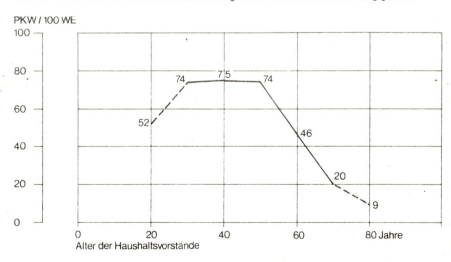

Quelle: SIN-Datenerfassung 1969

Neubaugebiete waren mit 0,72 PKW je Wohneinheit weitaus am stärksten motorisiert, die älteren Gebiete (zwischen den Weltkriegen bzw. noch vor 1910 errichtet) verzeichneten bei relativ kleinen bzw. billigen Wohnungen und hohem Durchschnittsalter sowie geringerer Erwerbsquote der Haushaltsvorstände erst einen PKW-Bestand von 0,42 PKW je Wohneinheit.
Hier schlagen also die Überalterung, geringe Haushaltsgröße, geringe Erwerbsquote, niedrigerer Sozialstand, geringes Durchschnittseinkommen und kleinere Wohnungen der älteren Wohngebiete durch (vgl. Tab. 4).

Tab. 4: Charakteristik der Gebiete und ihrer Bevölkerung [1]

	Neubaugebiete	Altbaugebiete	Sanierungsgebiete
	A	B	C
Wohnungsgröße qm	76	60	59
Wohnungsmieten DM	222	135	131
Wohnungsausstattung [2]	Zentralheizung, WC, Bad, Balkon	Einzelöfen, WC, Bad	Einzelöfen, WC
Wohnungsbelegung (Personen/Haushalt) abs.	3,4	2,5	2,5
Haushaltsnettoeinkommen DM	1 365	1 043	962
Erwerbsquote der Haushaltsvorstände %	85	53	59
Erwerbsstand [2]	Angestellte, Beamte	Angestellte, Arbeiter	Arbeiter, Angestellte
Alter der Haushaltsvorstände Jahre	46	56	53
über 55 Jahre %	24	64	54

[1] Die Zahlenangaben für die A-, B- und C-Gebiete sind Mittelwerte von jeweils sechs Stadtgebieten.

[2] Überdurchschnittlicher Anteil

Quelle: SIN-Datenerfassung 1969

Daß die Motorisierung dabei auch vom Anteil der Erwerbstätigen abhängt, zeigt der Durchschnittswert für alle Gebiete von 0,69 PKW je Erwerbstätigenhaushalt.

Bezogen auf die Einwohnerzahlen ergeben sich ähnliche Werte: 0,19 bis 0,22 PKW je Einwohner.

Für die Planung und Errichtung neuer Wohnbereiche ist die PKW-Besitzstruktur der typischen Bevölkerungsschichten von Neubaugebieten von besonderem Interesse; sie weicht deutlich von derjenigen älterer Gebiete ab. Die 3 102 Haushalte der sechs untersuchten Neubaugebiete wohnten zu zwei Dritteln schon vier bis zehn Jahre in ihren Wohnungen, so daß die Ergebnisse den PKW-Besitz nach der Konsolidierungsphase der verhältnismäßig jungen Haushalte und somit relevante Werte für die mittelfristige Stellplatzplanung ausweisen:

1. Die Verteilung der PKW nach dem Alter der Haushaltsvorstände (vgl. Abb. 6) zeigt die stärkste Motorisierung bei den mittleren Jahrgängen (von 25 bis 54 Jahren), d.h. bei den Jahrgängen, die ein verhältnismäßig hohes Einkommen beziehen und deswegen auch in größerer Zahl in den teueren Neubauwohnungen wohnen.

Abb. 6: Motorisierung und Alter der Haushaltsvorstände

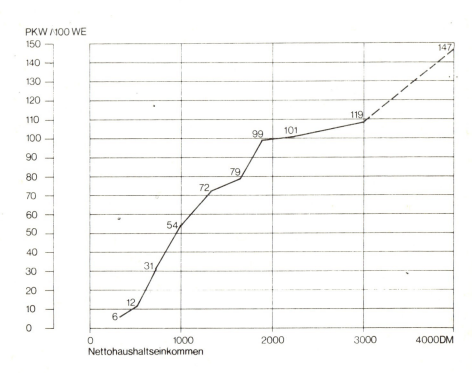

Quelle: SIN-Datenerfassung 1969

2. Die Verteilung der PKW nach dem monatlichen Nettohaushaltseinkommen (vgl. Abb. 7) unterstreicht diesen Sachverhalt deutlich. Während Haushalte mit weniger als 1 000 DM nur bis zu etwa 50 % motorisiert sind, entfallen auf 100 Haushalte mit mehr als 2 000 DM 101 bis 147 PKW.
Nun läßt sich der Stellplatzbedarf weder nach dem Alter noch nach dem Einkommen der künftigen Bewohner planen, sondern nur direkt nach den sicheren Vorgaben des Planes, d.h. nach Zahl, Größe und Art der Wohnungen. Hierzu ergeben sich folgende Zusammenhänge:

Abb. 7: Motorisierung und Nettohaushaltseinkommen

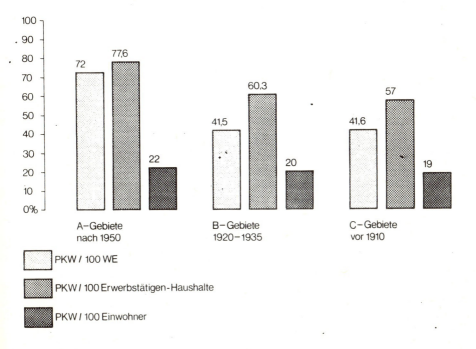

Quelle: SIN-Datenerfassung 1969

3. Die Zahl der PKW steigt ganz augenfällig mit der Größe der Wohnungen (vgl. Abb. 8) von **17** PKW je 100 Wohneinheiten (Wohnungen kleiner als 40 qm) auf **109** PKW je 100 Wohneinheiten (Wohnungen größer als 140 qm). Bezogen auf die Quadratmeterzahlen erhält man somit fast eine Gleichverteilung (0,58 bis 0,92 PKW je 100 qm). Dabei lassen sich die Wohnungen von 20 bis 60 qm (mit 0,58 bis 0,71 PKW je 100 qm), die Wohnungen von 60 bis 100 qm (mit 0,91 bis 0,92 PKW je 100 qm) sowie die Wohnungen mit mehr als 100 qm (mit 0,65 bis 0,76 PKW je 100 qm) zusammenfassen. Die Richtgröße ,,Stellplatz je 100 qm Wohnfläche" ist somit wegen ihrer relativen Invarianz für die Stellplatzplanung geeignet.

Abb. 8: Motorisierung und Wohnfläche

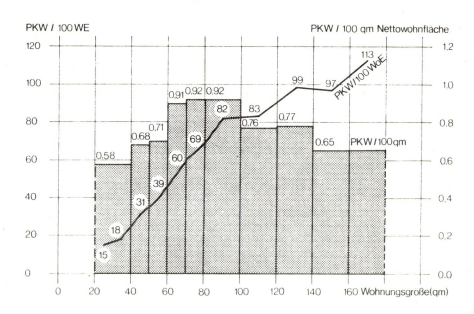

Quelle: SIN-Datenerfassung 1969

4. Ähnliches gilt für die Bezugsgröße „Zimmerzahl" (vgl. Abb. 9). Mit zunehmender Zimmerzahl je Wohneinheit steigt die Motorisierung degressiv. Bei den verschiedenen Wohnungsgrößen läßt sich mit Werten von 16 bis 21 PKW je 100 Zimmer rechnen.

Abb. 9: Motorisierung und Zimmerzahl

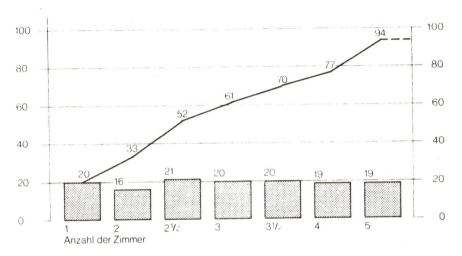

Quelle: SIN-Datenerfassung 1969

Hinter Befund 3 und 4 stehen erklärend zwei Tatsachen:
Größere Wohnungen setzen höhere Einkommen zum Aufbringen der Mieten voraus, wobei der PKW-Besitz seinerseits vom Einkommen abhängt;
die größeren Wohnungen sind auch starker belegt bzw. belegbar.

Soweit die Momentaufnahme einiger neuerer Wohngebiete im Jahre 1969. Über die künftige Entwicklung — abgesehen von grundsätzlichen Änderungen der Verkehrs- und Konsumgewohnheiten — läßt sich nur Folgendes vermuten: Bei Haushalten in kleineren Wohnungen ist die Tendenz zur Ausstattung mit je einem PKW zu erwarten (Vollmotorisierung); bei Haushalten in größeren Wohnungen ist mit einer weiteren Zunahme der Zweitwagen zu rechnen.

Ob diese beiden Trends in der Stärke einander entsprechen werden, läßt sich nicht mit Sicherheit sagen. Wesentliche Verschiebungen in der PKW-Bestandsverteilung sind hingegen auch nicht zu erwarten, da hier die Sättigungen (hinsichtlich Verkehrsflächenangebot, Verkehrsnachfrage und Belegungskapazität der Wohnungen) dämpfend wirken werden.

5. Neben den quantitativen Wohnungsmerkmalen ist noch die Wohnform von Belang (vgl. Abb. 10). Die Besitzer von Mietwohnungen sind weniger motorisiert als die Haus- oder Wohnungseigentümer. Während man bei den Einfamilienhauseigentümern und Eigentümern von Hochhauswohnungen (Komfortwohnungen) 100 PKW je 100 Wohneinheiten zählte, waren es bei den Mietwohnungsbesitzern nur 65 bis 72. Gemietete Einfamilienhäuser und Reiheneigenheime lagen mit Werten von 79 bis 82 dazwischen. In der gleichen Reihenfolge erhöhte sich auch der Anteil der Zweit- und Drittwagenbesitzer von 2,5 auf 13,4 %.

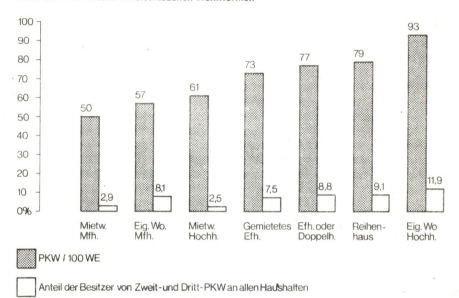

Abb. 10: PKW-Besitz in verschiedenen Wohnformen

Quelle: SIN-Datenerfassung 1969

Zwischen den Verkehrsspitzen am Morgen und am Abend leeren sich die Stellplätze und Garagen eines Wohngebietes für neun bis dreizehn Stunden bis auf einen Restbestand von etwa 12 % [1]. Bei der Auswertung der SIN-Datenerfassung 1969 konnte eine Ausnutzung der PKW für den Berufsverkehr von 45 bis 100 % festgestellt werden. Dabei verzeichneten die Großstadtgebiete – gleichgültig ob alt oder neu – die höchste (85 bis 87 %), die Wohngebiete der Mittelstädte die geringste Ausnutzung (70 bis 74 %). Eine Ausnahme bildete die weitläufige Stadt Wilhelmshaven, die bei relativ schlechter Bedienung durch öffentliche Verkehrsmittel in allen drei untersuchten Stadtgebieten die höchste Ausnutzung der PKW im Berufsverkehr aufweist (93 bis 100 %).

---

[1] Schütte, K.: Vorausschätzung des Verkehrsaufkommens von städtischen Wohnbaugebieten. Dissertation, Braunschweig 1966. S. 106. (Im folgenden: Vorausschätzung . . .)

Die zeitliche Ausnutzung eines PKW wird durch eine überschlägige hypothetische Berechnung ermittelt [1]: Nur rund fünf Prozent der Funktionszeit eines PKW ist Fahrzeit.

Bei wachsender Verkehrsdichte ist eine Abnahme der Fahrtenhäufigkeit festzustellen, desgleichen für zunehmende Stadtgröße [2].

Die Tendenz zur Vermehrung des ruhenden Verkehrs auf Kosten des fließenden Verkehrs — wohl auch ausgelöst durch eine zunehmend differenzierte Verkehrsmittelbenutzung bei steigender Verkehrsdichte — läßt künftig eine größere Beachtung der Stellplatzqualität erwarten.

1.1.4 Prognose des Stellplatzbedarfs

Die Prognose muß Zahl und Zuordnung der Stellplätze zu den Wohnungen umfassen. Der voraussichtliche Stellplatzbedarf für Wohngebiete entspricht für eine gesamte Stadtregion in etwa dem PKW-Bestand. Dieser ist jedoch nicht gleichmäßig über alle Gebiete verteilt, sondern je nach Wohnlage, Wohnungsart und Bevölkerungsstruktur differenziert. Er ist wegen dieser ungleichen Verteilung auch unterschiedlichen Entwicklungen unterworfen.
Das Problem der Stellplatzbedarfsprognose läßt sich daher nur in einem mehrstufigen Vorgehen befriedigend lösen:
1. PKW-Prognose für die Gesamtstadt/-region
2. Erhebung über den PKW-Bestand einzelner Stadtzellen
3. Analyse der Motorisierungsentwicklung für einzelne Bevölkerungs-/Bebauungsgruppen.
Die PKW-Prognose kann grundsätzlich nach zwei Verfahren erstellt werden:
Extrapolation des ermittelten Trends oder
Analogieschluß aus vergleichbaren Zuständen, was im Grunde auch eine Extrapolation der vorhandenen Daten unter der Perspektive eines fortgeschritteneren Entwicklungsstandes in anderen Ländern (hier vor allem in den USA) bedeutet.

Eine lineare Extrapolation der Trends kommt für größere Prognosezeiträume nicht in Frage, weil es sich um exponentielle oder logistische Funktionen mit einem Sättigungswert handelt. Der Sättigungswert wird durch Benutzbarkeit und Erschwinglichkeit der PKW bestimmt, die wiederum von der Verkehrsstruktur, dem Flächenangebot für fließenden und ruhenden Verkehr sowie den Kosten für Anschaffung, Betrieb und Parkierung abhängen. Eine obere Sättigungsgrenze mag bei insgesamt drei Einwohner je PKW (ohne Berücksichtigung der besonderen Struktur einer Wohnanlage) bis zum Jahr 2000 erreicht werden.

---

1) Bei einer durchschnittlichen Fahrleistung von 16 000 km/Jahr und einer mittleren Geschwindigkeit von V = 40 km/h, ergibt sich eine mittlere jährliche Benutzungsdauer von 16 000/40 = 4000 Stunden. Das sind (4 000 x 100) : (365 x 24) rund fünf Prozent Nutzzeit.
2) Vorausschätzung . . . , S. 110 f.

Die zum Teil erheblichen regionalen Abweichungen im Bundesgebiet und noch mehr innerhalb einzelner Städte werden getrennt ermittelt werden müssen.

Die Bezugsgröße „Einwohner" ist sehr variabel. Einerseits verändert sich die Belegung von Wohnungen (Alterungsprozeß von Wohngebieten), andererseits existiert ein allgemeiner Trend zu kleineren Haushalten. Verschiedene Haushalts- bzw. Wohnungsgrößenklassen weisen unterschiedliche, spezifische Motorisierung auf. Weil ferner in der Siedlungsplanung nur die Zahl der Wohnungen, nicht aber die Zahl und Verteilung der künftigen Bewohner exakt planbar ist, benötigt man die vorausgeschätzten Zahlen der PKW/je Wohneinheit (entspricht Haushalt), und zwar für einzelne Wohnungs- und Bebauungstypen gesondert (Zuordnung der Stellplätze und Garagen zu den Wohnungen) [1]. Natürlich muß bei den bislang unterdurchschnittlich motorisierten Bebauungsstrukturen mit höheren Prognosefaktoren gerechnet werden als bei denen, die heute schon nahe der Sättigungsgrenze liegen. Für diese wäre eine allgemeine Analyse des Trends zur Anschaffung von Zweit- und Drittwagen notwendig.

Der Spielraum für die Bereitstellung von Flächen für den ruhenden Verkehr wird heute durch Landesbauordnungen und Ortssatzungen abgegrenzt. Im Rahmen der dort geforderten Zahlen (Stellplatz/je Wohneinheiten) muß der Planer gemäß der besonderen örtlichen Situation und Bauaufgabe die Flächen und deren bauliche Gestaltung (Garage/Stellplatz/Reservefläche) für verschiedene Planungsstufen den Wohnungen zuordnen.

1.2 Gesetze, Verordnungen, Richtlinien

Die Materie berührt sämtliche Rechtsebenen, d.h. Bundes-, Länder- und Gemeinderecht. Sie wird in Gesetzen, Rechtsverordnungen, Entschließungen und Vollzugsanweisungen geregelt. Entsprechend der Verflechtung des Verkehrs und des ruhenden Verkehrs mit nahezu allen städtebaulichen und raumordnerischen Aspekten sind Aussagen in verschiedenen Teilen des Bundesbaugesetzes (BBauG), der Raumordnungsgesetze, des Städtebauförderungsgesetzes, der Landesplanungsgesetze, des Schutzbaugesetzes, der Baunutzungsverordnung (BauNVO), der Landesbauordnungen sowie in den Garagenordnungen, Erlassen und sonstigen Richtlinien der unterschiedlichen Gesetzgeber zu finden.

1.2.1 Bundesbaugesetz und Bundesraumordnungsgesetz

Bauleitpläne müssen unter anderem auch den Erfordernissen des Verkehrs genügen (§ 1 Abs. 5 BBauG) [2]. In erster Linie haben sie sich jedoch nach den „sozialen und kulturellen Bedürfnissen der Bevölkerung, ihrer Sicherheit und Gesundheit zu richten." (§ 1 Abs. 4 BBauG)

---

[1] Anhaltswerte für den Ist-Zustand sind unter 1.1.3 wiedergegeben.
[2] Bundesbaugesetz vom 23. Juni 1960 (BGBl. I S. 341)

Sie sollen ferner
„den Wohnbedürfnissen der Bevölkerung dienen..." (§ 1 Abs. 4 BBauG),
„die Bedürfnisse...des Verkehrs... beachten..." (§ 1 Abs. 5 BBauG) sowie
„der Gestaltung des Orts- und Landschaftsbildes... dienen..." (§ 1 Abs. 5 BBauG).

In § 1 Abs. 4 BBauG ist die Anweisung gegeben, die „öffentlichen und privaten Belange gegeneinander und untereinander gerecht abzuwägen."

Wenn auch hiermit keine ausdrückliche Rangfolge der Ziele gegeben ist, so darf doch bemerkt werden, daß sich der Gesetzgeber — gemessen an der Zahl der Nennungen und deren Reihenfolge — von der Daseinsfürsorge für den einzelnen Menschen leiten läßt und erst von dorther auf abgeleitete technische Erfordernisse stößt.

Zur Ergänzung seien noch die einschlägigen Absätze des Raumordnungsgesetzes (RaumOG) [1] genannt:
„Grundsätze der Raumordnung sind: ..."
„Die verkehrs- und versorgungsmäßige Aufschließung, die Bedienung mit Verkehrs- und Versorgungsleistungen und die angestrebte Entwicklung sind miteinander in Einklang zu bringen." (§ 2 Abs. 1 Ziff. 1 S. 3 RaumOG)

„Eine Verdichtung von Wohn- und Arbeitsstätten, die dazu beiträgt, räumliche Strukturen mit gesunden Lebens- und Arbeitsbedingungen sowie ausgewogenen wirtschaftlichen, sozialen und kulturellen Verhältnisse zu erhalten, zu verbessern oder zu schaffen, soll angestrebt werden." (§ 2 Abs. 1 Ziff. 2 RaumOG)
„Der Verdichtung von Wohn- und Arbeitsstätten, die zu ungesunden räumlichen Lebens- und Arbeitsbedingungen sowie zu unausgewogenen Wirtschafts- und Sozialstrukturen führt, soll entgegengewirkt werden." (§ 2 Abs. 1 Ziff. 6 S. 2 RaumOG)
Hier werden über das BBauG hinausgehende Zielvorstellungen genannt (gesunde Lebens- und Arbeitsbedingungen sowie ausgewogene wirtschaftliche, soziale und kulturelle Verhältnisse — § 2 Abs. 1 Ziff. 1 S. 1 RaumOG —). Jedoch wird nicht genauer definiert, was „gesunde" sozio-ökonomische und kulturelle Verhältnisse sind.

Während im Flächennutzungsplan keine Aussagen über Flächen für den ruhenden Verkehr gemacht werden, regelt § 9 BBauG für den Bebauungsplan:
„Der Bebauungsplan setzt, soweit es erforderlich ist, ... fest ... :
„die Flächen für Stellplätze und Garagen sowie ihre Einfahrten auf den Baugrundstücken, ..." (§ 9 Abs. 1 e BBauG),
„die Flächen für Gemeinschaftsstellplätze und Gemeinschaftsgaragen ..." (§ 9 Abs. 12 BBauG).
Weiter ist noch der § 32 BBauG über die „Nutzungsbeschränkungen auf künftigen Gemeinbedarfs-, Verkehrs-, Versorgungs- oder Grünflächen" von Belang, in dem eine nachträgliche bauliche Nutzungsänderung (z.B. durch den Einbau von Tief-

---

[1] Raumordnungsgesetz vom 8. April 1965 (BGBl I S. 306)

garagen) an die Zustimmung der Bedarfs- oder Erschließungsträger und einen Fortfall des Ersatzes einer Werterhöhung gebunden ist. Dieser Paragraph ermöglicht nachträgliche Änderungen des festgesetzten Bebauungsplanes.

1.2.2 Baunutzungsverordnung

Das BBauG regelt die Pflichten zur Errichtung von Anlagen für den ruhenden Verkehr, die Baunutzungsverordnung (BauNVO) [1] hingegen die Zulässigkeiten. Die ursprüngliche Fassung der BauNVO vom 26. Juni 1962, die einige Bestimmungen der Reichsgaragenordnung außer Kraft setzte, wurde im Jahre 1968, unter anderem in einigen für die Errichtung von Tiefgaragen wesentlichen Punkten, novelliert. Man kann sagen, daß die Änderungen, die auf eine größere Verdichtung und bessere Versorgung von Wohngebieten und damit auf eine unterirdische Unterbringung des ruhenden Verkehrs abzielen, entsprechende Erleichterungen und Anreize vorsehen. Die entsprechenden Normen lauten: ,,In Kleinsiedlungsgebieten, reinen Wohngebieten, allgemeinen Wohngebieten und Wochenendhausgebieten sind Stellplätze und Garagen nur für den durch die zugelassene Nutzung verursachten Bedarf zulässig." (§ 12 Abs. 2 BauNVO)

,,Im Bebauungsplan kann festgesetzt werden, daß in bestimmten Geschossen nur Stellplätze oder Garagen und zugehörige Nebeneinrichtungen (Garagengeschosse) zulässig sind." (§ 12 Abs. 4 BauNVO; diese Norm beinhaltet die Zulässigkeit von Stellplatzgeschossen))

Damit ist die Doppelnutzung von Gebäude- oder Grundstücksteilen zugelassen worden. Es spielt hierbei keine Rolle, ob die Garagengeschosse ,,oberirdisch", also über der Geländeoberfläche, liegen oder unterirdisch als Tiefgaragen errichtet werden, weil der Begriff planungsrechtlich neutral ist. Auch hinsichtlich der Flächenausdehnung gibt es keine Beschränkung, sofern der Bedarf gegeben ist.

,,Auf Grundstücke, die im Bebauungsplan ausschließlich für Stellplätze, Garagen oder Schutzraumbauten festgesetzt sind, sind die Vorschriften über die Grundflächenzahl nicht anzuwenden. Als Ausnahme kann zugelassen werden, daß die nach Absatz 1 zulässige Geschoßflächenzahl oder Baumassenzahl überschritten wird." (§ 17 Abs. 6 BauNVO; diese Vorschrift beinhaltet eine Erleichterung der Nutzungsbeschränkung bei ausschließlichen Stellflächen.)

Von noch größerer Bedeutung — insbesondere hinsichtlich der wirtschaftlichen Auswirkungen ist jedoch der neu eingefügte § 21 a:

,,Stellplätze, Garagen und Gemeinschaftsanlagen
(1) Garagengeschosse oder ihre Baumasse sind in sonst anders genutzten Gebäuden auf die Zahl der zulässigen Vollgeschosse oder auf die zulässige Baumasse nicht anzurechnen, wenn der Bebauungsplan dies festsetzt oder als Ausnahme vorsieht.

---

[1] Verordnung über die bauliche Nutzung der Grundstücke (Baunutzungsverordnung — Bau NVO) in der Fassung 26. November 1968 (BGBl. I S. 1238, berichtigt BGBl. 1969 I S. 11)

(2) Der Grundstücksfläche im Sinne des § 19 Abs. 3 sind Flächenanteile an außerhalb des Baugrundstücks festgesetzten Gemeinschaftsanlagen im Sinne des § 9 Abs. 1 Nr. 12 und 13 Bundesbaugesetz hinzuzurechnen, wenn der Bebauungsplan dies festsetzt oder als Ausnahme vorsieht.
(3) Auf die zulässige Grundfläche (§ 19 Abs. 2) sind überdachte Stellplätze und Garagen nicht anzurechnen, soweit sie 0,1 der Fläche des Baugrundstücks nicht überschreiten. Darüber hinaus können sie ohne Anrechnung ihrer Grundfläche auf die zulässige Grundfläche zugelassen werden
1. in Kerngebieten, Gewerbegebieten und Industriegebieten,
2. in anderen Baugebieten, soweit solche Anlagen nach § 9 Abs. 1 Nr. 1 Buchstabe e des Bundesbaugesetzes im Bebauungsplan festgesetzt sind.
§ 19 Abs. 4 findet keine Anwendung.
(4) Bei der Ermittlung der Geschoßfläche (§ 20) oder der Baumasse (§ 21) bleiben unberücksichtigt die Flächen oder Baumassen von
1. Garagengeschossen, die nach Absatz 1 nicht angerechnet werden,
2. Stellplätzen und Garagen, deren Grundflächen nach Absatz 3 nicht angerechnet werden,
3. Stellplätzen und Garagen in Vollgeschossen oberhalb der Geländeoberflächen, wenn der Bebauungsplan dies festsetzt oder als Ausnahme vorsieht.
(5) Die zulässige Geschoßfläche (§ 20) oder die zulässige Baumasse (§ 21) ist um die Flächen oder Baumassen notwendiger Garagen, die unter der Geländeoberfläche hergestellt werden, insoweit zu erhöhen, als der Bebauungsplan dies festsetzt oder als Ausnahme vorsieht." (§ 21 a BauNVO)

Von besonderer Bedeutung für die hier zu behandelnde Problematik ist hier vor allem der § 21 a Abs. 3 BauNVO. Das Recht in der Fassung der BauNVO vom 26. Juni 1962 erschwerte die Errichtung von städtebaulich befriedigenden Formen der Garagenanlagen. Der zunehmende Bedarf konnte bei notwendiger wirtschaftlicher Nutzung der Grundstücke nur zu Lasten der Freiflächen befriedigt werden. Das führte zu überlangen Fußwegen und verursachte insgesamt eine räumliche und funktionelle Desintegration der geplanten Wohngebiete. Als weitere Folgen sind im einzelnen noch der Verlust an ,,Urbanität", geringere und unwirtschaftliche Ausnutzung der Flächen, Sortierung in städtebaulich tote Garagenbereiche und ebenso monofunktionale Wohnbereiche sowie Verlust der sozial wichtigen Kinderspiel- und Kontaktbereiche zu nennen (vgl. Abschnitt 1.3 und Kap. 5). Neben vielen Veränderungen der Vorschriften über die bauliche Nutzung von Grundstücken versucht die Novelle durch den neuen § 21 a, bessere städtebauliche Lösungen durch sachgerechte Unterbringung des ruhenden Verkehrs zu ermöglichen. Auf die wirtschaftliche Bedeutung dieser Norm wird insbesondere in Kap. 7 eingegangen.

Hierzu der Kommentar von Fickert und Fieseler [1]:

„Der durch die ÄnderungsVO eingeführte § 21 a enthält Vergünstigungen für die Errichtung von Stellplätzen, Garagen und Gemeinschaftsanlagen bei der Ermittlung der Grundflächen, Geschoßflächen, Baumassen und Zahl der Vollgeschosse. Zweck der Vorschrift ist es, daß insbesondere Kraftfahrzeuge nicht überwiegend auf Fahrbahnen, Bürgersteigen oder sonstigen öffentlichen Flächen abgestellt werden, sondern für den ruhenden Verkehr die privaten Grundstücke benutzt werden. Dies läßt sich jedoch nur erreichen, wenn den Bauherren ein Anreiz gegeben wird, Stellplätze und Garagen auf ihren Grundstücken einzurichten (vgl. Begründung zur ÄnderungsVO, BR-Drucks. 402/68). Daneben begünstigt die Vorschrift die Errichtung sonstiger, nicht dem Verkehr, sondern der Sicherheit und Gesundheit der Bevölkerung dienender Gemeinschaftsanlagen.

Es werden durch § 21 a nicht Stellplätze und Garagen schlechthin gefördert, sondern insbesondere solche Formen, die neuzeitlichen städtebaulichen Gesichtspunkten entsprechen. Das sind insbesondere Garagengeschosse (Abs. 1), Stellplätze und Garagen in Gemeinschaftsanlagen (Abs. 2) und unter der Geländeoberfläche hergestellte Garagen (Abs. 5). Diese Formen der Stellplätze und Garagen sind den Einstellplätzen und -garagen auf den Freiflächen der Grundstücke wegen deren Nachteile vorzuziehen.

Damit hat in die Vorschriften über das Maß der baulichen Nutzung ein verkehrspolitisches Ziel Eingang gefunden, das im wesentlichen in der sog. „Verkehrsenquete" vom 24.8.1964 (BT-Drucks. IV/2661 – BR-Drucks. 465/64, siehe Tn 246) zum Ausdruck gekommen ist." [2]

„Garagengeschosse sind nach der in § 12 Abs. 4 gegebenen Begriffsbestimmung Geschosse, die nur Stellplätze oder Garagen und zugehörige Nebeneinrichtungen enthalten (vgl. § 12, Tn 137, § 18, Tn 251). Zu den Begriffen Garage und Stellplatz siehe Tn 133, zur Abgrenzung von Garagen zu Stellplätzen vgl. OVG Münster, Urt. v. 20.2.1964 (HGBR E – 3 Nr. 37). Garagengeschosse können sowohl oberirdisch (§ 1 GarVO NW) als auch unterirdisch liegen (vgl. § 7 GarVO NW.)" [3]

Von besonderer Bedeutung ist jedoch die Bestimmung in § 21 a Abs.5 BauNVO, die es ermöglicht, daß Garagengeschoßflächen, die unter der Geländeoberfläche liegen — also in der Regel Tiefgaragen — der zulässigen Geschoßfläche zugerechnet werden können, jedenfalls im Umfange der für die Bauanlage notwendigen Garagen.

---

[1] Fickert, H.C./Fieseler, H.: Baunutzungsverordnung. Kommentar unter besonderer Berücksichtigung des Umweltschutzes mit ergänzenden Rechts- und Verwaltungsvorschriften zur Bauleitplanung. 3., völlig neubearb. und erw. Aufl. Köln (u.a.) 1971. (= „Neue Kommunale Schriften", hrsg. von Dr. R. Göb, Bd. 28) (Im folgenden: Baunutzungsverordnung, Kommentar ...) (Zitate hier ohne Hervorhebungen wiedergegeben.)
[2] Baunutzungsverordnung. Kommentar ..., S. 286
[3] Baunutzungsverordnung. Kommentar ..., S. 286 f.

Hierzu wieder der Kommentar:

„Nach Abs. 5 kann im B-Plan generell oder als Ausnahme die Hinzurechnung der Flächen oder Baumassen notwendiger unterirdischer Garagen zur zulässigen Geschoßfläche oder Baumasse festgesetzt werden. Diese Vergünstigung soll die aus städtebaulichen Gründen wünschenswerte unterirdische Unterbringung der Garagen fördern. Der VOgeber hält die Erhöhung der zulässigen Geschoßfläche bzw. Baumasse und die sich daraus ergebende größere Anzahl von Bewohnern oder Arbeitsstätten auf einem Baugrundstück deshalb für gerechtfertigt, weil durch unterirdische Garagen keine Freiflächen auf dem Baugrundstück in Anspruch genommen werden und weil die Zunahme der Motorisierung in Gebieten mit drei- und mehrgeschossigen Gebäuden bei Errichtung von lediglich ebenerdigen notwendigen Stellplätzen zu einer starken Einschränkung der erforderlichen Freiflächen führen kann. Bei sinnvoller Anwendung des Abs. 5 könnten diese Einschränkungen trotz erhöhter Geschoßfläche oder Baumasse vermieden werden (vgl. Begründung zur Änderungs-VO, BR-Drucks. 402/68)." [1]

„Unter die Vergünstigung fallen nur notwendige Garagen, die vollständig unter der Geländeoberfläche hergestellt werden. Im Sinne des § 2 Abs. 5 MBO (§ 2 Abs. 3 LBO Ba-Wü; Art. 2 Abs. 5 BayBO; § 2 Abs. 3 HBauO; § 2 Abs. 3 BauO NW; § 2 Abs. 5 LBO Saarl.; § 2 Abs. 5 LBO SchlH) ist darunter i.d. Regel die festgelegte (Hamb.: ‚festgesetzte') Geländeoberfläche zu verstehen. Festgelegt wird die Geländeoberfläche im B-Plan oder im Einzelfall durch die Baugenehmigungsbehörde (vgl. § 2 Abs. 3 LBO Ba-Wü). Im B-Plan ist — soweit erforderlich — die Höhenlage der anbaufähigen Verkehrsflächen sowie der Anschluß der Grundstücke an die Verkehrsflächen festzusetzen (§ 9 Abs. 1 Nr. 4 BBauG)." [2]

Die Zahl der „notwendigen" Garagen wird von einem anderen Kommentar wie folgt interpretiert:

„Die Vergünstigung des Abs. 5 bezieht sich nur auf notwendige Garagen. Die Garagen sind insoweit notwendig, als sie erforderlich sind, um der auf Landesrecht beruhenden Verpflichtung zur Errichtung von Stellplätzen und Garagen (vgl. Anm. zu § 12 BauNVO) zu genügen." [3] „Die Zahl der erforderlichen Stellplätze und Garagen bestimmt sich nach Lage, Art und Umfang der Baumaßnahmen. Maßgebend für ihre Festlegung sind die in der ME vom 2. April 1962 (MABl. S. 344) aufgestellten, mit Wirkung vom 1. Juli 1962 anzuwendenden Richtlinien, ..." [4]

---

[1] Baunutzungsverordnung. Kommentar ..., S. 297 f.
[2] Baunutzungsverordnung. Kommentar ..., S. 300.
[3] Stadler, O./Baumgartner, R./Wiebel, E.: Das Bau- und Wohnungsrecht in Bayern. Loseblatt-Sammlung des gesamten in Bayern geltenden Planungs-, Bau-, Boden-, Wohnungs- und Siedlungsrechts mit Erläuterungen. München o.J. Bd. 1, Teil 2 20/13, S. 94 (Im folgenden: Baurecht in Bayern ...) (Zitate wurden ohne Hervorhebungen wiedergegeben.)
[4] Baurecht in Bayern ..., 20/13, S. 55

Nach den Landesbauordnungen wird zum Teil ganz allgemein ein Stellplatz pro Wohneinheit, zum Teil wird, spezifiziert nach der Bebauungsweise, 0,67 bis ein Stellplatz pro Wohneinheit als „notwendige" Stellplätze gefordert (genauere Spezifizierung vgl. 1.3).
Die wirtschaftliche Auswirkung des neuen § 21 a Abs. 5 BauNVO sei an einem Beispiel (Nürnberg-Wetzendorf, Architekt: Professor G.G. Dittrich) nachgewiesen und erläutert:

„a) Grundstücksfläche rund = 100.000 qm
b) Geschoßfläche zulässig = 100.000 x 1,2 = 120.000 qm
c) Geschoßfläche je Einwohner = 30 qm
d) voraussichtl. Einwohnerzahl = 4.000 EW
e) Motorisierungsgrad = 0,33 PKW/EW
f) erforderl. Stellplätze = 1.320
g) erforderl. Stellplatzfläche = 1.320 x 25 = 33.000 qm

Die Geschoßfläche darf um diese Stellplatzfläche erhöht werden, d.h. 120.000 + 33.000 = 153.000 qm, oder: der Aufwand für die Garagengeschoßfläche erbringt eine zusätzliche Grundstücksfläche von rund einem Drittel. Setzt man den Grundstückspreis einschl. Erwerbs- und Erschließungskosten mit DM 110,—/qm an, so darf der Mehraufwand von Garagengeschossen gegenüber freistehenden Garagen oder Stellplätzen rund DM 4.000.000,— betragen, . . . Würde die Planung auf Garagengeschosse verzichten, so müßte die für 90 % für die freistehenden Garagen oder offenen Stellplätze erforderliche Fläche auf die Geschoßfläche angerechnet werden, und es würde somit eine Minderung der Nutzung um etwa ein Viertel eintreten, d.h. die Grundstückskosten je Wohnung steigen um etwa 25 %.

Durch die nunmehr zugelassene Doppelnutzung der Grundstücke hat sich für künftige Planungen somit eine völlig neue Betrachtungsweise ergeben:
Während zu den Kosten von freistehenden Garagenanlagen in Garagenhöfen u.ä. die hohen anteiligen Grundstückskosten (im Falle Wetzendorf je Einstellplatz 25 qm x 110,— DM = 2.750,— DM) hinzuzurechnen sind, ist bei der Planung von Garagengeschossen der gleiche Betrag dem Wohnbaugrundstück gutzubringen. Bei der Berechnung der Mieten für Abstellplätze in Garagengeschossen wäre hierauf gebührend Rücksicht zu nehmen." [1]

1.2.3 Bauordnungsrecht

Die heute geltenden einschlägigen Rechtsvorschriften gehen auf die Musterbauordnung zurück und sind folglich in Inhalt und Gliederung sehr ähnlich. Sie sollen im folgenden am Beispiel der Bayerischen Bauordnung (BayBO) [2] besprochen wer-

---

[1] Dittrich, G.G.: Studie. Der ruhende Verkehr in neuen Wohngebieten. o.O.o.J. (als Mskr. vervielf.), S. 20 f. (Im folgenden: Studie . . .)
[2] Bayerische Bauordnung (BayBO) in der Fassung der Bekanntmachung vom 21. August 1969 (GVBl. S. 263)

den. Dabei wird so verfahren, daß zunächst die BayBO zitiert und danach im Vergleich mit den übrigen Landesbauordnungen kommentiert wird. „Während im BBauG und BauNVO allgemein planungsrechtliche Fragen . . . geregelt werden, sind in den Landesbauordnungen durch Gesetz die Verpflichtungen zur Herstellung von Garagen und Abstellplätzen festgelegt und die erforderlichen technischen Bestimmungen getroffen worden. Insbesondere gilt hierfür der Art. 62. Die Vorschrift des Art. 62 setzt die Rechtsentwicklung fort, die durch die Reichsgaragenordnung (RGaO) vom 17.2.1939 (RGBl. I. S. 219) eingeleitet wurde. Die bauaufsichtlichen Vorschriften der RGaO sind unter Berücksichtigung der inzwischen gesammelten Erfahrungen in die Bauordnung übernommen worden (vgl. Art. 109 Abs. 1 Nr. 15). Die städtebaulichen Vorschriften der RGaO (z.B. Teile der §§ 9 bis 13) sind in die Verordnung über die bauliche Nutzung der Grundstücke (§ 12) eingearbeitet worden. Die RGaO ist nunmehr in vollem Umfang aufgehoben." [1]

Wegen der Bedeutung für die hier behandelten Fragen werden die einschlägigen Artikel der BayBO zitiert:

„Garagen und Stellplätze für Kraftfahrzeuge
(1) Garagen sind ganz oder teilweise umschlossene Räume zum Abstellen von Kraftfahrzeugen. Stellplätze sind Flächen, die dem Abstellen von Kraftfahrzeugen außerhalb der öffentlichen Verkehrsflächen dienen.

(2) Werden bauliche Anlagen oder andere Anlagen errichtet, bei denen ein Zu- und Abfahrtsverkehr zu erwarten ist, so sind Stellplätze in ausreichender Zahl und Größe und in geeigneter Beschaffenheit herzustellen. Anzahl und Größe der Stellplätze richten sich nach Art und Zahl der vorhandenen und zu erwartenden Kraftfahrzeuge der ständigen Benutzer und Besucher der Anlagen.

(3) Abs. 2 ist auch anzuwenden, wenn bauliche Anlagen oder ihre Benutzung wesentlich geändert werden und sich dadurch der Bedarf an Stellplätzen gegenüber dem bisherigen Zustand erhöht. Bei anderen Änderungen baulicher Anlagen oder ihrer Benutzung sind Stellplätze in solcher Zahl und Größe herzustellen, daß die Stellplätze die durch die Änderung zusätzlich zu erwartenden Kraftfahrzeuge aufnehmen können.

(4) Statt der Stellplätze können Garagen errichtet werden. Garagen können anstatt der Stellplätze gefordert werden, wenn die Verhütung von erheblichen Gefahren oder Nachteilen oder die in Abs. 8 genannten Erfordernisse es gebieten.

(5) Für bestehende bauliche Anlagen kann die Herstellung von Stellplätzen oder Garagen nach den Abs. 2 bis 4 gefordert werden, wenn die Verhütung von erheblichen Gefahren oder Nachteilen dies erfordert. Dies gilt nicht für Ein- und Zweifamilienhäuser.

---
[1] Studie . . . , S. 21 f.

(6) Die Stellplätze und Garagen sind auf dem Baugrundstück herzustellen. Es kann gestattet werden, sie in der Nähe des Baugrundstückes herzustellen, wenn ein geeignetes Grundstück zur Verfügung steht und seine Benutzung für diesen Zweck rechtlich gesichert ist.

(7) Stellplätze, Garagen und ihre Nebenanlagen müssen verkehrssicher sein und entsprechend der Gefährlichkeit der Treibstoffe, der Zahl und Art der abzustellenden Kraftfahrzeuge dem Brandschutz genügen. Abfließende Treibstoffe und Schmierstoffe müssen auf unschädliche Weise beseitigt werden. Garagen und ihre Nebenanlagen müssen lüftbar sein.

(8) Stellplätze und Garagen müssen so angeordnet und ausgeführt werden, daß ihre Benutzung die Gesundheit nicht schädigt und das Arbeiten, das Wohnen und die Ruhe in der Umgebung durch Lärm oder Gerüche nicht erheblich stört.

(9) Stellplätze und Garagen müssen von den öffentlichen Verkehrsflächen aus auf möglichst kurzem Wege verkehrssicher zu erreichen sein. Rampen sollen in Vorgärten nicht angelegt werden. Es kann verlangt werden, daß Hinweise auf Stellplätze und Garagen angebracht werden.

(10) Für das Abstellen nicht ortsfester Geräte mit Verbrennungsmotoren gelten die Abs. 7 und 8 sinngemäß.

(11) Stellplätze und Garagen dürfen nicht zweckentfremdet benutzt werden, solange sie zum Abstellen der vorhandenen Kraftfahrzeuge der ständigen Benutzer und Besucher der Anlagen benötigt werden.

(12) Ausstellungs-, Verkaufs-, Werk- und Lagerräume, in denen nur Kraftfahrzeuge mit leeren Kraftstoffbehältern abgestellt werden, gelten nicht als Stellplätze oder Garagen im Sinne dieses Artikels." (Art. 62 BayBO)

„Erfüllung der Stellplatz- und Garagenbaupflicht durch die Gemeinde.
(1) Kann der Bauherr die Stellplätze oder Garagen nicht auf seinem Baugrundstück oder auf einem geeigneten Grundstück in der Nähe herstellen, so kann er die Verpflichtungen nach Art. 62 auch dadurch erfüllen, daß er sich der Gemeinde gegenüber verpflichtet, die Kosten für die Herstellung der vorgeschriebenen Stellplätze oder Garagen in angemessener Höhe zu tragen, wenn die Gemeinde die Stellplätze oder Garagen an Stelle des Bauherrn herstellt oder herstellen läßt. Als Erfüllung kann auch die Herstellung der Allgemeinheit zugänglicher Stellplätze oder Garagen gestattet werden.
(2) Die Gemeinde ist berechtigt, Sicherheitsleistung bis zur Höhe der voraussichtlichen Kosten zu fordern." (Art. 63 BayBO)

Über die äußere Gestaltung wird ausgeführt:
„Bauliche Anlagen sind mit ihrer Umgebung derart in Einklang zu bringen, daß sie das Straßen-, Orts- oder Landschaftsbild oder deren beabsichtigte Gestaltung nicht verunstalten." (Art. 11 Abs. 2 BayBO)

Mit diesem ist eine klare Absichtserklärung gegeben. Wer soll jedoch im einzelnen beurteilen, was als „Störung" bzw. „Verunstaltung" oder als gute Eigenart eines Orts- oder Straßenbildes anzusehen ist? Der Artikel ist daher mehr als Appell an die ästhetische Verantwortung des Planers und Architekten aufzufassen. Eine genauer definierte Störung des Lebensraumes der Anwohner ist hier nicht angesprochen. Die zum Teil willkürliche Interpretation eines derartigen, oft am „gesunden Empfinden des Normalbürgers" orientierten „Gummiparagraphen" zur äußeren Gestaltung ist in ihren Auswirkungen hinreichend bekannt.

Eine Klärung der in Art. 62 Abs. 1 BayBO verwandten Begriffe, insbesondere des Begriffes der nicht gesondert genannten „Garagenhäuser", bietet Scheerbarth:
„Es ist zweckmäßig, sich über die Begriffe Parkhäuser und Garagenhäuser, meist richtiger Stellplatzhäuser, klarzuwerden und sie festzulegen. Beide Sammelbauwerke enthalten in der Regel in den verschiedenen Geschossen von den Auffahrtsrampen unabgeschlossene und lediglich durch Markierungen auf dem Fußboden unterteilte Flächen, auf denen Autos abgestellt werden können. Da die einzelnen, für jeweils ein Auto bestimmten Teilflächen in keiner anderen Weise umschlossen oder von den angrenzenden weiteren Teilflächen abgegrenzt sind, hat innerhalb eines Geschosses jeder Besucher zu den Autos Zutritt. Hiernach stehen Stellplätze und nicht Garagen zum Einstellen der Autos bereit. Das Bauwerk ist zwar in seiner Gesamtheit ein umschlossener Raum. Die zum Abstellen der Autos dienenden einzelnen großen Geschosse dieser Häuser zeigen jedoch die Merkmale von Flächen und nicht von Räumen, wenn eine weitere Unterteilung in einzelne Boxen nicht vorgenommen ist. Vgl. auch OVG Münster, Urt. VII A 383/63 v. 20.2.1964, DWW 1965, 237. Den Unterschied von Parkhäusern und Stellplatzhäusern müßte man darin sehen, daß die Parkhäuser der Allgemeinheit dienen, jede Teilfläche daher einem ständigen Wechsel in der Benutzung unterliegt, so daß sie öffentlicher Parkplatz in mehreren Ebenen sind, und daß die Stellplatzhäuser nur einem bestimmten Personenkreis zur Verfügung stehen, so daß sie Stellplätze in mehreren Ebenen sind." [1]

Zur Verpflichtung zum Errichten der „notwendigen" Stellplätze nach Art. 62 Abs. 2 BayBO:
„Diese Verpflichtung geht von der Erwägung aus, daß jedes Grundstück selbst den von ihm kommenden ruhenden Verkehr als Folge der dem Grundeigentum besonders innewohnenden Sozialpflichtigkeit aufnehmen muß, anstatt die öffentlichen Verkehrsflächen zu belasten. § 9 Abs.1 Nr.1e BBauG ermöglicht zur Aufnahme in den Bebauungsplan die Festsetzung von Flächen für Stellplätze und Garagen (und zwar für Einzelgrundstücke). Diese zur Stellplatz- und Garagenbaupflicht hinzutretende zusätzliche Verpflichtung hält Gelzer, § 37, mit Recht in der Regel für rechtswidrig. Die Stellplatz- und Garagenbaupflicht ist unabhängig davon, ob in der näheren Umgebung nicht genutzte Stellplätze oder Garagen vorhanden sind." [2]

---

[1] Scheerbarth, W.: Das allgemeine Bauordnungsrecht unter besonderer Berücksichtigung der Landesbauordnungen. 2., völlig überarb. u.wes. erw. Aufl. Köln 1966. S. 262 f. (Im folgenden: Bauordnungsrecht) (Hervorhebungen werden hier nicht wiedergegeben.)

[2] Bauordnungsrecht . . . , S. 263

Die wahlweise Errichtung von Stellplätzen oder Garagen wird in den einzelnen Landesbauordnungen unterschiedlich gehandhabt:
„Garagen: In Bay. und im Saarl. sind sie wahlweise statt Stellplätzen zulässig. Nach den anderen LandesbauOen können sie anstatt der Stellplätze gestattet werden; sie müssen gestattet werden, soweit sie nach Bundesrecht aus planungsrechtlichen Gesichtspunkten gemäß § 12 BauNVO zulässig sind. Sie können gefordert werden, wenn die öffentliche Sicherheit und Ordnung oder die Ruhe des Wohnens es nötig machen; die öffentliche Sicherheit und Ordnung machen es auch dann nötig, wenn Stellplätze nach der Beschaffenheit des Grundstücks nicht angelegt werden können, Garagen dagegen wohl . . .

Während nach Art. 62 Abs. 4 S. 1 Bay. und § 67 Abs. 4 S. 1 Saarl. der Bauherr ein Wahlrecht zwischen Stellplatz- oder Garagenbau hat, kann nach den LandesbauOen Rhld-Pf., NW und BW — abgesehen von § 12 BauNVO — dem Bauherrn verwehrt werden, statt notwendiger Stellplätze Garagen zu bauen. Der Grund liegt in folgendem: Garagen sind für die Allgemeinheit nicht in jeder Hinsicht wertvoller als Stellplätze. Denn Garagen stehen während der Hauptgeschäftszeiten regelmäßig leer und nehmen daher gerade in der wichtigsten Zeit den ruhenden Verkehr nicht auf, während die privaten Stellplätze doch nicht nur vom Eigentümer, sondern auch von Mietern und Besuchern benutzt werden." [2]

Auch hinsichtlich der in Art. 62 Abs. 6 S. 1 BayBO festgelegten Verpflichtung zur Herstellung der Stellplätze und Garagen auf dem Baugrundstück bestehen Unterschiede zu anderen Landesbauordnungen: „Die LBauOen stimmen hierzu nur insoweit überein, als die Herstellung der Stellplätze und Garagen idR auf dem Baugrundstück selbst erfolgen muß. Im übrigen weichen ihre (abgesehen von Rhld-Pf. und Saarl. wenig meisterhaften) Bestimmungen leider so weit voneinander ab, daß eine gemeinsame Darstellung verwirren würde . . . " [1] Die Erfüllung der Stellplatz- und Garagenbaupflicht auf „nahen" Grundstücken wird in den Ländern folgendermaßen gehandhabt: „Das Grundstück, auf dem die Ersatz-Stellplätze und -Garagen errichtet werden können, muß in der Nähe des Baugrundstücks liegen. Nur die LBauO Saarl. begrenzt die höchstzulässige Entfernung vom Baugrundstück ausdrücklich auf 400 m. Die anderen LBauOen enthalten hierüber keine zahlenmäßige Angabe. In der Rechtssprechung ist mehrfach eine Höchstentfernung von bis zu 300 m angenommen worden; vgl. OVG Berlin, BRS 3, 234, 241; OVG Hamb., BRS 4, 312, 317; VG München, BRS 4, 319, 320 . . .

Was nun die Art und Weise angeht, wie auf dem nahen Grundstück die Herstellung der Stellplätze und Garagen erfolgen soll, so ist natürlich der klarste Weg der über den Erwerb des Eigentums an dem nahen Grundstück . . .

Noch ein anderer, praktisch aber wohl seltener begangener Weg ist die Teilnahme des Bauherrn an planungsrechtlich festgesetzten Gemeinschaftsanlagen . . .

---

1) Bauordnungsrecht . . . , S. 264
2) Bauordnungsrecht . . . , S. 265

Hierzu kommen die privatrechtlichen Wege, besonders die Eintragung einer Grunddienstbarkeit oder die Daueranmietung von entsprechenden Stellplätzen oder Garagen in etwaigen nahe gelegenen Sammelgaragen oder Gemeinschaftsanlagen (ohne unmittelbare Beteiligung an diesen)." [1]

Zu Art. 62 Abs. 8 BayBO und entsprechenden Bestimmungen in anderen Landesbauordnungen führt Scheerbarth aus:
„Soweit unvermeidbarer und üblicher Lärm durch Autos entsteht, die dem Bedürfnis des betreffenden Grundstücks entsprechen, müssen sich die Nachbarn mit ihnen abfinden, z.b. mit den Geräuschen von anfahrenden Autos. Vgl. oben § 20. Im Zuge der schnell fortschreitenden Motorisierung ist es nicht zu verhindern, daß mehr und mehr Autos auf den Grundstücken untergebracht werden und die dabei unvermeidbaren Geräusche und vielleicht auch bemerkbaren Gerüche selbst von Bewohnern reiner Wohngebiete hingenommen werden müssen, zumal auch dort seit je Geräusche beim Rasenmähen, Teppichklopfen usw. entstehen, die als störend empfunden werden, aber nicht verhindert werden können. So OVG Mstr VIIA 1008/62 vom 3.10.63, ..." [2]

Hierzu können des weiteren die baurechtlichen Generalklauseln der Länderbauordnungen herangezogen werden, die ebenfalls Aussagen über die „öffentliche Sicherheit" und die Nichtgefährdung von „Leben und Gesundheit" machen. Wenn auch Art. 62 Abs. 11 der BayBO und — in milderer Form — entsprechende Bestimmungen anderer Landesbauordnungen die zweckentfremdende Nutzung von Stellplätzen und Garagen verbieten, so wird doch das „Verbot der Zweckentfremdung von Garagen ... dann und insoweit hinfällig, als sich durch irgendwelche Umstände die Zahl der notwendigen Stellplätze gemindert hat: OVG Mstr VIIA 533/62 v. 18.2.65;..."[3]. Dies ist besonders interessant im Hinblick auf eine vorläufige anderweitige Nutzung von Stellplatzgebäuden, die für einen prognostizierten Bedarf aus technisch-wirtschaftlichen Gesichtspunkten schon vor ihrer voraussichtlichen Vollauslastung in ihrer endgültigen Größe errichtet werden.

1.2.4 Rechtliche Probleme bei Gemeinschaftsanlagen

Der Begriff der „Gemeinschaftsanlagen" ist für Sammelstellflächen und Tiefgaragen von Bedeutung. Die Bildung von Gemeinschaftseigentum oder Fremdeigentum ist Vorbedingung für deren Anlage. Das Gemeinschaftseigentum bedeutet den anteiligen „Besitz" an einer größeren Anlage oder Fläche. Als Rechtskonstruktionen der Gemeinschaftsanlagen führt Lindemann auf:

„Das gesamte Grundstück wird gemeinsames Eigentum. Das Bruchteileigentum (= Fläche für einen Stellplatz und Anteil an Rangierfläche) ist tauschbar (wichtig beim zögernden Ausbau der Anlage!).

---

1) Bauordnungsrecht ..., S. 270 f.
2) Bauordnungsrecht ..., S. 272
3) Bauordnungsrecht ..., S. 273

Die Stellflächen sind Einzeleigentum. (Es ist tauschbar, falls der Ausbau abschnittweise erfolgt). Für die Rangierfläche wird eine Gesellschaft bürgerlichen Rechts gegründet, die eine Fremd- und Umnutzung verhindert. Eine Unterhaltpflicht besteht nicht, wenn nicht eine Vereinsgründung zur Unterhaltung des gemeinschaftlichen Eigentums für alle Miteigentümer zur Pflicht gemacht wird.

Die Bildung von Teileigentum nach dem Wohnungseigentumsgesetz hat den Vorteil, daß ein Verwalter für die Instandsetzung des gemeinsamen Eigentums sorgt und eine Instandhaltungsrücklage von den Eigentümern ansammelt. Der Grund und Boden bleibt gemeinsames Eigentum; die Stellplätze sind Sondereigentum (Möglichkeit bei Geschoßeigentumsbildung in mehrgeschossigen Stellplatzanlagen.)" [1]

Scheerbarth äußert sich zu diesem Problem wie folgt:

,,Die Gemeinschaftsanlagen sind nicht zu verwechseln mit Anlagen, die für die Öffentlichkeit allgemein zur Verfügung stehen, z.B. öffentliche Abstellplätze . . .

Da nach § 2 Abs. 1 BBauG der Bebauungsplan von der Gemeinde aufgestellt wird, liegt die Entscheidung, ob eine Gemeinschaftsanlage hergestellt werden soll, in der Hand der Gemeinde.

Über die weitere Verwirklichung der Gemeinschaftsanlagen enthalten die LandesbauOen keine erschöpfende Regelung. Es wird in der Praxis wohl idR darauf hinauslaufen, daß die Gemeinde die für die Gemeinschaftsanlage vorgesehenen Flächen erwirbt, nötigenfalls im Wege der Enteignung, was ihr dadurch erleichtert wird, daß die Fläche ja auf Grund des Bebauungsplanes für andere Zwecke nicht mehr benutzt werden darf. Sie selbst stellt dann die betreffende Anlage nicht her, sondern die Eigentümer (Erbbauberechtigten) der (zu bebauenden) Grundstücke, für die die Anlage bestimmt ist (Bedarfsträger). Diese Verpflichtung ruht gewissermaßen dinglich auf dem Grundstück und verpflichtet daher nicht nur die derzeitigen Eigentümer, sondern auch die Rechtsnachfolger. Die Übernahme des für die Gemeinschaftsanlage bestimmten Grundstücks durch die Gemeinde wird auch dann in Frage kommen, wenn sein Eigentümer zugleich zu den Bedarfsträgern gehört. Denn die Durchsetzung eines etwaigen Anspruchs gegen die anderen Bedarfsträger auf Übernahme des Grundstücks auf einen zu bildenden Gemeinschaftsbedarfsträger wird meist zu Schwierigkeiten und zu einer komplizierten Rechtslage führen. Die Bedarfsträger selbst sollen möglichst unter sich eine zivilrechtliche Vereinbarung über ihr Rechtsverhältnis untereinander treffen. Mangels einer solchen gelten die Vorschriften des BGB §§ 741 f. über die Gemeinschaft. Das ist zwar ausdrücklich nur in Art. 69 Bay. und § 75 BW bestimmt, wird aber allgemein gelten müssen.

---

1) Lindemann, H.-E.: Der ruhende Verkehr in Wohngebieten. Diss. Braunschweig 1965. S. 73. (Im folgenden: Der ruhende Verkehr . . .)

Nach Art. 69 Abs. 4 Bay. und § 73 Abs. 4 Saarl. tritt mit der Festsetzung im Bebauungsplan das Verbot ein, entsprechende Einzelanlagen auf den einzelnen Baugrundstücken zu errichten, wenn sie die Herstellung der Gemeinschaftsanlage — wie wohl häufig — gefährden." [1]

Juristisch gesehen ergibt sich ein Problem für die Errichtung von Sammelgaragen, wenn die einzelnen Stellplätze nicht baulich voneinander abgegrenzt werden. Denn die Vermietbarkeit unabgeschlossener Räume ist umstritten. Zur Abhilfe wurden daher vielerorts Betonlamellen oder Drahtgitter zur Abtrennung der einzelnen Stellplatzboxen errichtet. Auf privatrechtlichem Sektor hingegen sind andersartige und weitergehende Regelungen zur Erzielung einer ausreichenden Annahme der erstellten Garagen möglich (vgl. Klärung der „Rechtsverhältnisse bei einer Gemeinschaftsgarage" in Düsseldorf-Garath [2]).

Besondere Regelungen werden notwendig, um dem Mietausfallrisiko zu begegnen. Hierzu seien die folgenden Umfrageergebnisse zitiert:
„Es ist ein Charakteristikum erdgedeckter Garagen, daß es außerordentlich schwierig ist, in Bauabschnitten zu bauen. Eine Tiefgarage muß in aller Regel in einem Zuge fertiggestellt werden. Es ist eindeutig abzusehen, daß eines Tages für jede Wohnung ein Einstellplatz vorhanden sein muß, ohne daß dieser Bedarf schon heute allgemein gegeben ist. Baut man also eine Tiefgarage, in der für eine Wohnung eine Garage vorgesehen ist, so ist es schwierig, diese Garage sofort auch zu besetzen. Der Bauherr muß daher mit einem Mietausfall rechnen, wenn er der Forderung 1 : 1 nachkommt.

Hinzukommt, daß auch die Zahl der öffentlichen Parkplätze für den heutigen Motorisierungsgrad im allgemeinen zu hoch angesetzt wird. Der Wohnungsmieter findet daher meist leicht einen Parkplatz im öffentlichen Straßenraum und kann die teure Garagenmiete sparen. Besonders deutlich wird das bei der Anlage von nicht in Boxen unterteilten Garagen, weil hierbei auch das Argument der Sicherung entfällt.

Ein einleuchtender Ausweg wäre es, die Garagen wie Zubehörräume mit der Wohnung zu vermieten, analog etwa zur üblichen Praxis bei Vorratseigenheimen und Geschoßeigentumswohnungen, bei denen der Erwerb der Garage im allgemeinen im Kaufpreis eingeschlossen ist.

Von dieser Möglichkeit wurde im Falle Düsseldorf-Garath SW Gebrauch gemacht. Die Stadt Düsseldorf schreibt hierzu:
‚Von Interesse ist, daß in Nordrhein-Westfalen seit Änderung der Förderungsrichtlinien 1963 automatisch der Einstellplatz an die Wohnung gekoppelt wird. Soll diese automatische Koppelung nicht geschehen, so ist ausdrücklich im Bewilligungsbescheid darauf hinzuweisen.

---

[1] Bauordnungsrecht . . . , S. 279 f.
[2] Adrian: Bericht über eine Umfrage bei deutschen Städten über Erfahrungen mit dem Bau von Tiefgaragen speziell in Wohngebieten. Hannover 1966 (als Mskr. vervielf.) Anlage VI (Im folgenden: Bericht . . .)

Die Trägergesellschaften haben gegenwärtig Sorge, daß angesichts der schwindenden Zahlungsmoral der Mieter die automatische Koppelung der Garagenbelastung an die Wohnungsmiete zu erhöhten Mietausfällen führen wird. Die Träger für den Abschnitt SO von Garath haben daher vorgeschlagen, von der Koppelung abzugehen und statt dessen die Mietwohnungen im Verhältnis 1 : 3 mit Einstellplätzen zu versorgen, wobei diese Einstellplätze bei den Trägern verbleiben und von diesen nach Bedarf vermietet werden sollen. Die Träger sind bereit, dieses Risiko zu tragen.' ...

In Stuttgart-Wallensteinstraße werden die Mieter, die ein Auto besitzen, verpflichtet, eine Garage zu mieten (getrennter Vertrag). Der Architekt des Vorhabens Hamburg-Heegbarg II berichtet, daß erfahrungsgemäß etwa nach 2 Jahren die Mieter ein Kaufinteresse an den Garagen haben. Allerdings handelt es sich hier um Eigentumshäuser.

Die Stadt München berichtet: ‚Schwierigkeiten sind zu sehen, wenn mit der Wohnung kein Garagenplatz angemietet wird. Die Tiefgaragen sind dadurch nicht ausgelastet und unwirtschaftlich.'

In der Frankfurter Nordweststadt ist der Träger der Garagen die Frankfurter Aufbau AG., die vor allem die Parkhäuser in der City betreibt. Die Stadt bezahlt einen erheblichen Zuschuß zu den Baukosten und übernimmt wohl das Mietausfallrisiko." [1]

Auf ein Gerichtsurteil, das die Interessen der Öffentlichkeit vor private Interessen stellt, sei hier noch hingewiesen:
Der Bundesgerichtshof entschied in einem Rechtsstreit zwischen der Stadt Singen (Hohentwiel) und privaten Grundstücksbesitzern, daß zur Anlage von öffentlichen Parkplätzen grundsätzlich die Enteignung der hierzu benötigten Flächen zulässig ist. Der Bundesgerichtshof betont in seiner Entscheidung, für den Parkplatzbau sei die Enteignung zum Wohle der Allgemeinheit gerechtfertigt.

Zum Problem möglicher Schädigungen von PKW in Tiefgaragen ohne Unterteilung in Einzelboxen äußert sich das Kammergericht Berlin. Es war gegen Tiefgaragen argumentiert worden, daß Blechschäden beim Rangiervorgang in Tiefgaragen möglich sind, ohne daß sich der Verursacher herausfinden ließe. Hier tragen die Besitzer von offenen Stellplätzen in Tiefgaragen das gleiche Risiko wie diejenigen, die ihr Auto im Freien abstellen. In dem Urteil des Kammergerichts Berlin heißt es hierzu: Die Strafbestimmungen bei Verkehrsunfallflucht bieten auch ,,dem Eigentumer eines am Straßenrand abgestellten . . . beschädigten Kraftfahrzeuges praktisch keinen Rechtsschutz." [2]

---

[1] Bericht . . . , S. 13 f.
[2] Verordnung über Garagen und Einstellplätze (Reichsgaragenordnung - RGaO) vom 17. Februar 1939 (RGBl. I S. 219) geändert mit Runderlaß des ehem. Reichsarbeitsministers vom 13. September 1944 (RArbBl. Nr. 26/27)

1.2.5 Richtlinien und Vorschläge für Stellplatzzahlen

Die heute gültigen Garagenordnungen der Bundesländer ersetzen, soweit derartige Bestimmungen erlassen wurden, die bis dahin geltende Reichsgaragenordnung (RGaO) [1]. Die von den Ländern gemeinsam erarbeitete Musterbauordnung bot das Fundament für diese Garagenordnungen. Zum Teil wurden von den Länderregierungen zusätzlich Erlasse über Stellplatzrichtzahlen herausgegeben. In den Garagenverordnungen sind Vorschriften über den Bau und Betrieb, über die Überwachung von Garagenanlagen usw. enthalten.

Von besonderer Bedeutung für die Planung sind die sogenannten ,,Richtzahlen für die Berechnung der Stellplätze". Die Zahl der Stellplätze richtet sich nach Lage, Art und Umfang des Bauvorhabens. Die Richtzahlen entsprechen dem durchschnittlichen Bedarf und dienen als Anhalt. Die Kreisverwaltungsbehörden und Gemeinden können hierzu generell und im Einzelfall abweichende Bestimmungen treffen. Allgemein gelten die Richtzahlen für die Berechnung von Stellplätzen, die im folgenden tabellarisch für die Bundesländer wiedergegeben werden (s. Tab. 5).

Zu den Richtzahlen ist Folgendes allgemein festzustellen:
1. Während die Werte für Wohnbauten relativ gleich ausfallen, sind die Stellplatzzahlen anderer Baulichkeiten großen Schwankungen unterworfen.
2. In einigen Richtlinien wird zwischen Ein- und Mehrfamilienhäusern unterschieden.
3. Die Richtlinien sagen nichts über den Umfang der Bereitstellung öffentlicher Parkraums aus.
4. Manche Vorschläge beziehen den Stellplatzbedarf nicht auf ,,Wohneinheiten" (WoE), sondern auf ,,Bruttogeschoßfläche" (BGF) oder ,,Einwohner".
5. Angaben über die zeitliche Verwirklichung der vorgesehenen oder vorgeschriebenen Stellplatzausweisung durch bauliche Realisierung in Abhängigkeit vom tatsächlichen Bedarf liegen nicht vor.

Die Diskussion dieser Richtzahlen zeigt:
1. Der in Abschnitt 1.1 dargestellte Trend zur Nivellierung des Motorisierungsgrades in den einzelnen Bevölkerungsgruppen zwingt zu einer Überprüfung der Unterscheidung nach Haustypen bei der Bemessung der Stellplatzzahlen.
2. Wegen weiter unten ausgeführter Gesichtspunkte sollten in künftigen Richtlinien auch Aussagen über die Zahl und Zuordnung von öffentlichen Parkplätzen bei Wohnbauten gemacht werden — unter Umständen verbunden mit Richtlinien über maximale Querschnitte von Wohnstraßen zur Verhinderung zweckentfremdender Nutzungen des öffentlichen Straßenraums.
3. Es sollte weiter untersucht werden, ob der Bezug der Stellplatzzahlen auf ,,WoE" günstig ist, ob nicht vielleicht der Bezug auf ,,BGF" oder ,,Einwohner" wirklichkeitsnähere Richtzahlen ergibt. Dabei müssen Tendenzen in der Sozialstruktur berücksichtigt werden. Ausgehend von einer ,,Normalfamilie" mit nicht erwachsenen Kindern mag die Richtzahl Stellplatz/WoE zwar plausibel sein, wobei allerdings die Entwicklung zur Anschaffung von Zweitwagen bei

Tab. 5: Schwankungsbereich der Richtzahlen über die Anzahl der herzustellenden Stellplätze oder Garagen nach den Landesbauordnungen bzw. Gemeindesatzungen

Objekt	Richtzahl [1] (1 Stellplatz für ....)
Wohnbauten	
Einfamilien- und Reihenhäuser	1 Wohnung
Mehrfamilienhäuser	1 – 2 Wohnungen
Wohnheime	3 – 5 Bewohner
Altersheime	5 – 10 Bewohner
Ladengeschäfte und Warenhäuser	30 – 80 qm Verkaufsnutzfläche (jedoch mindestens 1 Stellplatz je Laden)
Büro- und Verwaltungsgebäude	40 – 80 qm Büronutzfläche (jedoch mindestens 1 Stellplatz je Einzelbüro)
Fabriken und Gewerbebetriebe	60 – 100 qm Nutzfläche oder 5 Beschäftigte
Gaststätten und Hotels	
ohne Übernachtungsmöglichkeit	5 – 20 Sitzplätze
mit Übernachtungsmöglichkeit	1 – 10 Betten
Theater, Konzerthaus, Kino	3 – 10 Sitzplätze
Versammlungsräume	5 – 20 Sitzplätze
Kirchen	10 – 30 Sitzplätze
Sportstätten	5 – 30 Sitzplätze
Schulen	
Volks- und Mittelschulen	0,5 – 1 Klassenraum
Gymnasien	5 – 20 Schüler
Berufsschulen	5 – 20 Schüler
Hochschulen und Universitäten	5 – 10 Studenten

[1] Die Richtzahlen dienen lediglich als Anhalt; sie müssen den jeweiligen örtlichen Gegebenheiten angepaßt werden.

Quelle: Vollzugsanweisung zu Art. 62 ff. der BayBO über die Herstellung von Stellplätzen und Garagen vom 14.7.65 der Stadt Nürnberg. Nr. 10a, Blatt 2f.
Krug W.: Städtebauliche Planungselemente IV. Verkehrsplanung – Verkehrstechnik. Nürnberg 1968. S. 23 („Studienhefte", hrsg. v. Städtebauinstitut Nürnberg, Nr. 22)

— zwei berufstätigen Eheleuten,
— den herangewachsenen Söhnen und Töchtern sowie
— den „grünen Witwen" wohlhabender Familien

unberücksichtigt bleibt. Ferner wird den Haushalten junger und alter Alleinstehender mit ihrem sehr unterschiedlichen PKW-Besitzgrad wenig entsprochen. Aber auch die beiden anderen, alternativ genannten Bezugsgrößen sind problematisch.

Die Festlegung von zeitlichen Abschnitten zur Herstellung der notwendigen Stellplätze wäre ebenfalls zu diskutieren, wobei zwar die notwendigen Flächen sofort, d.h. zum Zeitpunkt der Aufstellung des Bebauungsplanes, ausgewiesen werden müssen, ihre bauliche Einsatzfähigkeit jedoch vom jeweils aktuellen Bedarf abhängig gemacht werden könnte.

Zunächst bleibt festzuhalten, daß der Stellplatzbedarf eine sich entwickelnde, kaum beeinflußbare Größe darstellt. Während man in City- und Altbaugebieten die Stellplatzanforderungen vor dem Hintergrund nicht völlig behebbarer Flächenknappheit unter Umständen begrenzen kann, dürfen jedoch die PKW-Besitzer in Wohngebieten, an ihrem Heimatstandort, einen Stellplatz erwarten. Der Bedarf richtet sich hier also nach der Zahl der vorhandenen bzw. prognostizierten PKW und muß unbedingt gedeckt werden. Er kann in bestimmtem Umfang durch eine geeignete städtebauliche Ausbildung neuer Wohngebiete (Verdichtung, guter Anschluß durch öffentlichen Nahverkehr und Ausstattung mit Gemeinbedarfseinrichtungen) beeinflußt werden, z.B. dadurch, daß die Notwendigkeit zur Anschaffung von Zweitwagen verringert wird.

Hinsichtlich des Bedarfs an „öffentlicher" Parkfläche liegen keine Untersuchungen für Gegenwart oder Zukunft vor. Häufig wird dieser Bedarf auch nicht gesondert betrachtet, sondern zusammen mit dem Stellplatzbedarf — was in der Praxis meist zur Deckung des unzureichenden Angebots an „privater" Stellplatzfläche durch öffentliche Parkflächen führt (vgl. Kap. 4).

Wohl mag es angängig sein, für den Sofortbedarf zu flexiblen Lösungen zu greifen. Für die Zukunft, d.h. Vollausbau der Siedlungen und Vollmotorisierung, hingegen muß der Bedarf an öffentlichen Parkplätzen gesondert berechnet werden. Öffentliche Parkplätze müssen für den kurzfristigen Parkbedarf der Bewohner (Mittagspause, Abend), zur Anlieferung und für Besucher zur Verfügung stehen und unterliegen deshalb anderen Standortbedingungen und Anforderungen als Stellplätze. Sie müssen zielnah und jederzeit öffentlich zugänglich sein. Es hängt von der Bebauungsweise und der Stellplatzanordnung ab, inwieweit Stellplatz- und Parkplatzbedarf durch Mehrfachbenutzung gemeinsam gedeckt werden können.

Während die Richtlinien für Demonstrativbauvorhaben aus dem Jahre 1962 noch 1 Stellplatz/WoE und 0,5 Parkplatz/WoE vorsahen, schreiben die entsprechenden neueren Richtlinien aus dem Jahre 1965 nur noch allgemein (ohne Bezug auf öffentlichen oder privaten Bereich) 1,5 Stellplätze/WoE vor. [1)]

Eine spätere Eigentumsübertragung der zunächst für den öffentlichen Bereich gedachten Parkplätze als Stellplätze an die Bewohner (etwa weil die geschaffenen Stellplätze nicht mehr ausreichen) erscheint allerdings aus eigentumsrechtlichen Gründen problematisch — ganz abgesehen vom dadurch verursachten Mangel an öffentlichen Parkplätzen, der sich erheblich auf die Funktionsfähigkeit anderer Verkehrsflächen (z.B. durch parkende Fahrzeuge verstopfte Fahrstraßen) und den Wohnwert des Gebietes auswirken kann. Eine weitere Lösungsmöglichkeit: „Eine weitergehende Reduzierung der erforderlichen Parkflächen läßt sich durch eine Mischung von öffentlichen und privaten Benutzungsrechten erreichen, da sich die Parkbedarfsspitzen beider Benutzergruppen in Wohnbereichen größtenteils zeitlich nicht überlagern . . . .

Der Gutachter ist der Meinung, daß bei variabler Nutzung von Parkflächen die Anzahl der insgesamt erforderlichen Parkstände je Wohneinheit um etwa 0,25 ermäßigt werden kann." [2)]

Am häufigsten wird die Zahl von 0,5 öffentlichen Parkplätzen/WoE genannt. Für Niedersachsen gilt: 10 % der Geschoßfläche oder, bei reinen Wohngebieten, ein Stellplatz pro zwei Wohneinheiten; für die Hansestadt Hamburg: 30 % der privaten Stellplätze.

Die Vorschläge der Stadt Nürnberg (vgl. Tab. 6 bis 8) aus dem Jahre 1968 erlauben eine sehr differenzierte Berechnung der Stellplätze und Parkplätze für Gegenwart und Zukunft, in der nicht nur der möglichen Veränderung der Motorisierung Rechnung getragen wird, sondern in der auch die Größen „BGF/Einwohner" und „Belegungsziffer" je nach örtlicher Besonderheit und Trend variiert werden können. Dies ist Voraussetzung für eine zielsichere Stellplatzplanung und somit deren Wirtschaftlichkeit.

[1)] Bundesministerium für Wohnungswesen und Städtebau (Hrsg.): Wohnungsbau und Stadtentwicklung. Demonstrativbauvorhaben des Bundesministeriums für Wohnungswesen und Städtebau. München 1968. S. 19. (Im folgenden: Wohnungsbau . . .)

[2)] Grabe, W.: Fließender und ruhender Individualverkehr. Beispiel für 8 000 Einwohner: Lüneburg-Kaltenmoor. Bonn 1969. Teil II, S. 24 (= „Informationen aus der Praxis — für die Praxis" hrsg. v. Bundesministerium für Wohnungswesen und Städtebau, Nr. 17) (Im folgenden: Individualverkehr . . .)

Tab. 6 Berechnung der gesamten erforderlichen Stellplätze eines neuen Wohngebietes – Bemessungsgrundlagen

Anzahl der privaten Stellplätze = 1,0 x Anzahl der im Planungsgebiet beheimateten PKW

Anzahl der öffentlichen Stellplätze = 0,33 x Anzahl der im Planungsgebiet beheimateten PKW

Zukünftige Motorisierung: 0,33 PKW/Einw.
(Nürnberg 1967 : 0,22 PKW/Einw.)

Bruttogeschoßfläche (BGF)/EW: 30 qm/EW

Größe der WE: EFH (Einfamilienhäuser) : 120 qm BGF/WE = 4 EW/WE
MFH (Mehrfamilienhäuser) : 90 qm BGF/WE = 3 EW/WE

Quelle: Studie ..., S. 26

Tab. 7: Berechnungsarten gegenwärtig erforderlicher Stellplätze

bekannt		gesamt	privat	öffentlich
GFZ, F		97 x F (ha) x GFZ	75 x F (ha) x GFZ	22 x F (ha) x GFZ
EW		0,29 x EW	0,22 x EW	0,07 x EW
WE	MFH	0,88 x WE	0,66 x WE [1]	0,22 x WE
	EFH	1,17 x WE	0,88 x WE (1,0 x WE [1])	0,29 x WE

[1] entspricht der Vollzugsanweisung der Stadt Nürnberg v. 14. 7. 1965

Quelle: Studie ..., S. 26

Tab. 8: Berechnungsarten zukünftig erforderlicher Stellplätze

bekannt		gesamt	privat	öffentlich
GFZ, F		147 x F (ha) x GFZ	110 x F (ha) x GFZ	37 x F (ha) x GFZ
EW		0,44 x EW	0,33 x EW	0,11 x EW
WE	MFH	1,33 x WE	1,0 x WE	0,33 x WE
	EFH	1,77 x WE	1,33 x WE	0,44 x WE

Quelle: Studie ..., S. 26

Die bereits zitierte Untersuchung des Instituts für Verkehrswirtschaft, Straßenwesen und Städtebau der Technischen Universität Hannover (Professor Dr.-Ing. W. Grabe) bringt folgende Vorschläge:

„1. Geschoßwohnungsbereich
1,15 für den privaten Bedarf + 0,35 für den öffentlichen Bedarf (Besuchs- und Andienungsverkehr) = 1,5 Parkstände/WE, davon 0,25 als Reservefläche.
2. Eigenheimbereich
1,4 für den privaten Bedarf + 0,6 für den öffentlichen Bedarf (Besuchs- und Andienungsverkehr) = 2,0 Parkstände/WE, davon 0,5 als Reservefläche." [1]

---
[1] Individualverkehr ..., Teil I, S. 60

Zusammenfassend kann man festhalten, daß unter Berücksichtigung der aufgezeigten Entwicklungstendenzen und der verschiedenen Einflußfaktoren der Bedarf nicht zu niedrig angesetzt wird mit:

1   Einstellplatz je Wohneinheit in mehrgeschossigen Wohnbauten,
0,5 Einstellplatz für Besucher dieser Bauten,
1,5 Einstellplätze für Eigenheime und
0,5 Einstellplatz für Besucher der Eigenheime.

Darüber hinaus sind Reserveflächen erforderlich, die je nach Wohnanlage und Bewohner früher oder später benötigt werden.

Der Flächennachweis nach den Kriterien „Sofortwerte", „Zielwerte" und „Reservewerte" und „öffentlich" bzw. „privat" läßt sich durch folgende Darstellung veranschaulichen [1].

Tab. 9: Stellplatzwerte 1

Stellplätze	Sofortwerte (67 %)	Zielwerte (100 %)	Reservewerte (33 %)
gesamt	66	99	33
öffentlich [1]	22	33	11
privat [1]	44	66	22

[1] Verhältnis öffentlich : privat 1 : 2

Bei einer angenommenen Gesamtzahl von 99 erforderlichen Stellplätzen müssen 66 sofort festgesetzt und für 33 weitere Stellplätze (davon 11 öffentliche) Reserveflächen eingeplant werden (vgl. Tab. 9).

Bei einer geringfügigen — und gewiß sehr sinnvollen — Erhöhung des Prozentsatzes der Sofortwerte (bzw. Erhöhung der in Nürnberg geltenden Richtzahlen) sowie der Beschränkung auf ein späteres 3 : 1-Verhältnis von privaten zu öffentlichen Stellplätzen ergibt sich ein ganz anderes Bild (vgl. Tab. 10).

Tab. 10: Stellplatzwerte 2

Stellplätze	Sofortwerte (75 %)	Zielwerte (100 %)	Reservewerte (25 %)
gesamt	75	100	25
öffentlich	25	25	0
privat	50	75	25

Jetzt wären nur noch Reserveflächen für private Stellplätze einzuplanen. Entfallen würde die spätere Herstellung von öffentlichen Stellplätzen, deren Kosten nach geltendem Recht kaum auf die Anlieger abgewälzt werden könnte.

---

1) Vgl. Pfeiffer, K.: Probleme des ruhenden Verkehrs in neuen Wohngebieten, Nürnberg 1968. S. 14 f. (als Mskr. vervielf.) (im folgenden: Verkehr . . .)

Diese Überlegungen haben auch einen wirtschaftlichen Aspekt: Die Kosten der Erstellung öffentlicher Flächen für den ruhenden Verkehr gelten als „social costs" und werden nicht unmittelbar von den direkt anliegenden Nutznießern erbracht. Sie werden unter Umständen im Rahmen der Umlegung der Erschließungskosten auf eine größere städtebauliche Einheit verteilt. Müssen aus Mangel an privaten Stellplätzen öffentliche Parkplätze für den privaten Stellplatzbedarf der Anlieger benutzt werden, so bedeutet dies eine fiskalische Leistung, die kaum zu begründen ist. Diese Überlegung zeigt, wie wichtig aus volkswirtschaftlichen Gründen eine genaue und detaillierte Schätzung des öffentlichen und des privaten Stellplatzbedarfs ist.

Zwar ist heute schon die Ausweisung und Erstellung von Stellplätzen vorgeschrieben, jedoch ist deren Benutzung noch nicht vom Gesetzgeber geboten. Dieses – in wirtschaftlicher Hinsicht – problematische Rechtsgebiet müßte geregelt werden (vgl. Abschnitt 7.1). Ein ausreichender Ausgleich der privat- und volkswirtschaftlichen Interessen ist zu suchen. Zu denken wäre etwa an die Einbeziehung der Garagen- oder Stellplatzmiete in den Wohnungsmietpreis, wobei die Stellplatzmiete bei Vorhandensein von PKW zur Pflichtleistung wird.

Zur Verdeutlichung dieser Problematik werden einige Ergebnisse der SIN-Datenerfassung 1969 wiedergegeben:

Mehr als die Hälfte der Befragten benutzte einen „kostenlosen" Stellplatz in der Nähe ihrer Wohnung (vgl. Tab. 11). Besonders in großstädtischen Wohnbereichen, und hier vor allem in den Altbaugebieten, wird nachts auf oder neben der Straße geparkt. Das bedeutet eine effektive Subventionierung der PKW-Besitzer ohne selbstfinanzierte Stellplätze oder Garagen durch die öffentliche Hand – hier vor allem durch die Kommunen.

Tab. 11: Anteile der PKW-Abstellarten

Abstellart (in % von allen Einstellmöglichkeiten)	Neubaugebiete A	Altbaugebiete B	Sanierungsgebiete C	Insgesamt
nicht reservierter Sammeleinstellplatz, ohne Dach	9,6	1,6	1,7	6,3
öffentlicher Parkplatz/Parkstreifen an der Straße	28,5	14,0	8,3	21,6
auf dem Bürgersteig/am Fahrbahnrand, direkt an der Straße	12,9	49,7	34,2	26,0
auf sonstigen Plätzen	1,0	1,1	3,0	1,3
unbezahlte Stellplätze: insgesamt	52,0	66,4	47,2	55,2
Maximalwerte in den einzelnen Gebietsarten	71,1	95,6	60,9	–

Quelle: SIN-Datenerfassung 1969

1.2.6 Besondere Bestimmungen für Großgaragen

Als Beispiel werden hier die Bestimmungen der Garagenverordnung (GarVO) des Landes Nordrhein-Westfalen vom 23.7.1962 [1] behandelt; die anderen Ländergaragenverordnungen enthalten ähnliche Bestimmungen.

Zu- und Abfahrten:
Die Breiten der Zu- und Abfahrten müssen mindestens 3,00 m betragen (§ 2 Abs. 3 GarVO);
ein mindestens 1,50 m breiter Streifen zwischen den Fahrbahnen ist erforderlich, wenn Zu- und Abfahrten nebeneinander angeordnet werden (§ 2 Abs. 6 GarVO);
Großgaragen müssen getrennte Zu- und Abfahrten haben (§ 2 Abs. 7 S. 1 GarVO);
Herstellung eines mindestens 60 cm breiten Streifens als erhöhter Gehweg bei Zu- und Abfahrten von Großgaragen, soweit nicht für den Fußgängerverkehr besondere Wege vorhanden sind (§ 2 Abs. 8 GarVO).

Rampen:
Ihre Neigung soll
10 % bei Außenrampen,
15 % bei Innenrampen, sowie
20 % bei Rampen von Kleingaragen nicht überschreiten (§ 3 Abs. 1 GarVO).

Wände, Stützen und Decken:
Feuerbeständig müssen sein: Außenwände, tragende Wände und Stützen sowie Trennwände (§ 4 Abs. 1 S. 1 GarVO), desgleichen Decken (§ 5 Abs. 1 S. 1 GarVO).
„Offene Mittel- und Großgaragen sind zulässig, wenn durch das Fehlen der Umfassungswände die Umgebung nicht gefährdet oder unzumutbar belästigt wird und vor den offenen Teilen ein Abstand von mindestens 10 m zu vorhandenen oder zulässigen künftigen Gebäuden verbleibt." (§ 4 Abs. 6 S. 1 GarVO).

Brandabschnitte:
„Unterirdische Geschosse in Großgaragen müssen durch feuerbeständige Wände in Brandabschnitte von höchstens 1500 qm Nutzfläche unterteilt werden." Bei besonderen Feuerlöschvorkehrungen sind Abschnitte von 3000 qm zulässig (§ 6 Abs. 4 GarVO).

Verbindung zwischen Garagengeschossen:
„Unterirdische Garagengeschosse dürfen nur durch Treppen und Aufzüge miteinander in Verbindung stehen." Gemeinsame Rampen sind nur unter bestimmten Voraussetzungen zulässig (§ 7 Abs. 3 GarVO).

Verbindung der Garagen mit anderen Räumen:
„Mittel- und Großgaragen dürfen mit Treppenräumen und ihren Zugängen, . . . , nur durch Sicherheitsschleusen verbunden werden; dies gilt für Aufzüge sinngemäß." (§ 8 Abs. 3 S. 1 GarVO).

---

[1] Verordnung über den Bau und Betrieb von Garagen – GarVO - vom 23. Juli 1962 (GV NW 1962 S. 509)

Beleuchtung:
„Garagen dürfen nur elektrisch beleuchtet werden." (§ 11 Abs. 1 GarVO); vorgeschrieben sind getrennte Stromkreise mit Ersatzstromquelle (§ 11 Abs. 4 GarVO).

Lüftung:
Für Großgaragen ohne ausreichende natürliche Belüftung (z.B. Tiefgaragen) sind mechanische Zu- und Abluftanlagen erforderlich, die mindestens einen Luftwechsel von 12 cbm/h je qm Garagennutzfläche sichern (§ 12 Abs. 2 S. 1 GarVO).

Tankstellen in Verbindung mit Garagen
„Zapfsäulen in Verbindung mit Garagen dürfen nur in Höhe der Geländeoberfläche eingebaut werden." (§ 17 Abs. 1 GarVO). „Zapfsäulen müssen im Freien aufgestellt werden." Sie können unter bestimmten Umständen im Erdgeschoß von Garagen gestattet werden (§ 17 Abs. 2 GarVO).

Im Abschnitt 1.2.5 wurde ein Mangel an Vorschriften zur Benutzung bzw. wirtschaftlichen Ausnutzung konstatiert; der Gesetzgeber hat jedoch sehr detaillierte technische Bestimmungen über den Bau von Großgaragen erlassen. Es liegt hier offenbar ein weiteres Beispiel dafür vor, daß die Technik und deren Kodifizierung den allgemein menschlichen sowie gesellschaftlichen Sicherungen vorauseilt. Zumindest im Falle der Tiefgaragen stellen die gesellschaftlich-wirtschaftlichen Belange aber gleichrangige Voraussetzungen der Problemlösung dar.

1.2.7 Ermittlung des Stellplatzbedarfes für Wohngebiete

Unter Berücksichtigung der ausgeführten Entwicklung der Motorisierung und der betreffenden Richtlinien muß im einzelnen der Flächenbedarf für den ruhenden Verkehr berechnet und nach der Art der Unterbringung aufgeteilt werden.

Dabei wird von der ausgewiesenen Bruttogeschoßfläche (BGF) ausgegangen und über die Stellplatzziffer der Flächenbedarf für die verschiedenen Aufstellungsarten ermittelt. Dies kann anhand einer graphischen Darstellung (vgl. Abb. 11) erfolgen und soll an einem Beispiel (gestrichelte Linie) verfolgt werden (vgl. Tab. 12).

Tab. 12: Ermittlung von Stellplatzwerten (Beispiel)

Geschoßflächenzahl (GFZ)		1,0	
BGF/EW		20	qm
EW/ha		400	
1,0 ha Grundstücksfläche	MFH	134	WE
	EFH	100	WE
0,5 Stellplätze/EW		200	Stellplätze
privat (67 %)		134	Stellplätze
öffentlich (33 %)		66	Stellplätze

Quelle: Verkehr . . . , S. 17

Der erforderliche Flächenbedarf läßt sich dann bei unterschiedlichem Flächenbedarf der einzelnen Unterbringungsarten vergleichend ermitteln.

Abb. 11: Ermittlung von Stellplatzwerten

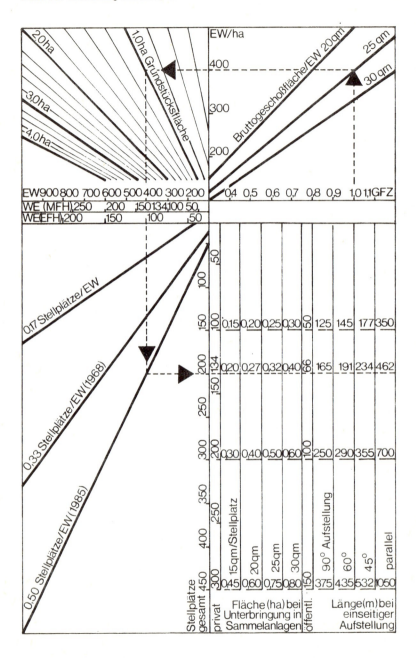

Quelle: Verkehr ..., S. 17

1.2.8 Bebauungsplan und unterirdische Garagenanlagen

Der bereits erwähnte Bericht des Stadtplanungsamtes Hannover über eine Umfrage über Erfahrungen mit dem Bau von Tiefgaragen kommt unter anderem zu folgendem Ergebnis: „Es ist noch immer nicht endgültig geklärt, ob unterirdische Garagen im Bebauungsplan festgesetzt werden können. Auf die Anfrage hin haben die Städte Sindelfingen, Leverkusen, Kiel, Düsseldorf, München und Frankfurt geantwortet, daß sie die Tiefgaragen im Bebauungsplan festsetzen.
Die Stadt Leverkusen hat Tiefgaragen außerdem in einem Erschließungsvertrag gefordert.
Die Stadt Hamburg hat im Beispiel Heegbarg die Garagen ohne Nutzungsausweisung im Bebauungsplan gestrichelt eingetragen." [1]
Zur Frage der Anzahl von öffentlichen Parkplätzen kam der Bericht unter den hier besonders interessierenden Aspekt der Tiefgaragen zu folgendem Ergebnis:
„In einer Untersuchung über Tiefgaragen in Wohngebieten ist dies insofern von Belang, als einmal die Vermietbarkeit von Einstellplätzen stark abhängig ist von der Zahl der vorhandenen öffentlichen Parkplätze, zum anderen deshalb, weil es denkbar wäre, daß man die Zahl der öffentlichen Parkplätze niederer ansetzen könnte, wenn die Garagen sehr nahe am Hauseingang liegen oder gar einen unmittelbaren Zugang zum Treppenhausknoten haben (Beispiel: Zentrum Fürstenried/München). Sehr häufig werden nämlich die öffentlichen Parkplätze von den Bewohnern belegt, denen bei kurzem Aufenthalt der Weg zur Garage zu weit oder zu mühsam ist . . .
Von den untersuchten Beispielen haben nur die Anlagen Sindelfingen/Eichholz und Stuttgart-Wallensteinstraße unmittelbare Zugänge zum Treppenhaus.

In der Neuen Stadt Köln sind die Garagen so gelegt, daß die Wohnhäuser von den Garagen sehr bequem zu erreichen sind. Von der Möglichkeit, dann, wenn die Garagen in unmittelbarer Nähe des Hauses liegen, die Zahl der öffentlichen Parkplätze geringer anzusetzen, hat nur die Stadt Stuttgart im Falle Wallensteinstraße Gebrauch gemacht. Die Stadt Hamburg hat auf die Frage mit grundsätzlich ‚nein' geantwortet, die Stadt München hat geantwortet: ‚die Zahl der öffentlichen Parkplätze wird durch die Anordnung von Tiefgaragen oder anderer privater Garagenanlagen nicht berührt." [2]

Abgesehen von diesen, wohl zum Teil wenig reflektierten Stellungnahmen erscheint es sehr wohl von Interesse, die Pauschalrichtzahlen für die Bereitstellung von öffentlichem Parkraum herabzusetzen, wenn sie aufgrund einer guten Zuordnung von Garage und Wohnung effektiv nur für Besucher- und Anliegerverkehr erforderlich werden. Umgekehrt zeigt nämlich die SIN-Datenerfassung 1968 (vgl. Kap. 4) deutlich, wie öffentlicher Parkraum für den kurzfristigen Parkbedarf der Anlieger immer und für den langfristigen Stellplatzbedarf dann, wenn Stellflächen abgelegen sind, kompensatorisch „aufgebraucht" wird.

---

[1] Bericht . . . , S. 6
[2] Bericht . . . , S. 8

Wie durch ein überreichliches Angebot an öffentlichem Parkraum ein hoher Mietausfall der bereitgestellten Stellplätze und Garagen bedingt wird und welche wirtschaftlichen Folgen das nach sich zieht, wird in Kap. 7 erläutert. Es ist also angebracht, bei der Erstellung des Bebauungsplans detaillierte Überlegungen über das Verhältnis von Stellflächen und öffentlichen Parkplätzen und deren Lokalisierung anzustellen.

1.3 Die Flächen für den ruhenden Verkehr als wesentliche Determinante der Bauleitplanung

Die Verkehrsplanung muß von Anfang an auch deswegen bei der Konzipierung der Bebauungspläne hinzugezogen werden, weil die Art der Unterbringung des ruhenden Verkehrs bei der sich abzeichnenden Motorisierung zumindest eine der wesentlichen Determinanten der Bauleitplanung ist. Das betrifft vor allem die mögliche Bebauungsdichte eines geplanten Wohngebietes.

Der Flächenbedarf für den ruhenden Verkehr in Wohngebieten ist bei festen Richtwerten für die Stellplatzzahlen abhängig von der Anzahl der Wohnungen/ha bzw. von der Geschoßflächenzahl (GFZ). Mit der Zunahme der Motorisierung wachsen die notwendigen Stellflächen proportional, während die verfügbare Gesamtfläche konstant bleibt, sofern man nicht zusätzliche Ebenen erschließt.

Wenn man die mögliche Ausnutzung eines Grundstückes für Wohnzwecke mit und ohne Einbeziehung der notwendigen Stellflächen vergleicht, wird der große Einfluß der Motorisierung auf die Flächennutzung und -verteilung sichtbar [1].

Als zwei typische Wohnformen werden das zweigeschossige Reihenhaus und der viergeschossige Zweispänner (10 m Haustiefe, 2 H = lichter Zeilenabstand) untersucht. Als Motorisierungsgrad wird 1 PKW/WE zugrundegelegt, d.h., 25 qm Stellplatz bei eingeschossiger, rund 15 qm bei zweigeschossiger und rund 10 qm bei dreigeschossiger Aufstellung. Die entsprechenden Flächen für den ruhenden Verkehr werden zu der Nettowohnbaufläche addiert. Damit lassen sich Grenzwerte der Wohndichte bestimmen (vgl. Abb. 12): Die mögliche Wohndichte bei höheren Geschoßflächenzahlen wird durch den Einfluß der Motorisierung herabgesetzt, was sich zum Teil durch flächensparende mehrgeschossige Garagen ausgleichen läßt.

Ausgeschaltet wird die Nutzungsverminderung für den Wohnbau nur durch den Bau von Tiefgaragen und durch Inanspruchnahme belichtungstechnisch notwendiger Freiflächen beim Hochhausbau [2].

---

[1] Vgl.: Der ruhende Verkehr . . . , S. 11 - 15
[2] Vgl. hierzu auch Kräntzer, K.R.: Auswirkung der Anzahl und der Anordnung von Einstellplätzen auf den Baulandbedarf. In: wirtschaftlich bauen, 1965, H. 3. S. 96 - 101

Abb. 12: Flächenverteilung auf dem Nettowohnbauland bei Grenzwerten der Wohndichte und Geschoßflächenzahl [1]

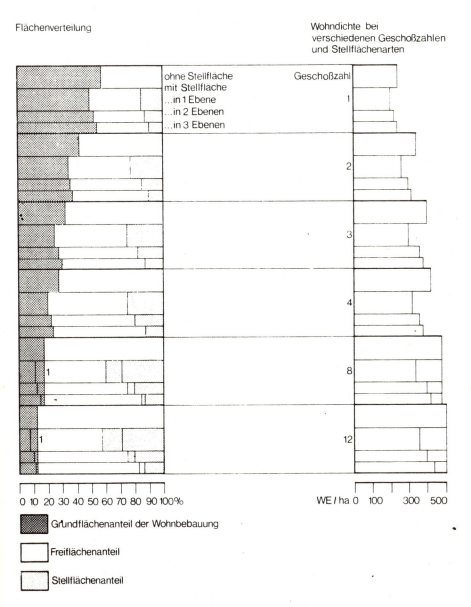

1) ohne mögliche Doppelnutzung der Freifläche
Quelle: Der ruhende Verkehr ..., S. 12a

„Das Maß der Grundstücksnutzung und der Wirtschaftlichkeit bleibt damit bei einer mehrgeschossigen Bauweise und insbesondere bei einer Hochhausbebauung konstant, während es beim Flachbau infolge der Flächenansprüche des ruhenden Verkehrs herabgesetzt werden muß. Die Hochhausbebauung wird daher relativ wirtschaftlicher gegenüber dem Flachbau." [1]

1.4 Ruhender Verkehr in Wohngebieten – Kriterium für den Wohnwert

Die besondere Bedeutung der Stellplatzplanung im Rahmen der Bebauungsplanung wurde bereits dargestellt. Allerdings ist der ruhende Verkehr in Wohngebieten nur eine abgeleitete Funktion. Man sollte ihn deshalb nicht für sich allein betrachten. Verkehr ist nur Mittel zum Zweck. Der Zweck des PKW ist der Transport von Personen, nicht das „Ruhen". Das Abstellen der PKW im Wohngebiet ist die notwendige Folgefunktion einer abgeleiteten Funktion (Personentransport) des Wohnens in einer differenzierten Stadtlandschaft. Man beachte auch, daß der PKW-Verkehr in der Regel unmittelbar nur den PKW-Besitzern (also „heute" jedem fünften, „morgen" jedem dritten Bewohner) zugute kommt, die anderen Bewohner jedoch die nachteiligen Auswirkungen hinnehmen mussen wie z.B. Flächeneinschränkung, Unfallgefahr, Lärm und Luftverunreinigung.

In diesem Zusammenhang sind als konkurrierende Funktionen des Wohnens interessant:
— Wohnen (Funktionen innerhalb abgeschlossener Räume) und Leben (Funktionen außerhalb der Wohnung), davon abgeleitet:
— Fahrverkehr,
— Fußgängerverkehr,
— ruhender Verkehr.

Wohnen bedeutet Leben in abgeschlossenen Räumen, in der eigentlichen Privatsphäre. Während für diese Ruhe garantiert sein soll, darf den Außenbereich nach neueren sozialwissenschaftlichen Erkenntnissen [2] nicht sterile Ordnung und Monotonie beherrschen. Kontakt der Bewohner in der Öffentlichkeit unter „unvollständiger Integration" der Gesellschaft ist Voraussetzung für „urbanes" Leben [3]. Kommunikation (Verkehr im weiteren Sinne) benötigt nicht eine monofunktionale, sondern eine multifunktionale Umwelt, in der etwas „er-lebt" werden kann.

---

[1] Der ruhende Verkehr . . . , S. 13. Dort auch (S. 14 f.) Diskussion der dieser Aussage widersprechenden Thesen.

[2] Vgl. z.B. Mitscherlich, A.: Die Unwirtlichkeit unserer Städte. Frankfurt/Main 1965 (= edition suhrkamp" 123)

[3] Bahrdt, H.P.: Die moderne Großstadt. Soziologische Überlegungen zum Städtebau. Hamburg 1969. S. 63 - 66.

Diese Leitsätze für modernes Wohnen unterscheiden sich von denen, die den meisten Neuplanungen der letzten Jahrzehnte zugrunde lagen. Sie beeinflussen die Antwort auf die Frage nach der „zweck"-mäßigen Unterbringung des ruhenden Verkehrs erheblich. Bei einer ausreichenden Ausstattung eines Wohngebiets mit Einrichtungen des Gemeinbedarfs erübrigt sich auch ein Teil des Fahrverkehrs, der eben dadurch erzeugt wird, daß im Gebiet nicht vorhandene Einrichtungen durch Fahrten erreicht werden müssen.

Die Bedürfnisse des reinen Wohnens und die des Fahrverkehrs stehen jedoch in mancherlei Hinsicht im Widerspruch (Lärm, Gefahr, Störung der „optischen Ruhe"). Daß hierbei kaum zu radikalen Lösungen gegriffen werden darf, sondern eher zu Kompromißlösungen, liegt an der Berechtigung eines jeden Kriteriums. Der einzelne PKW-Besitzer möchte mit dem Fahrzeug möglichst nahe an seine Wohnung herankommen, will aber auch nicht von anderen PKW gestört werden, deren Fahrer es genauso ergeht. (Auf die Frage nach dem Ausmaß der Störung in unterschiedlich dicht bebauten Gebieten wird noch eingegangen.)

Leben in Wohngebieten ist das, was außerhalb der Einzelwohnungen geschieht und offenbar zu den Grundbedürfnissen gehört. Das Ausmaß und die Qualität von städtischem Leben ist unter anderem abhängig von der Besiedlungsdichte sowie der Dichte und Mischung der verschiedenen Funktionen.

Der Fahrverkehr leistet die „Grobarbeit" der Verkehrsbeziehungen; er stellt die Verbindung eines Wohngebietes nach außen her und ist Voraussetzung für eine arbeitsteilige Wirtschaft. Er soll freizügig, sicher, schnell und leistungsfähig sein.
Der Fußverkehr leistet die „Feinarbeit" und stellt die Binnenverkehrsbeziehungen in einem Wohngebiet her. Jeder Fahrverkehr erzeugt an seinem Ziel fußläufigen Verkehr. Dieser soll direkt und kurz, ungestört und sicher, erlebnisreich und lebendig gestaltet sein.
Der ruhende Verkehr am Ziel von Fahr- bzw. Fußverkehr bildet das Gelenk zwischen beiden Verkehrsarten sowie zwischen Wohnen und Verkehr.

Drei Arten des ruhenden Verkehrs lassen sich unterscheiden:
Der periodisch benutzte Dauerstellplatz (nachts im Wohngebiet und tagsüber am Arbeitsplatz);
kurzes Parken beim Zwischenaufenthalt in der Wohnung (Mittagspause, Besorgungen);
unregelmäßiges Parken von Besuchern und Lieferanten.

An die Stellplätze bzw. Parkplätze werden je nach der Funktion entsprechend unterschiedliche Anforderungen gestellt.
Möglichkeiten, den konkurrierenden Anforderungen des Wohnens und des Verkehrs gerecht zu werden, sind:
Freizügigkeit des Fahrverkehrs: direkte Straßen überall (Rastersystem o.ä.), Trennung der Funktionen Fahren und Einstellen.
Sicherheit: gut geführte Straßen, ebenfalls Trennung der Funktionen Fahren und Einstellen.

Schnelligkeit, Zeitbedarf des Verkehrs: direkte Straßen, anbaufrei, Abstufung des Straßennetzes, keine zeitraubende Parkplatzsuche, Trennung der Verkehrsfunktion, Kreuzungsfreiheit zwischen Fuß- und Fahrverkehr.
Leistungsfähigkeit: siehe Schnelligkeit (Flüssigkeit des Fahrverkehrs).
Direkte und kurze Fußwege: Sie müssen einerseits effektiv kurz sein, d.h. nach Länge, Zeitbedarf und Höhenüberwindung (Treppe, Aufzug), andererseits sollen sie auch psychologisch kurz und direkt wirken. Es wäre zu untersuchen, welchen Einfluß Brechungen (horizontal: um Häuser, vertikal: an Häusern) auf den subjektiven Eindruck von Fußweglängen haben.

Eine Psychologie des Fußgängerverhaltens ist als Ergänzung zahlreicher Untersuchungen über das Fahrverhalten notwendig, um Fehlplanungen zu vermeiden, die zur Nichtannahme von gebauten Wegenetzen führen und damit teure nachträgliche Änderungen sowie Funktions- und Einnahmeminderung von kostenintensiven Stellflächen verursachen. Den „Wunschlinien" des Fußgängerverkehrs muß Rechnung getragen werden. Im Grundriß rein ästhetische Netzplanungen sind zu verwerfen, weil Fußgänger viel intensiver auf falsche Wegführungen als straßengebundene Verkehrsteilnehmer reagieren. Die standortbedingten Fußwegentfernungen müssen für Parkplätze und Stellplätze verschieden sein: Während dem Bewohner eines Wohngebiets längere Wege vom Stellplatz zur Wohnung zugemutet werden können, weil er sein Hauptziel normalerweise nur einmal täglich und für die Dauer von rund 15 Stunden aufsucht, sind dem Anlieferungsverkehr keine längeren Fußwege zumutbar. Der unmittelbare Zugang zum Wohnhaus muß für Feuerwehr und Krankentransport gewährleistet sein. Dem normalen Andienungsverkehr darf maximal eine Entfernung von 80 Meter zugemutet werden.

Für die zumutbaren Fußwegentfernungen zu den Stellplätzen werden sehr unterschiedliche Angaben gemacht [1]. Die Richtwerte schwanken zwischen 50 und 500 Meter für zumutbare Fußweglängen. Es darf bezweifelt werden, daß der Richtwert für Demonstrativbauvorhaben [2] (maximal 300 Meter) beibehalten werden sollte, wenn man die Planungsträger zwingen will, flächensparende Sammelstellplätze zu bauen, die dann auch entsprechend angenommen werden und mit den einkommenden Mieten die Investitionskosten abdecken.

Mehrfachnutzung der Plätze für den ruhenden Verkehr wäre in reinen Wohngebieten nur bedingt möglich, obwohl sie aufgrund der Ganglinien für den Verkehr der Anlieger und Zulieferer möglich wäre: Die Anlieferer erscheinen erst in einem Wohngebiet, wenn das Gros der PKW-Besitzer das Gebiet mit dem PKW verlassen hat. Da Anlieferer aber öffentliche Stellflächen in der unmittelbarer Nähe ihres Zieles benötigen, kommt eine günstige Mehrfachnutzung der Stellflächen wohl nur im Bereich der Ortszentren in Frage, wo auch der Anlieferverkehr massiver in Erscheinung tritt. Es wäre unter diesem Aspekt wirtschaftlich günstig, in Wohngebietszentren ebenfalls eine hohe Besiedlungsdichte anzustreben, so daß der Stellflächenbedarf für Bewohner und Gewerbe gemeinsam gedeckt werden kann.

---

[1] Vgl.: Der ruhende Verkehr ..., S. 26 b.

[2] Wohnungsbau ..., S. 19

Für das Wohnen selbst wird neben der Wohnungsausstattung die Wohnruhe als entscheidendes Kriterium angesehen. Sofern nicht stark belastete Verkehrswege durch ein Wohngebiet führen, entstehen hier die größten Verkehrsgeräusche beim Kaltstart, beim Anfahren und Beschleunigen der Fahrzeuge [1]. Diese sind besonders lästig, weil sie als Einzelgeräusche deutlicher in Erscheinung treten. Während die Belästigung durch das häufige Beschleunigen mit einer zügigen Linienführung der Ortsstraßen erfolgreich beschränkt werden kann, läßt sich die Lärmquelle beim Starten nicht vermeiden, nur ihre Wirkung kann durch akustische Abschirmung oder Entfernung vom Wohngebiet gedämpft werden. Geländekanten oder Erdwälle können den Schall dämpfen. Mauern und Garagenwände wirken ähnlich; sie lassen sich als Lärmpuffer an der Lärmseite der Wohnbebauung anordnen. Aufgrund von Beugungen und Reflexionen ist ihre Wirkung allerdings in der Regel nicht allzu groß; sie dämpfen allenfalls Schwingungsmaxima der Schallwellen für die Wohnungen, die — abzüglich Beugungswinkel — im Schallschatten der Schutzschirme liegen. Höhergelegene Wohnungen in Mehrgeschoßbauten (ab zweitem bis drittem Geschoß, je nach Höhe und Lage des Schutzschirmes) werden hingegen von der Schutzwirkung nicht erreicht.

Pflanzlicher „Lärmschutz" hat im engeren Wohnbaubereich keinen wirklichen, höchstens einen psychologischen Effekt.

Wichtig sind der Standort der Stellplätze zu der Wohnbebauung und die Bebauungsart selbst.
Stellplätze, die entlang der Wohnbauten angelegt sind, setzen diese der direkten Schallemission aus, deren Immissionswirkung durch eine entsprechende Anordnung der besonders vor Lärm zu schützenden Räume im Wohnungsgrundriß gemildert werden kann.

Stellplätze zwischen oder vor den Kopfseiten paralleler Häuserzeilen zeigen die schon besprochene (geringere) Abnahme der Schallenergie pro Entfernung und überdies das Flatterecho. Letzteres kann durch schiefwinklige Aufreihung der Zeilen verhindert werden.
Eine geschlossene Bebauung ist wegen der Vielzahl von Reflexionswänden bei offenen und nahen Stellplatzanordnungen besonders lärmanfällig. Hier kann nur durch wirksame Schalldämmung Abhilfe geschaffen werden, wie z.B. durch im Grundriß, etwa in einem Geländeschnitt, günstig angeordnete Garagen, Erdwälle und Mauern zur Abschirmung, Ausnutzung von Geländekanten, teilversenkte Garagen oder Tiefgaragen. Eine Tiefgarage mit Mutterbodenauftrag bewirkt absolute Schalldämmung, eine biegeweiche Decke mit mehr als 25 kg/qm ist ausreichend.

Tiefgaragen sind das einzig wirksame Mittel, um vor dem unmittelbaren Verkehrslärm an Stellplätzen geschützte Wohnzonen bei verdichteter Bebauung zu schaffen.

---

[1] Vgl. hierzu und zum folgenden Dittrich, Gerhard G. (Hrsg.): Umweltschutz im Städtebau Empirische Untersuchungen, analytische Erörterung, Empfehlungen zu Gegenmaßnahmen. Nürnberg 1973. S. 125 - 136 (= „SIN-Studien", hrsg. v. Professor Gerhard G. Dittrich, 3)

Lärmerzeugung und Lärmbeeinträchtigung sind auch unter dem sozialen Aspekt der Verteilung von Nutzen und Nachteil der PKW zu sehen. Man sollte davon ausgehen, daß denjenigen, die den Nutzen der PKW haben (PKW-Besitzer), auch die Kosten für eine lärmmindernde Unterbringung ihrer Fahrzeuge unter Flur angelastet werden können. Das sind die „sozialen Folgekosten", die z.B. bei der Gestaltung von kombinierten Mietverträgen für Wohnung und zugehörige Sammelgarage (Mietpflicht, sofern PKW vorhanden) in Rechnung zu stellen wären (vgl. Abschnitt 1.2.4).

Als weiterer sozialer Aspekt zum Grundbedürfnis „Wohnen und Leben" kommt das Problem einer gerechten Flächenverteilung hinzu. Nach den „Grundsätzen für Demonstrativbauvorhaben" werden 1,5 Stellplätze je Wohneinheit gefordert [1]. Das ergibt bei 25 qm je Stellplatz 37,5 qm je Wohneinheit. Hauptnutzer bei einer Motorisierung von einem PKW je Wohneinheit und einer Belegungsziffer von drei Personen je Wohneinheit sind nur 33 % der Bewohner, überwiegend erwerbstätige, männliche Haushaltsvorstände. Für Kinder werden als Spielfläche nach den Richtlinien der Deutschen Olympischen Gesellschaft [2] für die Schaffung von Spielanlagen in Städten – die keineswegs in allen neuen Wohngebieten beachtet wurden – je nach Altersgruppe 0,5 bis 1,0 qm/je Einwohner gefordert, insgesamt 2,0 qm/je Einwohner. Entsprechend dem Altersaufbau in Neubaugebieten stellen Kinder 25 bis 30 % ihrer Bewohner. Einem Kind „stehen" mithin rund 7,5 qm „zu". Ergebnis: Den PKW und ihren Besitzern wird eine rund fünfmal so große Fläche für spezielle Nutzung zugewiesen wie den Kindern. Standflächen für ruhende Autos contra Spielfläche für lebendige Kinder! Beide Bedürfnisse (Flächenansprüche) lassen sich in dichten Wohnbebauungen gemeinsam befriedigen, wenn die Flächen doppelt genutzt werden, indem man Garagen unter Flur anordnet. Das bedeutet auch: weniger Unfallgefahren für spielende Kinder, die heute noch einen anteilmäßig sehr hohen „Blutzoll" bei Straßenverkehrsunfällen in der BRD zahlen müssen.

Die Kriterien für den Wohnwert [3] in einem Wohngebiet konkurrieren zum Teil miteinander. In welchem Maße man ein einzelnes Kriterium auf Kosten anderer berücksichtigt, hängt von dem Leitbild des Planers sowie von dem Bewußtseinsstand und den Intentionen der beschließenden politischen Gremien ab.
Zwei entgegengesetzte Leitbilder sind – grob gesehen – im Zusammenhang mit der Planung für den ruhenden Verkehr denkbar:
– Isoliertes Wohnen im Grünen
Es ermöglicht ein Höchstmaß an Wohnruhe, benötigt jedoch viel Fläche und ist daher teuer; die Bedienung durch den öffentlichen Nahverkehr ist erschwert oder unmöglich, das Wohnen setzt daher den Besitz und Gebrauch von PKW (unter Um-

---

[1] Wohnungsbau ..., S. 19

[2] Vgl. Baubehörde der Freien und Hansestadt Hamburg (Hrsg.): Handbuch für Siedlungsplanung. Städtebauliche Planungsgrundlagen für den Hamburger Raum. 3. Aufl. Hamburg 1966. S.27 (=„Hamburger Schriften zum Bau-, Wohnungs- und Siedlungswesen", H. 37)

[3] „Wohnwert" berücksichtigt hier auch Aspekte wie „städtische Vielfalt", „Angebot an öffentlichen Einrichtungen" und „Verkehrserschließung".

ständen auch von Zweitwagen) voraus. „Isoliertes Wohnen im Grünen" läßt sich bei geringer Dichte kaum wirtschaftlich mit Einrichtungen des Gemeinbedarfs ausstatten und erzeugt daher für diese Notwendigkeiten zusätzlichen Verkehr; es kann zudem kein städtisches Leben entwickeln, ist kostspielig und daher exklusiv.

— Urbanes Wohnen mit hoher Dichte
Es zeigt im allgemeinen die dem isolierten Wohnen im Grünen entgegengesetzten Eigenschaften.

Flächenextensives Wohnen ist in dicht besiedelten und zivilisatorisch fortgeschrittenen Ländern aus wirtschaftlichen Gründen heute allgemein nicht mehr und aus gesellschaftlich-politischen Gründen nur noch bei konservativem Gesellschaftsbild möglich. Flächenextensives Wohnen ist gesellschaftlich steril und bedeutet eine Rückentwicklung des erreichten Zivilisationsstandes, wenn es zum allgemeinen Leitbild wird. „Urbanes" Wohnen ist dagegen die Konsequenz fortschrittlicher gesellschaftlicher Vorstellungen [1]. Allerdings müssen in noch stärkerem Maße als bisher technische Voraussetzungen für einen „humanen Wohnungsbau" unter hoher Verdichtung (Schalldämmung, Wohnungsgröße, Unterbringung des ruhenden Verkehrs) berücksichtigt werden. Wenngleich verdichtetes Wohnen auch und gerade aus volkswirtschaftlichen Erwägungen gefordert wird, dürfen doch die wirtschaftlichen Aspekte nicht einseitig im Vordergrund stehen.

In diesem Zusammenhang muß auch bestritten werden, daß die „autogerechte Stadt" zum Ausgangspunkt aller planerischen Erwägungen gemacht werden darf. Das Kriterium „Autogerechtheit" verliert dann an Dringlichkeit, wenn man bedenkt, daß Hauptnutznießer der PKW nur 15 bis 30 % der Bevölkerung sind, während die anderen Gruppen (Hausfrauen, Kinder, alte Menschen) allenfalls indirekten Nutzen haben oder gar nur von den nachteiligen Auswirkungen der PKW betroffen sind.

Unumstritten gilt wohl unter Planern heute die Forderung, daß der Mensch mit seinen Bedürfnissen im Mittelpunkt aller Planungen zu stehen habe. Nicht sekundäre Bedürfnisse (z.B. Verkehrsmittel) dürfen jedoch Ausgangspunkt der Planungen sein. Noch deutlicher: Nicht die sekundären (mehr oder weniger notwendigen oder nützlichen) Bedürfnisse nur einer Minderheitengruppe dürfen in den Mittelpunkt einer Gesamtgebietsplanung gestellt werden. Das bedeutet allerdings auch nicht, daß deren Bedürfnisse vernachlässigt werden sollten, weil sie ja einer Erweiterung des Freiheitsbereichs entsprechen und unter Umständen notwendig sind, um den Erfordernissen der gegebenen Differenzierung der Standorte gerecht zu werden.

Planungen von Wohngebieten sind heute mehr oder weniger eine öffentliche Angelegenheit und sollten als solche einer volkswirtschaftlichen Gesamtrechnung unterliegen, weil die Ausgaben in Konkurrenz zu anderen sozialen Ausgaben stehen. Das betrifft die ungerechtfertigte Bereitstellung von öffentlichen Verkehrsflächen für

---

[1] Vgl. Bahrdt, H.P.: Humaner Städtebau. Überlegungen zur Wohnungspolitik und Stadtplanung für eine nahe Zukunft. Hamburg 1968. (= „Zeitfragen", hrsg. v. Wilhelm Hennis, Nr. 4)

private Stellplatzbedürfnisse ebenso wie die Siedlungsstruktur (Dichte), die eine rentable Versorgung mit öffentlichen Verkehrsmitteln und Einrichtungen des Gemeinbedarfs ermöglichen soll. Dieser letzte Aspekt ist auch im Hinblick auf Innenstädte und andere verdichtete Zielgebiete des Verkehrs bedeutsam.

Angefochtener, weil politisch und weltanschaulich relevant, ist die These, daß „der Mensch" im wesentlichen ein „Zoon politikon" sei, also ein Wesen, das erst im gesellschaftlichen Bezug seine Identität erlangt. Diese Sichtweise verlangt vom Wohngebiet einen gesicherten privaten Raum sowie die Bereitstellung eines funktionierenden öffentlichen Raumes. Diese doppelte Funktion vermag ein Wohngebiet nur zu erfüllen bei einer entsprechenden Besiedlungsdichte, Dichte und Vollständigkeit der Funktionen des menschlichen Lebens sowie Bereitstellung der Mittel, die diese Dichte ermöglichen — ohne Gefahr für die private Sicherheit (d.h. unter anderem Unterbringung des ruhenden Verkehrs in nicht lärm- und geruchsbelästigender Weise, keine Gefährdung der Fußgänger, insbesondere der Kinder) und ohne die zum Leben notwendigen Freiflächen in unverantwortlicher Weise einzuschränken.

Daraus werden Folgerungen für die Unterbringung des ruhenden Verkehrs zu ziehen sein bei Fragen wie: Individuelle oder Sammelstellplätze? Zu ebener Erde oder unter Mehrfachnutzung der vorhandenen Fläche in Tiefgaragen?

2. Gestaltung und Zuordnung der Stellflächen

Zunächst werden die technischen Anforderungen an den Stellplatz hinsichtlich Größe, Aufstellungsart und -ort, Flächenverbrauch und Verkehrsgerechtheit aufgezeigt. Unter Berücksichtigung von Abschnitt 1.4 wird dann versucht, qualitative Aussagen in bezug auf den Wohnwert zu machen.

2.1 Stellplatz und Garage – Größe und Anordnung

Die Nettostellfläche für PKW erfordert normal eine Länge von 4,50 m und eine Breite von 1,80 m [1]. Die lichten Zwischenräume sollten 0,50 m zwischen den Wagen und gegenüber Wänden und 0,25 m neben einseitigen Stützen nicht unterschreiten.

Für die Bemessung der Fahrgassen sowie der Zu- und Abfahrtswege sind die den Fahrzeugen eigenen Wendekreise ausschlaggebend. Der Durchmesser des äußeren Wendekreises beträgt bei PKW bis zu 13,0 m (BRD). Die Breite der Fahrgassen ist außerdem abhängig vom Aufstellwinkel der Fahrzeuge, von der Stellplatzbreite, von der Einfahrrichtung (vorwärts oder rückwärts) und von der Wahl des Entwurfsfahrzeuges.

Mit den Abmessungen des in der BRD verwendeten Entwurfsfahrzeuges ergibt sich bei senkrechter Aufstellung und einer Parkplatzbreite von 2,30 m für die Fahrgasse eine Breite von 7,70 m (bei Vorwärtseinparken). Für Rückwärtseinparken erniedrigt sich dieser Wert um 39 % auf 4,70 m [2].

Im folgenden wird diese Einsparmöglichkeit jedoch nicht berücksichtigt, weil sie für zweihüftige Anlagen nicht anwendbar ist und größeres Manövriergeschick nicht allgemein vorausgesetzt werden kann.

Für kleinere Aufstellwinkel als 90° wird auch die erforderliche Fahrgassenbreite geringer, der Parkstreifen aber breiter. Außerdem ist die Parkgasse dann nur noch in einer Richtung befahrbar; eine zusätzliche Wendemöglichkeit am Ende der Park-

---

[1] Vgl. Heymann, G.: Wirtschaftliche Aufteilung der Parkfläche von Parkhäusern mit Rampenanlagen. In: Straßenverkehrstechnik, 21. Jg. (1967), H. 11/12, S. 146 f. (im folgenden: Wirtschaftliche Aufteilung ...)

[2] Wirtschaftliche Aufteilung ..., S. 146 f.

gasse oder eine zusätzliche Zufahrt wird notwendig. In Abb. 13 wird gezeigt, daß damit der Gesamtflächenbedarf gegenüber der Senkrechtaufstellung mit stumpf endenden Parkgassen steigt. Nähere Untersuchungen werden daher nur mit der Senkrechtaufstellung unternommen.

Abb. 13: Aufstellungsarten

Aufstellungsart	Platzbedarf in qm / Stellplatz ohne / mit Schutzstreifen	Parkvorgang	Zusätzliche Flächen für Wendemöglichkeit oder zweite Zufahrt durch Richtungsgebundenheit
Quer 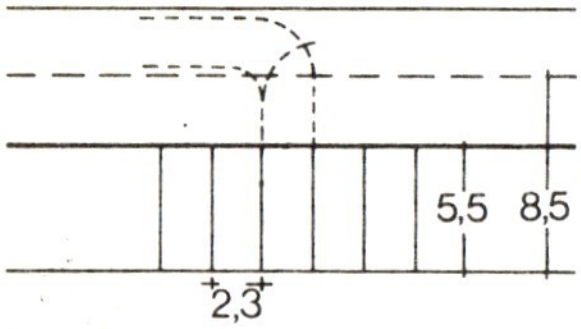	12,5 (19,5)	schwierig	nein
Längs 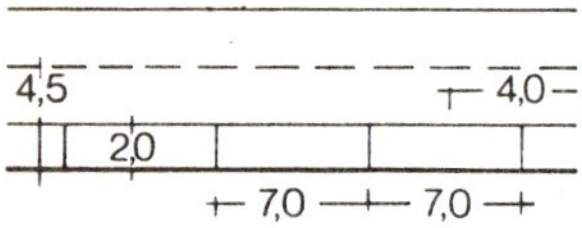	14,0 (31,5)	schwierig	ja
Schräg (60°) 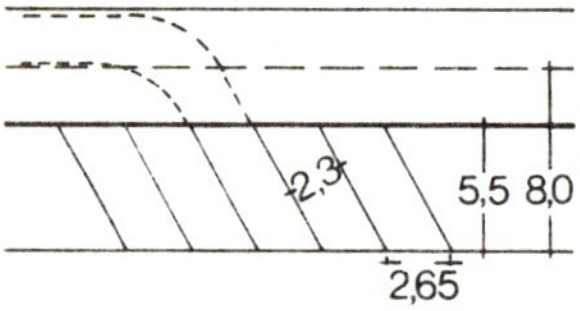	14,5 (21,0)	einfach	ja
Schräg (45°) 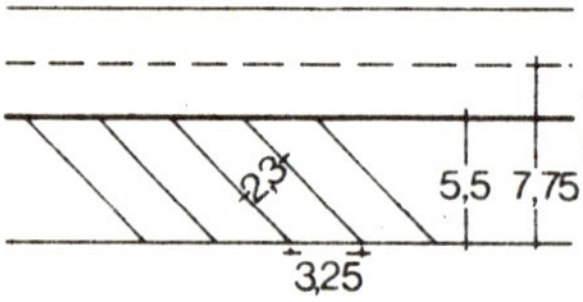	18,0 (25,0)	einfach	ja

Hier muß auch darauf hingewiesen werden, daß die Rangierflächen nicht allzu knapp bemessen werden sollten, damit die Benutzer nicht durch die Schwierigkeit des Einstellvorgangs abgeschreckt werden.

Im folgenden wird für Senkrechtaufstellung mit einer Stellplatzbreite von 2,30 m, einer Stellplatzlänge von 5,50 m und einer Fahrgassenbreite von 6,00 m gerechnet. Das ergibt bei zweihüftiger Aufstellung eine Gesamtbreite von 17,00 m.

Der Flächenbedarf je Fahrzeug auf Stellplätzen ergibt sich aus:
— Stellfläche für den PKW,
— Zwischenraum, Abstand,
— Fahrgasse,
— Schutzstreifen, Zusatzflächen (Zwickel u.ä.).
Er ist abhängig von der Aufstellungsart. Verschiedene Aufstellungsarten unterscheiden sich außer durch unterschiedlichen Flächenbedarf auch hinsichtlich der Schwierigkeit des Parkvorgangs (vgl. Abb. 13).

Wegen der Beeinträchtigung des Fahrverkehrs können Flächen am Straßenrand nur als Parkflächen für den kurzfristigen Bedarf betrachtet werden, obwohl hier in vielen Neuplanungen anders entschieden wurde bzw. aus Mangel an ausreichenden, geeigneten Stellflächen die Straßenparkplätze zum Einstellen mitbenutzt werden.

Werden Stellflächen außerhalb des Straßenraumes auf eigenen Flächen geschaffen, so kommen zu den reinen Stellflächen (einschließlich Zwischenräumen) noch weitere Rangier- und Zwickelflächen sowie Flächen für die Zufahrten hinzu. Dies erhöht den Gesamtflächenbedarf, so daß sich die Frage nach der Größe des Sammelstellplatzes ergibt, weil sich mit zunehmender Größe die anteiligen Zusatzflächen verringern.

Die Vorteile des Sammelstellplatzes sind [1]:
Sie ermöglichen die Trennung von Fußgänger- und Kraftfahrzeugverkehr. Die Differenzierung des Verkehrsnetzes ist erst sinnvoll bei einem gewissen Mindestverkehrsaufkommen, das wiederum von der Wohnungsverdichtung abhängt. Der Stellplatz wird zum Gelenk zwischen Fahren und Gehen.

Die Verkehrsstruktur wird verbessert, weil die Konzentrierung des ruhenden Verkehrs an wenigen Stellen Voraussetzungen für eine kontrollierbare Verkehrsführung schafft. Durch die Standortwahl für den ruhenden Verkehr kann eine erwünschte Verkehrsstruktur erzwungen oder verstärkt werden.
Der Erschließungsaufwand sinkt. Die Lage der Sammelstellplätze im Verkehrsnetz beeinflußt die Straßenbelastung. Das Querprofil der Straßen kann entsprechend abgestuft werden.

Die Lärmquellen sind zwar massierter; die Geräuschverteilung ist jedoch durch die Wahl des Standorts steuerbar.

Ob Garagen oder offene Stellplätze vorgesehen werden, hängt von den Wünschen der PKW-Besitzer, der Witterungsbeständigkeit der PKW, dem unterschiedlichen Kostenaufwand (vgl. Kap. 7) sowie der Bequemlichkeit der Benutzung ab.

---
[1] Vgl.: Der ruhende Verkehr ..., S. 71 ff.

Offene Stellplätze haben folgende Eigenschaften[1]: Sie können relativ billig erstellt werden und sind bequem zu benutzen (Torschließen, zusätzliches Ein- und Aussteigen und zweimaliges Beschleunigen aus dem Stand entfällt), jedoch ist der Wagen diebstahlgefährdet. Witterungseinflüsse und aggressive Zusätze der Luft erhöhen zudem die Abschreibungsquote, deren Erhöhung aber nicht die Erstellungskosten bzw. die Miete der Garage deckt (vgl. Kap. 7); zudem verringert sich die Bedeutung der Witterungsschäden durch die zunehmend verschleißfester gearbeiteten Karosserien (Kunststoff) und die Verbesserung der Starteigenschaften des wassergekühlten PKW durch Frostschutzmittel.

Geschlossene Stellplätze weisen dagegen folgende Eigenschaften auf[2]: Sie sind realtiv teuer in der Herstellung (abhängig von der Bauform), der Wagen ist jedoch diebstahlgesichert und gegen äußere Einflüsse geschützt. Die Benutzung geschlossener Stellplätze kann umständlich sein (Einzelboxen), in Hallen ohne Trennwände läßt es sich bequemer rangieren.

Ein besonderer Vorteil von Garagen kann bei geeigneter Aufstellung ihre schallhemmende Wirkung sein.

Einzelkellergaragen sollten heute wegen der Rutschgefahr auf steilen Rampen vermieden werden. Diese verursachen bei ungünstiger Witterung im Winter eine Unsicherheit an der Ausfahrt. Es wird deshalb in den Garagenverordnungen der Länder in der Regel eine horizontale Vorfläche von mindestens 5,00 m gefordert, was einen erhöhten Flächenbedarf verursacht.

Der Flächenbedarf einer Kellergarage bei einer Absenkung von — beispielsweise — 2,00 m unter Geländeoberkante und einer Rampenneigung von 20 % beträgt:

Garagenfläche	6,00	x 3,00 m	=	18 qm
Rampenfläche	$\frac{2,00}{0,20}$	x 3,00 m	=	30 qm
Vorfläche	5,00	x 3,00 m	=	15 qm
Insgesamt			=	63 qm

Die Vorfläche dieser außerordentlich großen Stellplatzfläche kann als Besucherparkplatz genutzt werden.

Bei festen Garagenboxen in Privatbesitz entfällt eine Mehrfachbenutzung (durch Besucher- und Andienungsverkehr), wie sie bei Sammelstellplätzen möglich ist.

---

1) Der ruhende Verkehr ..., S. 57 f.
2) Der ruhende Verkehr ..., S. 58

2.2 Aufstellungsarten und Platzbedarf von Sammelstellplätzen

Bei dieser Betrachtung werden nur senkrechte Aufstellungsanordnungen berücksichtigt, weil die schräge Aufstellung zwar einen flüssigeren Verkehr entlang der Stellflächen garantiert und sich daher bei starkem Fahrverkehr und Kurzparkvorgängen eignet, aber — wie bereits festgestellt — einen höheren spezifischen Flächenbedarf hat.

Die Rentabilität von Stellplätzen (vgl. Kap. 7) ist großenteils eine Funktion des Flächenbedarfs (Baumassen und Grundstückskosten). Deshalb wird im folgenden dieses Kriterium genauer untersucht. Abb. 14 zeigt in der Gegenüberstellung von kleineren und größeren Stellplätzen sowie geschlossenen und offenen Stellplätzen deutlich den Flächenmehrverbrauch von Garagen gegenüber offenen Stellplätzen, insbesondere von Kleinstellplätzen gegenüber größeren Sammelstellplätzen. Angenommen wurden bei Garagenboxen eine Grundfläche von 6,0 x 3,0 = 18 qm und Fahrgassen von 7,0 m Breite, bei Stellplätzen eine Grundfläche von 5,5 x 2,3 = 12,65 qm und Fahrgassen von 6,0 m Breite.

Der Flächenmehrverbrauch von Garagen gegenüber offenen Stellplätzen bewegt sich in der Spanne von 26 bis 31 %. Bei der Aufstellungsart nach Typ 2 ist der Flächenverbrauch mit 24,5 qm je Stellplatz günstig. Sie eignet sich allerdings nicht für größere Garagenanlagen, da sonst der Fußweg durch querende Stellplatzsucher über eine zu große Länge beeinträchtigt wird. Die Typen 3 und 4, die sich auch für grössere Anlagen (bis zu 10 Stellplätze) eignen, sind mit 32,6 bzw. 28,8 qm je Stellplatz wegen der nur einseitigen Ausnutzung der Fahrgasse ungünstiger. Wesentlich vorteilhafter sind die zweireihigen Aufstellungen nach Typ 5 und 6 mit 24,7 und 23,5 qm je Stellplatz, wobei sich der Vorteil für Typ 6 aus dem Fortfall der Vorfläche mit Schutzstreifen ergibt. Der Flächenverbrauch dieser Typen läßt sich mit einer größeren Stellplatzzahl (20 Stellplätze) bei Typ 5 noch um rund 11, bei Typ 6 um rund 8,5 % verbessern. Es zeichnet sich deutlich ab, daß große Sammelstellplätze hinsichtlich ihrer geringeren Flächenbeanspruchung wirtschaftlicher sind.

In der Literatur schwanken die Angaben für Sammelstellplätze bei unterschiedlicher Stellplatzgestaltung und unterschiedlichen Fahrgassenmaßen beträchtlich. Um Vergleichbarkeit herzustellen, wurde daher eine eigene Flächenuntersuchung mit der standardisierten Stellplatzfläche von 5,5 x 2,3 m, einer Fahrgassenbreite von 6,0 m (aus Gründen des Platzzuschnitts teilweise 6,9 m) und einer 5,0 m tiefen Aufstellfläche an den Zufahrten angestellt. Dabei wurden fünf verschiedene Typen nach der Aufstellungsart unterschieden (s. Abb. 15):
Aneinanderreihung von U-förmigen Parktaschen mit Schutzstreifen (Typ 7)
Zufahrt vor der Kopfseite der Parkreihen, Fahrgasse 6,9 m breit (um am Ende der Zufahrt drei Parkstände von 3 x 2,3 = 6,9 m Breite unterzubringen). Toter Raum der Ecke. Schutzfläche entfällt zum größten Teil (Typ 8).
Vorzone entfällt ganz, aber zusätzlich Mittelfahrgasse (Typ 9).

Abb. 14: Anordnung von Garagenanlagen

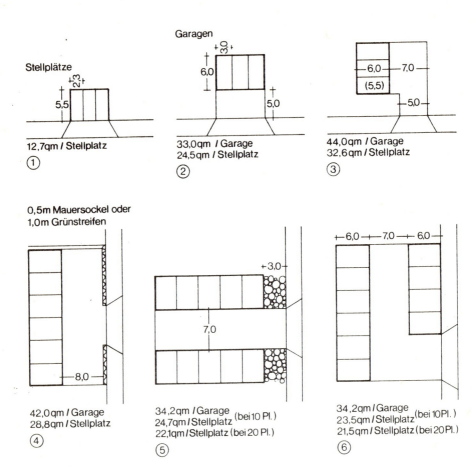

Quelle: Krug, W.: Städtebauliche Planungselemente IV. Verkehrsplanung – Verkehrstechnik. Nürnberg 1968. o.S.(= „Studienhefte", hrsg. v. Städtebauinstitut Nürnberg, H. 22) (im folgenden: Verkehrsplanung ...)

Abb. 15: Flächenverbrauch von Großstellplatztypen

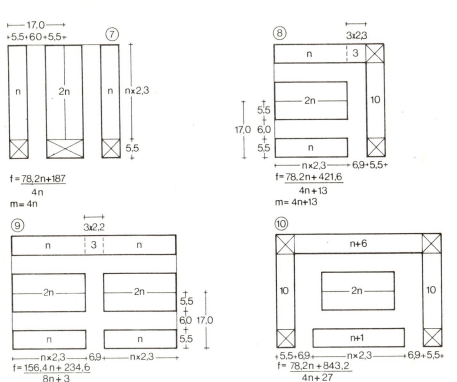

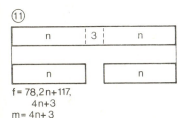

$f = \frac{78,2n + 117}{4n + 3}$
$m = 4n + 3$

$f = f(n) =$ Gesamtfläche
$n =$ Zahl der Stellplätze in variierter Reihenlage
$m =$ Gesamtzahl der Stellplätze pro Anlage

Zwei Hauptfahrgassen, toter Raum (zweifach) in den Ecken, teilweise Vorzone (Typ 10).
Verringerung des Anteils der Hauptfahrgasse, sonst wie Typ 9 (Typ 11).
Diese Typen können insofern variiert werden, als ihr Flächenbedarf für verschiedene Anzahlen der Stellplatzkolonnen berechnet wird (vgl. Abb. 15). Der spezifische Flächenbedarf „f" (qm/Stellplatz) wird für verschiedene Reihenlängen „n"

(Stellplatz/Reihe) dargestellt (vgl. Abb. 16), desgleichen für verschiedene Gesamtstellplatzzahlen „m" (vgl. Abb. 17). Abb. 18 zeigt den spezifischen Flächenbedarf für diese und vorgenannte Stellplatz- und Garagenanlagen.

Abb. 16: Flächenbedarf pro Stellplatz und Reihenlänge

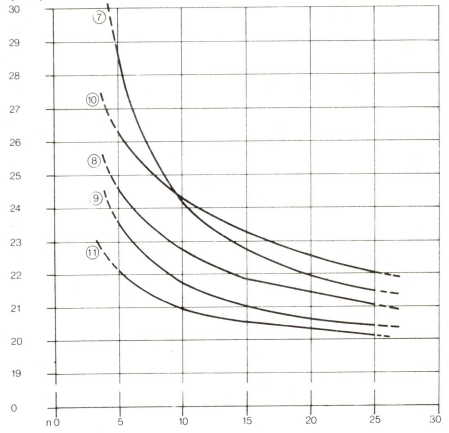

Abb. 17: Flächenbedarf pro Stellplatz und Stellplatzzahl

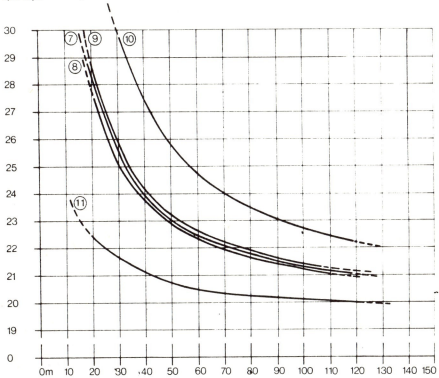

Typ 7 ist am stärksten abhängig von n, besonders im Bereich unter 15 n (26 % Unterschied zwischen n = 5 und n = 25). Die Typen 9 und 11 sind am wenigsten abhängig von n (13,5 % und 9 % Differenz zwischen n = 5 und n = 25). Bei Typ 7 macht sich der abnehmende Anteil der Vorfläche sehr stark bemerkbar. Bei Typ 9 und 11 verhindert die gleichbleibende Hauptfahrgasse eine stärkere Abnahme mit wachsendem n. Die Beziehung der Flächen auf die Stellplatzzahl verändert ganz auffällig die Lage der Kurve 10 zur Gesamtschar und hebt deren großen Flächenbedarf besonders bei geringen Stellplatzzahlen hervor (vgl. Abb. 17). Der Typ zeichnet sich jedoch wegen der zwei Zufahrten besonders durch seine Freizügigkeit aus (bei Kurzparkvorgängen von Vorteil), was jedoch bei fest vermieteten Stellplätzen kein zu berücksichtigendes Kriterium darstellt und auf Kosten der Flächenersparnis geht. Typ 10 eignet sich am ehesten als Großparkplatz. Typ 11 eignet sich wegen seines schmalen Flächenzuschnitts bei wachsendem n als kleiner

Sammelstellplatz und hat als solcher den deutlich geringsten spezifischen Flächenbedarf. Typ 7, 8 und 9 sind einander sehr ähnlich und haben zwischen Typ 10 und 11 einen mittleren spezifischen Flächenbedarf (vgl. Abb. 18). Sie eignen sich besonders als mittelgroße Sammelstellplätze im Bereich zwischen 30 und 120 Stellplätzen. Während Typ 7 als sechszeiliger Stellplatz auch für noch größere Stellplätze wirtschaftlich und im Zuschnitt kompakt gestaltet werden könnte, würden Typ 8 und 9 entweder als Vierzeiler zu länglich oder hätten als Sechszeiler durch die verlängerte Hauptfahrgasse einen sprunghaften Anstieg von f zu verzeichnen. Allen Typen gemeinsam ist, daß ihr Flächenbedarf mit zunehmender Gesamtgröße der Anlage asymptotisch gegen f ≅ 20 qm/je Stellplatz läuft. Diese Feststellung wird auch durch Angaben in der Literatur bestätigt, nach denen der spezifische Flächenbedarf für Großstellplätze Niedrigwerte bis zu 20 qm/je Stellplatz erreicht.

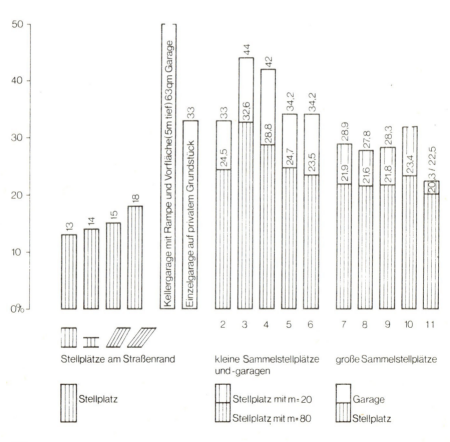

Abb. 18: Spezifischer Flächenbedarf (qm) von Stellplatz- und Garagenstellplatzanlagen

Die Wahl der günstigsten Aufstellungsart ist auch vom Zuschnitt des vorhandenen Geländes abhängig. Bei nicht rechteckiger oder gewinkelter Fläche kann auch schräge Aufstellung insgesamt sparsam sein. Außerdem kann die erforderliche Stützenstellung die Aufstellungsart bei Stellplatzhallen und Tiefgaragen bestimmen.

Hier konnte bei variierten Gesamtflächen nur ein Überblick über die Wirtschaftlichkeit der einzelnen Aufstellungsarten allgemein gegeben werden. Im einzelnen wird die günstigste Stellplatzgestaltung in Abstimmung auf die genannten Faktoren erfolgen müssen.

Eine weitere Einsparung an Stellfläche ließe sich erreichen, wenn es gelänge, die Fahrzeuggrößen zu vereinheitlichen. Da dieses Vorhaben bei den vorhandenen unterschiedlichen Bedürfnissen und Ansprüchen an den PKW wohl nicht zu verwirklichen ist, sollte man zumindest überlegen, ob auf größeren Sammelstellplätzen oder Sammelgaragen nicht eine „Teilhomogenisierung" mittels Trennung nach wenigen unterschiedlichen Standardgrößen zu erreichen ist.

Die Abmessungen der gängigen Typen sind in Tab. 13 dargestellt, allerdings ließen sich in der Gruppe 3 verschiedene Typengruppen unterteilen.

Bei dieser Betrachtung von Sammelstellplätzen und Tiefgaragen darf man die übergroßen PKW-Typen wohl außer acht lassen, weil deren Besitzer eher in weniger verdichteten Wohngebieten mit Einzelgaragen wohnen. Es ließen sich aber auch ein paar übergroße Stellplätze in einer Sammelstellplatzanlage herrichten. Über den Anteil der einzelnen Größenklassen müßte genauere Kenntnis vorliegen. Immerhin ergibt sich theoretisch bei zweihüftiger Senkrechtaufstellung mit dem kleineren Normalfahrzeug von rund 4,00 m x 1,55 m eine erhebliche Flächeneinsparung.

Fahrgassenbreite $B = R_{ha} + \sqrt{R_v^2 - (R_v - B + \frac{a+W}{2})^2}$ [1];

ebenfalls reduzierte Maße:
R_{ha} = 4,80 m (Wendekreishalbmesser hinten außen)
R_v = 5,30 m (Wendekreishalbmesser vorne)
B = 2,20 m (befahrene Breite in der Kurve)
a = 2,00 m (Parkplatzbreite)
W = 1,55 m (Fahrzeugbreite)
L = 4,00 m (Fahrzeuglänge)
b = 4,80 + $\sqrt{28 - (5,3 - 2,2 + \frac{2,0+1,55}{2})^2}$ = 6,80 m.

Gesamtbreite der Anlage: 2 x 4,0 + 6,8 = rund 15 m.
Auf einen Streifen von 15 m passen z.B. 16 Fahrzeuge gegenüber 14 Fahrzeugen beim Regelfahrzeug. Das ergibt eine reduzierte Gesamtfläche von 0,77 Anteilen.

---

[1] Vgl.: Wirtschaftliche Aufteilung ..., S. 146 - 153

Tab. 13: Fahrzeuggrößen

Gruppe	Fahrzeugtyp	Länge (m)	Breite
1	Fiat 500	2,97	1,32
	Fiat 850	3,58	1,43
	Renault R4	3,67	1,48
	Fiat 128	3,68	1,59
	Citroen 2 CV	3,75	1,64
	NSU 1000	3,76	1,49
	Simca 1100	3,94	1,59
	Ford Escort 1100	3,98	1,57
	NSU 1200	4,00	1,50
2	VW 1300	4,03	1,55
	Fiat 124	4,06	1,63
	VW 1200	4,07	1,55
	Citroen DS 21	4,12	1,60
	Opel Kadett	4,18	1,57
	Opel Ascona	4,18	1,63
	VW Transporter	4,22	1,77
	BMW 1600/1800/2000/2002	4,23	1,59
	Fiat 125	4,23	1,62
	Renault R 16	4,23	1,64
	Ford Capri 1700	4,26	1,65
	Ford Taunus 1600	4,27	1,70
	Audi 60L	4,38	1,63
	Peugeot 404	4,45	1,62
	Peugeot 504	4,49	1,69
	VW 411	4,53	1,64
	Opel Rekord 1700	4,57	1,72
	Ford Consul	4,57	1,79
	Audi 100 LS	4,63	1,73
	Mercedes 280	4,68	1,79
	Mercedes 200/220/230/250	4,69	1,77
	BMW 2500/2800	4,70	1,75
3	Opel Admiral 2800	4,91	1,85
	Mercedes 280 SE	5,00	1,81

Weist man für einen Sammelstellplatz je einen zweihüftigen Teil mit den zwei verschiedenen Maßen aus, so reduziert sich die Ersparnis um die Hälfte (von 23 % auf 11,5 %). Diese Flächenersparnis von 11,5 % durch Berücksichtigung zweier verschiedener Stellplatzgrößen ist detaillierter Berechnungen künftiger Stellplatzanlagen wert — vor allem bei Tiefgaragen.

Diese wirtschaftlich interessante Überlegung wirft zwei Probleme auf: Unterschiedliche geometrische Systeme mögen auch Variationen der Konstruktionssysteme bei überdachten Anlagen erfordern und damit Mehrkosten verursachen. Zudem kann die Zuteilung der verschieden großen Stellplätze an die Mieter problematisch werden. Eventuell lassen sich verschieden hohe Mietpreise als Regulativ verwenden. Auch interner Stellplatztausch bei Anschaffung eines PKW aus der anderen Größenklasse ist denkbar.

2.3 Der Standort von Sammelstellplätzen

Während bei der Einzelhausbebauung Verkehrs- und Wohnfunktionen noch dicht beieinander sind, überwiegt bei dichterer Bebauung die Trennung von Wohn- und Verkehrsfunktion. In der Regel werden beide als schwer vereinbar betrachtet.

Die im folgenden beschriebenen drei Erschließungsschemata[1] lassen sich durch entsprechende Kombinationen für nahezu jede Erschließungsaufgabe verwenden (vgl. Abb. 19).

1. Am Eingang der Wohnzone
Die Anlage der Stellfläche am Eingang der Wohnzone schirmt den Wohnbereich wirkungsvoll vom Verkehrsbereich ab. Die einzelnen Erschließungszonen lagern sich halbkreisförmig um den Stellplatz an der Sammelstraße.
2. Im Zentrum der Wohnzone
Der Fahrverkehr dringt bis in den Mittelpunkt der Wohnzone ein, der als wichtige Kontaktstelle der Bewohner mit Läden für den täglichen Bedarf und ähnlichen Einrichtungen ausgestattet werden kann.
Die Erschließungszone bildet im Schema einen Kreis von rund 200 m Durchmesser bzw. einen von rund 600 m bei innerer Erschließung.

Abb. 19: Standorte der Sammelstellplätze

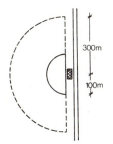
am Eingang eines Wohngebietes
Fläche: 1,5 bzw. 10,0 ha
bei max. 300 m Fußweg

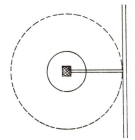
im Zentrum eines Wohngebietes
Fläche: 3,14 bzw. 20,0 ha
bei max. 300 m Fußweg

am Ende eines Wohngebietes
Fläche: 6,0 bzw. 20,0 ha
bei max. 300 m Fußweg

Quelle: Verkehr ..., S. 37

[1] Vgl. hierzu und zum folgenden: Verkehr ..., S. 36 - 39

3. Am Ende der Wohnzone
Der Fahrverkehr durchquert die Wohnzone in Längsrichtung. Die starke Störung der ganzen Wohnzone durch den Anliegerverkehr und die rückläufigen Fußwegeverbindungen lassen dieses Erschließungsschema nur für Sonderfälle geeignet erscheinen.

Zur Verbindung von Wohnen und Parken führt Pfeifer aus[1]: „Die bisher angesprochenen ebenerdigen Standorte von Stellplätzen sind wegen ihres großen Flächenbedarfs nur bei lockerer Bebauung und niedrigen Grundstückskosten zu vertreten. Hohe Bodenpreise und hohe Dichte fordern flächensparende und fortschrittlichere Lösungen." (Vgl. Abb. 20)

Abb. 20: Zuordnung der Garagen und Wohnungen

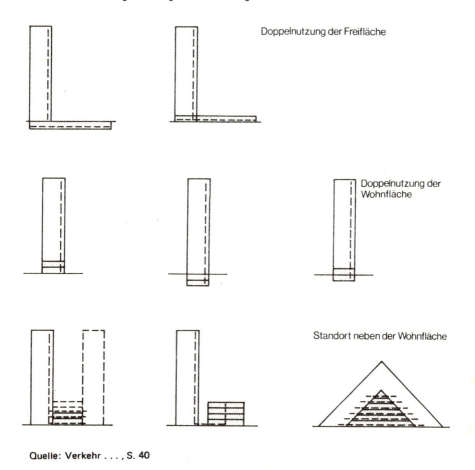

Quelle: Verkehr ..., S. 40

---

[1] Verkehr ..., S. 38

Zur Frage der Doppelnutzung von Freiflächen: „Tiefgaragen unter der voll nutzbaren Freifläche ermöglichen eine Anfahrt bis an den Wohnblock und erfordern nur kurze horizontale oder vertikale Verbindungswege zur Wohnung ...
Eine weitere Möglichkeit besteht darin, die gesamte ebenerdige Grundstücksfläche zu überbauen, die neue obere Ebene für Erholung und Fußgängerverkehr zu nutzen und dem PKW-Verkehr, dem Parken und den Hausnebenräumen die untere Ebene zuzuweisen."
Derselbe Autor zum Problem der Doppelnutzung der Wohnfläche: „Die Errichtung von Stellflächen im aufgeständerten Erdgeschoß oder im Untergeschoß eines Wohnblocks kann bei geeigneter Konstruktion (Skelettbauweise) und Tiefe des Gebäudes ebenso wirtschaftlich sein wie die Anlage ebenerdiger Garagen. Hinzu kommt die kurze vertikale Verbindung zu den Wohnungen und die Beschränkung der Lärmbelästigung auf den Garagenraum. Bei den üblichen Gebäudetiefen wäre zur wirtschaftlichen Aufstellung die Ausbildung eines Breitfußes nötig ... , der i.a. gestalterische Probleme verursachen dürfte."

Schließlich zum Standort neben der Wohnfläche: „Durch die Errichtung von Parkhäusern neben oder zwischen den Wohnblocks wird dem ruhenden Verkehr eine Tangentenlage zugewiesen, der u.U. lange Verbindungswege ... ergibt, aber Lärmbelästigungen weitgehend ausschließt.
Entscheidend von der direkten horizontalen Zuordnung des ruhenden Verkehrs zum Wohnbereich ist die Idee des ‚Wohnhügels' geprägt, dessen Konzeption außerdem noch individuelles Wohnen mit hoher Ausnutzung verbindet."[1)]

Eine vergleichende Darstellung (s. Tab. 14) von Flächenbedarf, Wegelänge und Störung der Wohnruhe für die verschiedenen Standorte und Stellplatzarten zeigt eindeutig die Überlegenheit derjenigen Systeme, die eine Mehrfachnutzung der verfügbaren Flächen nach allen drei Kriterien vorsehen.

Im Kap. 7 wird zu untersuchen sein, wie sich das Kriterium „Kosten" auf diese Unterbringung auswirkt.

---

1) Verkehr ... , S. 38

Tab. 14: Vergleichende Charakteristik der Standorte von Stellplätzen

Standort, Stellplatzart	Flächenbedarf	Entfernung vom Wohnhaus	Störung von Sicherheit und Ruhe im Wohngebiet
Offener Stellplatz am Eingang eines Wohngebietes	hoch	unterschiedlich groß	hoch, der ganze Wohnbereich vom Straßenlärm betroffen, allenfalls Pufferung durch Stellplatz vor Kopfseite
Offener Stellplatz im Zentrum eines Wohnbereiches	sehr hoch (zusätzliche Stichstraße und rückläufige Fußwege)	unterschiedlich groß, zum Teil doppelte Wege	sehr hoch, zusätzliche Geräusche von Stichstraße
Offener Stellplatz am Ende eines Wohnbereiches	sehr hoch (zusätzliche Stichstraße und nur rückläufige Fußwege)	unterschiedlich groß, doppelte Wege	am stärksten, keine Pufferung, alle Wohnhäuser vom Verkehrslärm der Stichstraße belästigt
Tiefgaragen unter Freifläche	keiner	relativ gering, wegen direkter Zuordnung (Wege im Trockenen)	keine
überbaute ebenerdige Grundfläche	keiner	sehr gering, im wesentlichen nur vertikale Wege	keine
Stellplatz in aufgeständertem Erdgeschoß	keiner, allerdings indirekt wirksam: höhere Gebäude mit entsprechend größeren Gebäudeabständen	gering	gering oder keine
Stellplatz im Untergeschoß	keiner	gering	keine
Stellplatzhaus neben der Wohnfläche	gering, wenn mehrgeschossig	im allgemeinen groß (zwei vertikale und ein horizontaler Weg im Freien)	keine, nur Geräusche vom Zuweg
Stellplatz im Hügelhaus	gering (indirekt wegen Verbreiterung des Gebäudefußes)	minimal, direkteste Zuordnung	bei zusätzlichem Aufwand für Schallisolierung keine

2.4 Städtebauliche Gestaltung mit Garagenanlagen

Offene Stellplätze können durch Hecken, Sträucher und Baumbepflanzungen zu einem brauchbaren Bestandteil der Grünanlagen gemacht werden und müssen nicht abrupt durch eine nackte Asphaltfläche begrenzt sein. Es lassen sich fließende Übergänge zwischen unbeeinträchtigtem „Grün" und den belebten, aber durch Pflanzen gegliederten Stellflächen erzielen, die dadurch noch den Vorteil der teilweisen Schallabsorption bieten. Die entstehende Fläche kann so zum städtebaulichen Aktivraum, zur Kontaktstelle der PKW-besitzenden Einwohner werden.

Ebenerdige Garagenzeilen lassen sich in Vorkopfaufstellung zur Pufferung gegen den Straßenlärm verwenden. Sie bieten auch die Möglichkeit zur Gestaltung von intimen Wohnbereichen in Hofform. Diese Maßnahme sollte allerdings von einer gliedernden ästhetischen Gestaltung der sonst monotonen Garagentorseiten und -rückwände begleitet sein.

Tiefgaragen lassen sich ihrer Natur nach kaum direkt zu gestalterischen Zwecken verwenden. Allerdings kann man indirekt die ausgehobenen Erdmassen zur Gestaltung eines Kleingeländeprofils verwenden (vgl. Frankfurt-Nordweststadt). Allerdings bietet die Überdachung der Grundfläche zwischen und neben Wohnbauten auch Möglichkeiten zur Schaffung eines architektonisch gestalteten Fußgängerbereichs wie z.B. bei der „Reichelsdorf-Lösung" [1].

Stichstraßen bieten an ihren notwendigen Wendeflächen Standorte für den ruhenden Verkehr. Zum einen fällt hier kein schnellfließender Verkehr an, der durch Parkvorgänge behindert werden könnte, zum anderen lassen sich durch querstehende Stellplätze und mehr noch durch querstehende Garagenzeilen räumliche Abschlüsse herstellen, die die Funktion der Stichstraße optisch unterstreichen. Dieselbe Wirkung haben auch querstehende Stellplatzzeilen über die zwei „Stichstraßen" versetzt verbunden werden. Die Gestaltung eines derartigen Versatzes mit dem optisch trennenden Element von Stellplatz oder Garage bietet eine Möglichkeit, Durchgangsverkehr abzuhalten — jedoch nicht grundsätzlich unmöglich zu machen —, was wiederum die Freizügigkeit des Verkehrsnetzes fördert, ohne gleichzeitig jeglichen störenden Durchgangsverkehr anzuziehen.

Auch die Zufahrten von Tiefgaragen könnten mit entsprechend breiten Fahrgassen zum Bindeglied zwischen dem funktional erforderlichen Querverkehr in Städten werden, ohne die Wohnruhe duch oberirdischen fließenden Verkehr zu beeinträchtigen.

2.5 Mehrgeschossige oberirdische Anlagen

Flächenknappheit, hohe Grundstückskosten und funktionale Verdichtung — interdependente Sachverhalte — haben zur Anlage von mehrgeschossigen Parkanlagen auf gleichbleibender Grundfläche geführt. Dem Thema dieser Arbeit entsprechend wird die andere Form der Mehrfachnutzung von Grundflächen — Tiefgaragen verschiedenster Formen — in gesonderten Kapiteln behandelt. In diesem Kapitel über

---

[1] Bei der Wohnanlage in Nürnberg-Reichelsdorf wurde die gesamte Fläche innerhalb der ringförmigen Hausketten angehoben, so daß darunter eine zweigeschossige Garagenanlage und eine ringförmige Erschließungsstraße untergebracht werden konnten. Die so entstandene Fußgängerebene wird gärtnerisch gestaltet und steht den Bewohnern mit Ruheplätzen und Kinderspielplätzen als Freifläche zur Verfügung.

die Unterbringung des ruhenden Verkehrs in Wohngebieten bleibt, neben den ebenerdigen Anlagen, noch die Form des mehrgeschossigen oberirdischen Stellplatzhauses kurz zu erörtern.

Dabei muß zunächst festgestellt werden, daß die „klassische" Form des „Parkhauses" fast ausschließlich in besonderen Verdichtungsgebieten (City, Geschäfts- und Verwaltungszentren) zu finden ist. Das liegt daran, daß diese Verdichtungsgebiete auf eine maximale Ausnutzung der knappen Grundfläche durch möglichst viele Geschosse angewiesen sind und Tiefgaragen aufgrund der dichten, bereits vorhandenen unterirdischen Erschließungsnetze außerordentlich hohe Investitionskosten erfordern würden. Umgekehrt finden sich kaum vielgeschossige oberirdische Parkhäuser in reinen Wohngebieten, und zwar im wesentlichen aus gestalterischen Gründen und aus Gründen der beträchtlichen Fahr- und Fußweglängen, sicher aber auch deshalb, weil Grund und Boden „reichlicher" vorhanden sind.

Die Wege in „Parkhäusern" setzen sich zusammen aus [1] Rampenfahrstrecke (bei fünf Geschossen Auf- und Abfahrt
800 bis 1350 m bei geraden Rampen,
rund 600 m bei Wenderampen mit einem Durchmesser von 20 m [1]) und Fußweg (Aufzug oder Treppe; im Parkhaus, zum Wohnhaus, im Wohnhaus). Der Parkvorgang dauert im Parkhaus im Mittel fünf bis sechs Minuten. Dazu sind noch rund fünf bis zehn Minuten bis zur Wohnung zu rechnen. Auf detailliertere Angaben und Berechnungen soll an dieser Stelle nicht eingegangen werden, sie werden im Rahmen des Kap. 6 angestellt. Wohl aber sollen noch Systeme genannt werden, die eine bessere Zuordnung von Stellplatz und Wohnung bieten.

Unterscheidungsmerkmale der mehrgeschossigen Stellplatzanlagen sind die verschiedenen Möglichkeiten zur Überwindung der Höhenunterschiede. Man unterscheidet Höhenüberwindung durch Fremdkraft (Aufzüge, Paternoster, Drehring u.a.m.) und durch Rampen (vgl. Kap. 6).

Ein Vorteil von Hochgaragen ist, daß sie, mit entsprechender Ausbildung der Fundamente und Stützen, bei Bedarf aufgestockt werden können, ohne sich qualitativ zu ändern. Ein weiterer Vorteil ist, daß die Bau- und Betriebskosten von Hochgaragen im allgemeinen erheblich geringer als die von Tiefgaragen sind (vgl. Abschnitt 7.3). Gründe dafür sind: Fortfall von Erdaushub unter der gesamten Garagenfläche, unter Umständen der künstlichen Belüftung, der Abdämmung gegen Grundwasser und der Schwierigkeiten bei der Abführung von Oberflächenwasser. Gerade im Hinblick auf die schwer abschätzbare Entwicklung des Motorisierungsgrades sind derartige Erweiterungsmöglichkeiten ein positives Merkmal.

Für die Ausbildung von mehrgeschossigen Sammelstellplätzen über der Erde gibt es mehrere Möglichkeiten (vgl. Abb. 21). Bei neben oder zwischen Wohnhäusern freistehenden Vollplatzhäusern schafft die horizontale Zuordnung lange Fußwege

---
[1] Breenkötter, G./Schröder, E.T.: Betrieb in Parkbauten. In: Sill, O. (Hrsg.): Parkbauten. Handbuch für Planung, Bau und Betrieb von Park- und Garagenbauten. 2. Aufl. Wiesbaden, Berlin 1968. S. 142 - 145

Abb. 21: Systeme von mehrgeschossigen Stellplatzhäusern

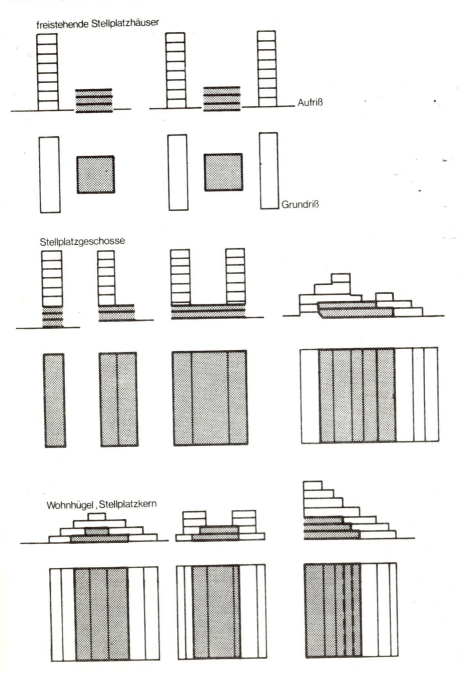

(zweimal Treppenweg bzw. Aufzug plus Weg über die Freifläche); bei geschlossener Ausbildung wird Lärm abgefangen, die Besonnung kann berücksichtigt werden; die Funktionen Verkehr und Wohnen werden optisch wirksam getrennt; die Lösung ist ziemlich flächenextensiv. Bei Stellplatzgeschossen unter den Wohntrakten (dabei mögliches Überstehen der Stellplatzgeschosse) ergeben sich kurze Fußwege, die direkte Horizontalverbindung zum Aufzug ist möglich; die Lärmübertragung muß jedoch durch besondere Isolierung bzw. durch ein Freigeschoß verhindert werden; der Verkehr wird in den Wohnhausbereich einbezogen; die Lösung ermöglicht die urbane Verdichtung der Flächen und Funktionen. Bei der Lösung ,,Wohnhügel, Stellplatzkern" ist eine direkte Zuordnung von Stellplatz und Wohnung teilweise möglich, die Fußwege sind kurz; die Lärmübertragung muß durch besondere Isolierung verhindert werden; der Verkehr wird in den Wohnhausbereich einbezogen; die Lösung ermöglicht eine hohe Verdichtung und differenzierte städtebauliche Gestaltung (Dachterrassen, Zwischengeschosse für den Gemeinbedarf).

3. Planung und Realisierung von Anlagen für den ruhenden Verkehr in ausgewählten Demonstrativbauvorhaben

Die bereits mehrfach erwähnte SIN-Datenerfassung 1968 sollte unter anderem auch Daten und Erfahrungen aus den Planungen des ruhenden Verkehrs, insbesondere über und mit Tiefgaragen, in Demonstrativbauvorhaben gewinnen [1]. Versprach man sich doch gerade von diesen, auf die Anwendung von fortschrittlichen Planungen und Bautechniken angelegten Programmen reichliches Material.

Die 16, bei dieser SIN-Datenerfassung 1968 untersuchten Neubaugebiete waren nach mehreren Kriterien der Repräsentanz ausgewählt worden, nicht aber nach dem Vorhandensein von Tiefgaragen. Nur in zwei dieser Gebiete wurden Tiefgaragen, in drei weiteren halbversenkte Garagenanlagen vorgefunden. Auch hinsichtlich der sonstigen Verkehrsplanung waren die Erwartungen offenbar zu hoch gesteckt worden.

Die umfangreiche Fragebroschüre, die an Planungsbehörden, -büros und Bauträger verteilt wurde, fragte unter anderem nach Daten und sonstigen Auskünften zur Planungsmethodik und Planentwicklung sowie zur Stadtbautechnik.

Die Ergebnisse sollen (neben einer Plananalyse) im folgenden dargestellt werden um die allgemeine Verkehrs- und Stellplatzsituation in neuen Wohngebieten zu illustrieren.

3.1 Ergebnisse der Behördenbefragung und Interviews

Nur in zwei von 16 Planungen wurde eine Untersuchung über die Verkehrserschließung durchgeführt, die jeweils auch eine Untersuchung über die Stellplatzanlagen beinhaltet. In zwei weiteren Fällen konnten allgemeine Untersuchungen der Gesamtstadt zugrunde gelegt werden.

Die angebotenen Stellplatzanlagen wurden im allgemeinen angenommen. Sehr bedeutsam ist die Begründung des einzigen „Nein" auf die Frage nach der Annahme der Garagen in Hannover - Auf der Horst. Die Antwort bezieht sich ausschließlich auf die Annahme der Unterflurgaragenplätze:

---

[1] Vgl. Dittrich G.G. (Hrsg.): Menschen in neuen Siedlungen. Befragt - gezählt. Stuttgart 1974. S. 32 - 35, 111 (= „Die Stadt") (im folgenden: Menschen . . .)

„Nein. Gründe:
1. Sehr unübersichtlicher Raum durch Unterteilung in Bandabschnitte.
2. Mietpreis: 30 bis 35 DM. Selbst durch Drahtgitter nachträglich unterteilte Parkräume in den Unterflurgaragen werden nicht als vollwertige Garagen angesehen und konnten daher die Auslastung nicht verbessern. Beschwerden der Mieter: Fahrzeuge werden beschädigt, ohne daß der Täter festgestellt werden kann.
3. Der eigentliche Grund aber ist die zu große Dimensionierung der Straßen und öffentlichen Parkflächen, auf denen die Fahrzeuge ohne Kosten und wohnungsnah abgestellt werden können.
4. Besonders Frauen meiden die Unterflurgarage, weil sie sich bei ungenügender Ausleuchtung unsicher fühlen." Diese Begründung, die der einschränkenden Antwort aus Nürnberg-Langwasser ähnelt, gibt einen sehr wichtigen Hinweis für die „wirtschaftliche" Ausführung von Tiefgaragen und wird noch eingehend behandelt.

Die Wirtschaftlichkeit der Verkehrserschließung (nur die Kostenseite) wurde immerhin in fünf Fällen untersucht, in einem Fall allerdings erst nachträglich.

Die geringe Zahl der vorgefundenen Tiefgaragen erübrigt eine detaillierte Darstellung der einzelnen Merkmale, wie sie im Fragebogen erfragt wurden.

An Tiefgaragen gab es:
Zwei in Trier-Mariahof mit insgesamt 61 Stellplätzen und
fünf in Nürnberg-Langwasser mit insgesamt 367 Stellplätzen.
In Reutlingen-Orschel/Hagen und Karlsruhe-Waldstadt sind Tiefgaragen für weitere Bauabschnitte geplant.
Halbversenkte Garagen gab es:
Sieben in Reutlingen-Orschel/Hagen mit insgesamt 186 Stellplätzen,
fünf in Nürnberg-Langwasser mit insgesamt 480 Stellplätzen (5 x 96) und
sechs in Hannover - Auf der Horst mit insgesamt 678 Stellplätzen.

Die Anzahl der Stellplätze bzw. Garagen schwankt zwischen 24 und 51 (Ausnahme: 96 in Nürnberg-Langwasser). Es handelt sich zumeist um mittelgroße Sammelgaragen. Parkhäuser waren in den 16 Demonstrativbauvorhaben nicht vorhanden. Offenbar bestehen (oder bestanden) in den vergangenen Jahren) große Hindernisse (oder mangelnde Notwendigkeit?), den ruhenden Verkehr in Tiefgaragen unterzubringen.

Als Gründe lassen sich vermuten:
mangelnde Erfahrung in der Anlage solcher Bauten;
damit verbunden mangelnde Erfahrung über eine wirtschaftliche Bauweise solcher Anlagen (vgl. Kap. 6);
falsche Einschätzung der Verkehrsentwicklung;
bodenextensive Planungskonzeptionen (vgl. 1.3, 1.4, 5.);
fehlende Einsicht in die Komplexität des Rentabilitätsaspektes (Wege-, Stellplatz- und Bodenkosten, Wohnwert);
entsprechend fehlende Einsicht und Voraussicht derer, die die Anlagen für den ruhenden Verkehr benötigen (vgl. Kap. 4);

unzureichende Differenzierung von volkswirtschaftlichen und betriebswirtschaftlichen Aspekten (vgl. Kap. 7).

Als besitzrechtliche Verhältnisse wurden für die Stellplätze allgemein Eigentum, Teileigentum, Miete und freie Benutzung genannt. Das Eigentum bezog sich ausschließlich auf einige ebenerdige Garagen. Teileigentum waren die Plätze der halbversenkten Garagen in Reutlingen-Orschel/Hagen.

Garagen- und Tiefgaragenplätze wurden vermietet. Offene Stellplätze wurden nur zum geringeren Teil vermietet; weitaus die meisten waren im öffentlichen Bereich, die Kosten wurden also von der Allgemeinheit bezahlt. Die Garagen waren nicht überall voll ausgelastet (in Hannover - Auf der Horst aus den bereits genannten Gründen).

Von Nürnberg-Langwasser war zu erfahren:
,,In den ersten Bauabschnitten waren die Anlagen für den ruhenden Verkehr aus mangelnder Einsicht in die Verkehrsentwicklung unterdimensioniert. Allerdings gibt es Ausweichmöglichkeiten. In späteren Bauabschnitten mußten Richtwerte für Stellplätze berücksichtigt werden, die über die der Ortssatzungen hinausgingen. Daher wurde zunächst ein Mietausfall in Kauf genommen und den Bauträgern aufgelastet."
Als Ergebnis darf festgestellt werden:
Tiefgaragen haben noch eine geringe Verbreitung, zumindest in Demonstrativbauvorhaben, jedoch vermutlich noch mehr bei ,,normalen" Siedlungen der Nachkriegszeit.
Die Errichtung von Tiefgaragen und ihre Annahme durch die Bevölkerung ist nicht unerheblichen Schwierigkeiten ausgesetzt. Im Falle Hannover - Auf der Horst war noch zu erfahren, daß die Baugruben von drei der sechs geplanten Tiefgaragen wieder zugeschüttet wurden, nachdem die Bauträger durch die Erfahrungen mit der Annahme der zuerst erstellten Garagen abgeschreckt wurden.
Viele Planer haben erst relativ wenig Erfahrungen, wie Garagenanlagen in Bau und Zuordnung angelegt werden müssen, damit sie angenommen werden und den Aufwand rentieren.
Es werden kaum Daten über das Funktionieren der Unterbringung des ruhenden Verkehrs gesammelt, um nach der Erstellung mögliche Fehlplanungen zu korrigieren.

Nicht zuletzt aus Kostengründen darf an dieser Stelle gefordert werden, daß eine Siedlungsplanung dann noch nicht als abgeschlossen und vollendet angesehen werden kann, wenn alle Wohnhäuser bezogen sind. Erst dann müßte ein wesentlicher Teil der Planung beginnen, nämlich die Abstimmung der Planungsobjekte auf die wirklich vorgefundenen ,,Daten" der Bewohner und ihrer Bedürfnisse, die nicht deckungsgleich mit allgemeinen Richtwerten sind. Konkret bedeutet das für die Unterbringung des ruhenden Verkehrs: Es müssen auch nach ,,Übergabe" der Siedlung an ihrer Bewohner noch Flächen und entsprechender Raum vorhanden sein und beplant werden, um den sowohl quantitativ wie qualitativ sich wandelnden Bedürfnissen der Bewohner gerecht zu werden, z.B. ausreichende Fundamente für eventuell später aufzustockende Garagenebenen, von Erschließungsleitungen freizuhaltende unterirdische Räume zur nachträglichen Anlage von Tiefgaragen bei erhöhter Motorisierung, variable Besitzverhältnisse bei Sammelgaragen und abgestimmte Dimensionierung der Straßenflächen und öffentlichen Parkflächen, um eine Annahme der vorgesehenen kapitalintensiven Garagenanlagen zu erzwingen.

Beim Vergleich der angegebenen Verhältniswerte für Verkehrsflächen (vgl. Tab. 15) fällt zunächst die außerordentlich hohe Streuung auf. Die Verhältniswerte von Verkehrsflächen zu Einwohnern können sich um das drei- bis vierfache voneinander unterscheiden. Dieser Unterschied ist bei dem Verhältnis von Stellplatzzahlen und Einwohnern noch erheblich größer, was zum Teil auf die unterschiedliche Definition der einzelnen Flächen zurückzuführen ist.

Tab. 15: Verhältniswerte von Verkehrsflächen, Bauflächen und Stellplatzzahlen zu den Einwohnern in ausgewählten Demonstrativbauvorhaben

Demonstrativbauvorhaben	Verkehrsflächen	Fußwegflächen	Stellplätze öffentlich	Stellplätze privat	Stellplätze insgesamt	Verkehrsfläche/ Baufläche	zugrunde gelegte Motorisierungsziffer
	qm/EW	qm/EW	Stellplatz/EW	Stellplatz/EW	Stellplatz/EW	%	EW/PKW
Bensberg-Kippekausen	12,90	2,49	–	–	–	–	–
Berlin-Reinickendorf	8,08	4,50	0,00	0,26	0,26	0,14	3,00
Hannover - Auf der Horst	14,82	5,35	0,08	0,20	0,28	0,21	(1 PKW/WE)
Hemmingen-Westerfeld	14,70	2,84	(0,937)	–	–	0,30	5,30
Kassel-Helleböhn	5,44	1,44	0,09	0,06	0,15	0,13	1 Stellplatz/Eigenheim 1 Stpl./2 WE
Neuwied-Raiffeisenring	8,90	2,10	0,40	0,25	0,65	0,19	–
Nürnberg-Langwasser	16,56	–	0,06	0,22	0,28	0,19	–
Reutlingen-Orschel/Hagen	16,20	4,30	–	–	0,33	–	2,66
Saarbrücken-Eschberg	–		0,03	0,021	0,24	0,21	–
Trier-Mariahof	16,13	6,23	0,13	0,15	0,28	0,17	–
Differenz zwischen minimalem und maximalem Wert	11,12	4,79	0,40	0,20	0,50	0,17	2,64

Quelle: SIN-Datenerfassung 1968

Dazu ist festzustellen:
Die großen Unterschiede in den Flächenanteilen für den Verkehr lassen die Vermutung zu, daß aus eingehenden Untersuchungen zur Ermittlung einer optimalen Erschließung ein starker Impuls für die Rentabilität und den Wohnwert einer Siedlungsanlage zu erwarten ist.

Die Zahlen für öffentliche Stellplätze geben kein realistisches Bild, weil benutzte Straßenflächen im allgemeinen nicht als öffentliche Stellplätze ausgewiesen sind. Besonders in Hannover - Auf der Horst bietet der hohe Anteil an Verkehrsflächen eine aktuelle Reservefläche für öffentliche Stellplätze, desgleichen in Nürnberg-Langwasser und Trier-Mariahof. Stehen der geringen Anzahl an öffentlichen Stellflächen aber keine großen Gesamtverkehrsflächen gegenuber (wie in Kassel-Helleböhn), so ist bei einer quantitativ und/oder qualitativ ungenügenden Ausstattung mit privaten Stellplätzen eine Verstopfung der Straßen vorherzusagen; dies zeichnete sich bereits im Zeitpunkt der Befragung ab. Ähnlich sind die Verhältniswerte von Verkehrsflächen zu Bauflächen zu deuten, wenn eine vergleichbare Besiedlungsdichte vorliegt; dies ist hier der Fall.

Der Verkehrsflächenanteil sinkt mit zunehmender Größe des Baugebiets.

Die zugrunde gelegte Motorisierungsziffer schwankt, soweit angegeben, zwischen 2,66 und 5,30, dies hängt im wesentlichen mit dem Zeitpunkt der Planung zusammen. Auffällig ist jedoch, daß die Planungen Berlin-Reinickendorf und Kassel-Helleböhn von relativ hoher Motorisierung ausgingen und dennoch kein angemessenes Stellplatzangebot erbracht haben. Offenbar kommt es nicht allein auf die zahlenmäßige Ausweisung von Flächen für den ruhenden Verkehr, sondern auch auf deren Zuordnung und Ausstattung an.

3.2 Stellplatzplanungen – Auswertung der Bebauungspläne

Das reichhaltige Material, das die SIN-Datenerfassung 1968 erbrachte, ermöglicht auch Aussagen über die Anlagen für den ruhenden Verkehr in bezug auf ihre Zuordnung in den 16 Gebieten.

Bensberg-Kippekausen
Es gibt einige günstig gelegene Sammelstellplätze. Auffällig sind die langen Senkrechtparkstreifen am Straßenrand von 130, 180 und 350 m ($\hat{=}$ 128 PKW) Länge, die nicht durch Rasenflächen oder markierte Fußüberwege unterteilt sind.

Berlin-Reinickendorf
Die Sammelstellplätze sind klein und zahlreich; sie sind daher fast immer einzelnen Häusern direkt zugeordnet. Das bedeutet allgemein kurze Fußwege, aber auch einen hohen Flächenverbrauch. Es gibt auch besonders flächenraubende Großsammelstellplätze zwischen Reihenhäusern, die die vorhandene Freifläche empfindlich reduzieren und wegen ihrer Nähe zur Wohnseite der Häuser den Wohnwert verringern. Öffentliche Parkplätze entlang der Straße sind nicht ausgewiesen.

Bremen-Schwachhausen
Viele Senkrechtparkbuchten und noch mehr Parallelparkstreifen an den Straßen. Der ruhende Verkehr dringt nicht in den Wohnbereich ein. Schlechte Erschließung einiger Wohnblocks.

Hamburg-Lurup
Senkrechte Parkbuchten genügen offenbar der lockeren Bebauung. Darüber hinaus gibt es noch einige private (abschließbare) Großparkplätze. Lange Fußwege erschließen ruhige Wohnbereiche. Die Erschließung der Wohnhäuser an der Oderstraße erscheint ungenügend. Größere Sammelstellplatzanlagen sind nicht vorhanden.

Hannover - Auf der Horst
In den einzelnen Teilen sind mit der Anordnung der Häuser Intimbereiche gestaltet worden, die auch durch die zahlreichen und gut zugeordneten Stellplätze nur wenig gestört werden. Dies wird auch durch die im Bebauungsplan eingetragenen Tiefgaragen gefördert. Es gibt zahlreiche Wendehämmer, die sich als Notstellplätze ausnutzen lassen. Besondere öffentliche Parkplätze erscheinen aufgrund der außerordentlich breiten Straßen nicht notwendig.

Hemmigen-Westerfeld
Zwei Sammelstellplätze mit langen Fußwegerschließungen befinden sich im Südwesten. Im Nordwesten gibt es mehrere Einzelgaragenzeilen, die die Wohnbereiche vom ruhenden Verkehr freihalten.

Karlsruhe-Waldstadt
Vier große Sammelgaragenanlagen mit gestreckten Fußwegen in den Krümmungen der mit 900 m sehr langen Stichstraßen. Eine Besonderheit bilden die teils beidseitigen Senkrechtparkstreifen mit 400 bis 500 m Länge, die nur durch Fußwegkreuzungen unterteilt sind. Eine weitere Besonderheit ist die Ausbildung einer Stichstraße als vierhüftige Parkstraße mit Mittelparkstreifen auf 500 m Länge. Die Massierung des ruhenden Verkehrs an dieser Straße erscheint durch die Bebauungsdichte nicht gerechtfertigt. Sie ist hier nicht in entsprechendem Maße größer als an den anderen Stichstraßen, die nur zwei- oder einhüftige Stellplatzreihen aufweisen.

Kassel-Helleböhn
Vorhanden sind zahlreiche Senkrechtparkbuchten mit schräger Aufstellung an den Straßen. Die Stellplätze für die hohen Wohngebäude sind offenbar unterdimensioniert. Allerdings sind laut Bebauungsplan weitgehend ungestörte Wohnbereiche infolge ungenügender Stellflächen vorhanden. Auf die Erhaltung der Wohnruhe sollte bei der Erstellung der erforderlichen weiteren Stellplätze geachtet werden.

Lübeck-Kücknitz
Zahlreiche Sammelgaragen mit relativ günstigem Standort sind vorhanden, ferner Einzelgaragen und kleine Sammelstellplätze. Am Ostpreußenring entstehen zu lange Fußwege (bis zu 300 m) zu der Sammelgarage, die außerdem eine ungünstige Stellplatzanordnung hat: Eine Schrägzeile zwischen zwei Senkrechtzeilen ergibt hohen Flächenanteil der Fahrgassen. Teile des Wohngebietes erscheinen mit Stellplätzen unterversorgt (Ostpreußenring: 5 Stellplätze/24 WE).

Marl-Drewer

Für die größeren 4- und 9geschossigen Gebäude ist eine große Sammelstellplatzanlage vorgesehen, die sehr weite Fußwege erfordert (im Durchschnitt 160 m, maximal über 350 m). Das Wohngebiet ist allgemein durch eine ungünstige Zuordnung der Stellplätze zu den Wohnhäusern gekennzeichnet (parallele Parkstreifen entlang der Westfalenstraße sind z.B. nicht optimal zugeordnet). Dadurch entstehen aber zum Teil vom ruhenden Verkehr unbeeinträchtigte Wohngebiete. Die Zuordnung der Sammelstellplätze zu den 5geschossigen Wohngebäuden im Westen des Gebiets dagegen ist ausgezeichnet gelöst und erscheint auch im Hinblick auf die Wohnruhe gut durchdacht.

Neuwied-Raiffeisenring

Garagenhöfe mit direkter Zuordnung zu den Wohnhäusern stören wegen günstiger Lage die Wohnbereiche nur in geringem Maße. Am Raiffeisenring selbst befindet sich eine große Anzahl von senkrechten Parkbuchten (Gruppen von 9 und 12 Stellplätzen auf 900 m Länge). Die Stellplätze für die höheren Wohngebäude erscheinen noch nicht ausreichend.

Nürnberg-Langwasser

Es gibt ein differenziertes Angebot an Stellplätzen und öffentlichen Parkplätzen als Senkrechtparkstreifen, Parallelparkstreifen, Garagenhöfe und Sammelstellplätze.

Reutlingen-Orschel/Hagen

Lange, aber unterbrochene Senkrechtparkbuchten vor der Kopfseite der Reihenhäuser und Mehrgeschoßbauten kennzeichnen das Bild (in einem Fall länger als 340 m). Die Fußwegentfernungen sind gleich einer Hauszeilenlänge. Nur im Nordosten, am Berliner Ring, entstehen längere Fußwege. Das Stellplatzangebot dort erscheint unzureichend. Halbversenkte, zweigeschossige Garagenanlagen sind den Mehrfamilienhäusern zugeordnet.

Saarbrücken-Eschberg

Größere Sammelstellplätze und Sammelgaragen befinden sich relativ nah bei der massierten Bebauung. Bei den 2geschossigen Reihenhäusern müssen dagegen längere Fußwege in Kauf genommen werden. In der Ortsmitte verbrauchen Garagenzeilen einen Großteil der Fläche zwischen den 6- und 7geschossigen Wohnhauszeilen.

Sennestadt

Stellplätze sind zum Teil in kleineren Gruppen den einzelnen Häusern bzw. Hausgruppen zugeordnet; Garagenzeilen häufig vor der Kopfseite der Bebauung, wodurch kurze Fußwege entstehen; einige große Stellplatzanlagen befinden sich nahe dem Zentrum und an der Ringstraße und werden zum Teil auch als Wochenmarkt genutzt.

Trier-Mariahof

Lange senkrechte Parkbuchtreihen, zum Teil längs der Wohnblöcke am inneren Straßenring. Ferner liegen zahlreiche Garagenhöfe meist vor der Kopfseite der Bebauung. Ein größerer Sammelstellplatz befindet sich beim Zentrum. Es ist zu bezweifeln, daß das Stellplatzangebot für die 4- und 5geschossigen Wohngebäude ausreicht.

Vor- und nachteilige Erscheinungen in den untersuchten Gebieten zeigen, daß die Planer herkömmlicher ebenerdiger Stallplatzanlagen offenbar zwischen mehreren, schwer zu vereinbarenden Zielen zu entscheiden hatten:
— Schaffung ungestörter Wohnbereiche: Sammelstellplätze/-garagen in ausreichender Entfernung. Dem läuft zuwider:
— gute Zuordnung mit geringsten Fußwegentfernungen zur Sicherung der Annahme der vorgesehenen Stellplätze. Längere Fußwege werden unumgänglich bei:
— größeren Sammelanlagen zur Reduktion des Gesamtflächenverbrauchs.

Diese drei Ziele lassen sich mit Hilfe von Tiefgaragen gemeinsam lösen. Daß dies in dem einen Fall Hannover — Auf der Horst bisher nicht ganz gelang, ist kein Gegenbeweis.

Fehler und Probleme gab es vor allem hinsichtlich der Zahl der bei einigen größeren Wohnblocks ausgewiesenen Stellplätze und bei der Frage, ob private oder öffentliche Flächen für den ruhenden Verkehr vorgesehen werden sollen.

4. Vorstellungen der Bewohner von Demonstrativbauvorhaben zur Unterbringung ihrer Pkw (Befragungsergebnisse)

Bislang war von planerischen, technischen und wirtschaftlichen Gesichtspunkten die Rede. Der ruhende Verkehr bzw. die Tiefgaragen wurde bzw. wurden überwiegend aus der Sicht des Planers behandelt. Nun sollen die „Beplanten" zu Wort kommen, und zwar mit den Antworten auf zwei entsprechende Fragen der schriftlichen Befragung der Haushaltsvorstände im Rahmen der SIN-Datenerfassung 1968 und 1969 [1].

Die Zahl der auszuweisenden Stellplätze ist in gewissen Grenzen vorgeschrieben (vgl. 1.2.7), nicht aber ihre Beschaffenheit. Ob unter freiem Himmel oder überdacht, ob billig oder teuer, ob als Sammelanlage in einiger Entfernung von der Wohnung oder als Einzelstellplatz direkt am Haus, ob abgeschlossen oder frei zugänglich — darüber entscheidet letztlich auch der Wohnungsnehmer, indem er die angebotene Stellplatzart annimmt oder sich anderweitig arrangiert. Eine nach wirtschaftlichen und verkehrsplanerischen Kriterien erstellte Garage kann zwar unter Umständen nach diesen Gesichtspunkten als vorbildlich betrachtet werden, aber dennoch nicht benutzt werden, weil die Einstellung der Bevölkerung zu ihr negativ ist. In diesem Fall werden die Wohnstraßen entgegen der planerischen Absicht häufig mit parkenden PKW verstopft, während die vorgesehenen Garagen oder Stellplätze nicht voll belegt sind.

Allerdings sind Garagen und Stellplätze kein Konsumgut auf einem völlig elastischen Markt, denn in der Nähe einer Wohnung wird aus planerischen Gründen immer nur eine begrenzte Auswahl verschiedener Formen zur Verfügung stehen. Bestimmte Stellplatzarten sind nur im Zusammenhang mit entsprechenden Wohnbauformen denkbar. So erscheint z.B. die Anordnung von Tiefgaragen als Sammelanlagen in locker bebauten Einzelhausgebieten unmöglich. Die einmal geschaffenen Anlagen sind zudem nicht durch andere, gerade „modische" Formen beliebig ersetzbar. Eine Wahlmöglichkeit besteht in Neubaugebieten im allgemeinen nur zwischen dem Angebot eines mietbaren Stellplatzes (offen oder geschlossen als Garage) und einem freien öffentlichen Parkplatz am Straßenrand. Der Planer muß aber auch diese Alternative unter Umständen beschränken, um nicht etwa einige Planungsziele (z.B. die Schaffung von ruhigen, sicheren Wohnbereichen) zu gefährden. Von der privaten Entscheidung aufgrund einer Nutzen-Kosten-Abwägung eines ein-

---

[1] Vgl.: Menschen . . . , S. 14 ff.,Dittrich, G.G. (Hrsg.): Neue Siedlungen und alte Viertel. Städtebaulicher Kommentar aus der Sicht der Bewohner. Stuttgart 1973. S. 16 - 19. („Die Stadt") (im folgenden: Neue Siedlungen . . .)

zelnen PKW-Besitzers sind auch die Mitbewohner betroffen. Jemand mag sich vielleicht wünschen, seinen PKW nahe bei seiner Wohnung abzustellen und einen geschützten, überdachten Stellplatz zu haben. Als Bewohner seiner Straße hat er aber Interesse daran, sein Haus nicht von parkenden PKW umgeben zu sehen. Wenn nun der nächste geschützte Stellplatz relativ weit von seiner Wohnung entfernt liegt, wird er diesen nur dann aufsuchen, wenn der daraus resultierende Nutzen den Nachteil einer zu großen Entfernung übertrifft. Ist jedoch der Wunsch nach geringer Entfernung vorrangig, wird das Fahrzeug auch dann auf der Straße vor der Haustür abgestellt, wenn dadurch den übrigen, aber nachgeordneten Interessen zuwidergehandelt wird. Damit kann er gleichzeitig über den Wohnwert der Nachbarwohnungen entscheiden. Das kann nur durch eine eindeutige Zuordnung der Stellplätze zu den Wohnungen und die Unterbindung wohnwertschädigender Fehlnutzungen verhindert werden.

Wenn hier auch ausgeführte Planung für die Gesamtbewohner auf der einen Seite und freie Entscheidung des einzelnen auf der anderen Seite im Widerspruch stehen, so sollten doch bei der Planung selbst die Vorstellungen der Bewohner (Nachfrageseite) bei der Rentabilitätsbetrachtung berücksichtigt werden. Die Vorstellungen und Interessen der Bevölkerung sind variabel und beeinflußbar. Das bietet die Chance, das Verhalten der Bewohner im Sinne objektiv vorteilhafter Möglichkeiten zu beeinflussen. Wenn der Planer zu dem Schluß kommt, daß nach Abwägung aller Vor- und Nachteile Tiefgaragen die bestmögliche Lösung des Parkproblems in dicht bebauten Wohnsiedlungen sind, diese aber zunächst von der Bevölkerung nur in geringem Maße angenommen werden, muß versucht werden, diese offensichtlich negative Meinung über Tiefgaragen positiv zu beeinflussen. Das kann einmal dadurch geschehen, daß, wenn Tiefgaragen bestimmte, auf sie gerichtete Bedürfnisse nicht befriedigen, diese bei der Planung möglichst Berücksichtigung finden und/oder daß für die Vorteile, die Tiefgaragen dem einzelnen oder dem Wohnbereich bieten, geworben wird. Dem Wohnungsnehmer muß dann klargemacht werden, daß die optimale Qualität der Wohnanlage nur durch die unterirdische Unterbringung des ruhenden Verkehrs erreicht wird und daher nicht entsprechende oberirdische Ausweichmöglichkeiten für die Kraftfahrzeuge vorgesehen sind.

Der Nutzen von Bevölkerungsbefragungen für die Planung liegt einerseits im Erkennen von Meinungs- und Verhaltenstendenzen verschiedener Bevölkerungsgruppen, soweit sich diese mehrheitlich-statistisch bestimmten Planbereichen zuordnen lassen, andererseits in der Gewinnung von Daten aus vergleichbaren baulichen Situationen. Man kann z.B. mit Hilfe der Korrelationsrechnung bestimmte Zusammenhänge zwischen Hausformen und Bewohnerverhalten nachgehen, ebenso lassen sich Zusammenhänge zwischen Sozialstrukturen und Verhaltenspräferenzen untersuchen.

Die Befragungen wurden teils als Vollerhebungen, teils als Stichproben mit einem Auswahlsatz von mindestens 33 % vorgenommen.
Auf die Frage: ,,Falls Sie ein Auto haben oder sich in nächster Zeit eines anschaffen wollen, was wünschen Sie sich zu seiner Unterbringung?'' zeigen die Präferen-

zen der 3 890 Antworten aus 16 Demonstrativbauvorhaben [1] die in Tab. 16 wiedergegebene Verteilung.

Tab. 16: Wünsche hinsichtlich der Unterbringung der PKW

Auf jeden Fall eine abgeschlossene Garage	41 %
Eine Garage nur dann, wenn sie nicht mehr als 35 DM Monatsmiete kostet und nicht mehr als 100 m von der Wohnung entfernt ist	26 %
Einen Platz in einer Tiefgarage mit direkter Verbindung zum Haus	6 %
Irgendeinen festen, überdachten Einstellplatz	10 %
Einen offenen, aber für mich reservierten Einstellplatz	8 %
Mir genügt ein Straßenparkplatz, weil er nichts kostet	11 %

Quelle: SIN-Datenerfassung 1968

Der dominierende Wunsch ist auf eine Garage gerichtet. 67 % aller Antwortenden sind an einem festen, abgeschlossenen Garagenplatz interessiert. Unter Dach wollen sogar 83 % ihr Auto bringen.

Die zweite Antwortmöglichkeit gibt mit den vorformulierten Einschränkungen einen Hinweis für die Planer, was sie bieten müssen, um potentielle Garagenmieter auch wirklich zum Mieten einer Garage zu bewegen. Offen bleibt zunächst, ob sich die Einschränkung mehr auf den Mietpreis oder mehr auf die Entfernung zum Haus bezieht. Die weitere Auswertung läßt jedoch die Annahme zu, daß der Preis der ausschlaggebende Faktor ist — wenngleich die Entfernung auch eine Rolle spielt: In mehreren Siedlungen wurden durch Bestandsaufnahmen eine Unterbelegung mancher Garagenanlagen und weitaus mehr Straßenparker festgestellt, als nach den Antworten der Befragten anzunehmen war.

Der geringe Anteil derer, die einen Platz in einer Tiefgarage oder irgendeinen festen, überdachten Stellplatz vorziehen würden (zusammen 16 %), erklärt sich wohl im wesentlichen daraus, daß man sich das wünscht, was man kennt bzw. was man bereits gewählt hat. Der Besitzer einer Einzelgarage im Einfamilienhausgebiet sieht wohl keine Veranlassung, sich irgendeinen Tiefgaragenplatz zu wünschen, der in seiner Wohnumgebung nicht vorkommt und auch nicht notwendig ist.

Im übrigen ist die Äußerung eines Wunsches nicht grundsätzlich identisch mit dem tatsächlichen Verhalten des Befragten. Die geringe Übereinstimmung zeigt sich bei dem Vergleich mit den tatsächlichen Abstellgewohnheiten in sechs Neubaugebieten, deren Bewohner im Rahmen der SIN-Datenerfassung 1969 gefragt wurden, wo sie „zu Hause" ihren PKW abstellen [2] (vgl. Tab. 17).

---

[1] Ergebnisse für jedes der 16 Gebiete in: Menschen . . . , S. 163
[2] Vgl.: Neue Siedlungen . . . , S. 65 - 68, 192

Tab. 17: Art der PKW-Unterbringung [1]

Art der Unterbringung	%
Einzelgarage	33
ebenerdiger Garagenhof	3
Tief- oder Hochgarage	10
Einzelabstellplatz	3
reservierter Sammeleinstellplatz	5
nicht reservierter Sammeleinstellplatz	10
öffentlicher Parkplatz/Parkstreifen	28
Bürgersteig/Straßenrand u.ä.	13

1) Wegen Mehrfachnennungen Prozentsumme über 100
Quelle: SIN-Datenerfassung 1969

Obwohl sich die einzelnen Kategorien der Abstellmöglichkeiten der beiden SIN-Befragungen nicht exakt miteinander vergleichen lassen (es handelt sich zudem um verschiedene, jedoch vergleichbare Gebiete), wird doch deutlich, daß eigene Garagen auf jeden Fall weitaus häufiger gewünscht (67 %), als tatsächlich benutzt werden (36 %). Entsprechend umgekehrt verhält es sich mit dem Straßenparkplatz, der nur von 11 % der Befragten gewünscht, von 41 % jedoch benutzt wird. Eine Erklärung der Diskrepanz zwischen tatsächlichem Verhalten und Wünschen ist sicher überwiegend in der ungenügenden Ausstattung mit Garagen zu suchen. Mögliche andere Einflußfaktoren sollen im folgenden untersucht werden.

Aufschlüsse gibt eine Kreuzauswertung dieser Frage mit der Wohnform. Die Unterschiede in den Prozentanteilen ergeben sich aus einer unterschiedlichen Ausstattung der Wohnformen mit entsprechenden Stellplatzformen sowie aus unterschiedlichen Sozialstrukturen der jeweiligen Bewohner (vgl. Tab. 18).

Einzelgaragen werden vor allem von Eigentümern freistehender Einzelhäuser (72 %), aber auch von Mietern (38 %) der Einfamilienhäuser benutzt, aber auch von Eigentümern der Reihenhauswohnungen (41 %), vermutlich wohl auch deshalb, weil diese Garagen den Häusern unmittelbar zugeordnet sind. Wohnungsmieter gleich welcher Wohnungsform stellen ihre PKW dagegen vor allem am Straßenrand (26 bis 35 %) ab und bleiben damit mietfrei.

Tiefgaragenplätze werden insbesondere von Wohnungseigentümern in Hochhäusern (41 %) erworben (wohl weil sie hier zum Teil vorhanden waren), weniger häufig schon von Mietern in Hochhauswohnungen (13 %).

Der Einfluß des tatsächlichen Stellplatz- und Garagenangebots bei der Wohnung wird auch bei der Kreuzauswertung zwischen „Stellplatzwunsch" und Wohnform für 16 Demonstrativbauvorhaben (SIN-Datenerfassung 1968) deutlich (vgl. Tab. 19).

Tab. 18: **Stellplatzart und Wohnform**

Stellplatzart	im Eigentum			zur Miete				
	Einzel-haus	Reihen-haus 1)	Hoch-haus	Mehr-familien-haus	Ein-familien-haus	Hoch-haus	Mehr-familien-haus	Insge-samt
				% 2)				
Einzelgarage, ebenerdig, auch als Garagenhof	72	41	26	35	38	17	19	36
Tief- oder Hochgarage	7	4	41	10	(1)	13	4	10
Sammeleinstellplatz, reserviert oder nicht reserviert	(1)	5	3	8	5	7	13	15
öffentlicher Parkplatz, Parkstreifen, Straßenrand, Bürgersteig u.ä.	8	24	14	20	35	26	31	41
andere Formen	5	3	3	5	1	2	3	4

1) Reihen-, Atrium-, Ketten-, Winkel- oder Staffelhaus
2) Prozentsummen wegen Mehrfachnennungen über 100

Quelle: SIN-Datenerfassung 1969

Tab. 19: **Stellplatzwunsch und Wohnform**

Stellplatz-wunsch	im Eigentum			zur Miete				
	Einzel-haus	Reihen-haus 1)	Hoch-haus	Mehr-familien-haus	Ein-familien-haus	Hoch-haus	Mehr-familien-haus	Insge-samt
				%				
abgeschlossene Garage	72	76	47	58	34	41	41	67
Tiefgarage	–	3	8	6	–	8	5	6
Sammeleinstellplatz, reserviert oder nicht reserviert	3	6	14	14	12	15	18	18
kostenloser Parkplatz am Straßenrand	3	3	5	9	(1)	12	11	11

1) Reihen-, Atrium-, Ketten-, Staffel-, Winkelhaus

Quelle: SIN-Datenerfassung 1968

Die Besitzer von freistehenden Einfamilienhäusern und Reiheneigenheimen sowie die Mieter von Einfamilienhäusern wollen zu 58 bis 76 % eine abgeschlossene Garage, Mieter in Mehrfamilienhäusern und Hochhäusern dagegen nur zu 34 bis 41 %. Umgekehrt wollen diese sich schon zu rund 30 % mit einem offenen Stellplatz begnügen.

Tiefgaragen erhalten wieder dort den höchsten Zuspruch (8 %), wo sie entweder vorhanden oder am ehesten denkbar sind, also bei den Bewohnern von Hochhäusern.

Auch hier wird der Wunsch durch die tatsächlichen Gewohnheiten und — mittelbar — durch die finanziellen Möglichkeiten bestimmt. Es besteht nicht nur ein Zusammenhang zwischen Wohnform und Einkommen, sondern auch direkt zwischen Einkommen und Wunsch nach einer festen Garage: Je niedriger das Einkommen, desto mehr PKW-Besitzer wollen ihr Auto kostenlos am Straßenrand abstellen. Dem entspricht auch der in Tab. 20 aufgezeigte Zusammenhang mit der Stellung im Beruf.

Tab. 20: Stellplatzwunsch und Stellung im Beruf

Stellplatzwunsch	Selb-ständige	Beamte	Ange-gestellte	Arbeiter	Insgesamt
Garage	85	76	72	57	69
kostenloser Straßenparkplatz	6	7	9	11	9
PKW-Besitz	79	67	68	46	62

Quelle: SIN-Datenerfassung 1968

Unterschiedliche Wunschvorstellungen der verschiedenen Altersgruppen geben weitere Aufschlüsse: Je älter die Befragten, desto häufiger der Wunsch nach einer festen Garage. Jüngere Leute, die für ihr Auto auch eine Garage wünschen, melden vermehrt den Vorbehalt an, daß die Miete nicht mehr als 35 DM betragen dürfe. Je jünger die Befragten, desto häufiger genügt ein Straßenparkplatz (die Anteile stiegen mit abnehmendem Alter von 5,5 auf 21 %). Parallel dazu wächst auch die Zustimmung für Tiefgaragen von 3,4 auf 10,4 %. Diese Zusammenhänge haben um so größere Bedeutung, als der PKW-Besitz mit abnehmendem Alter der Befragten ansteigt. Er ist für die jüngeren Leute selbstverständlicher. Offensichtlich ist für sie jedoch der finanzielle Aufwand für die Unterbringung des PKW ein wichtigeres Motiv als für die Älteren. Dazu mag eine „laxere" Einstellung dem Auto gegenüber kommen, das von ihnen mehr als Gebrauchsgut betrachtet wird, während bei den Älteren noch die Einstellung aus der Zeit nachwirken mag, in der ein Auto noch ein wertvolles Luxusgut und Statussymbol war und mehr gepflegt wurde.

Wichtig für die Anlaufphase eines neuen Wohngebietes ist das Verhalten junger Ehepaare mit Kindern, die den größten Anteil der Einzugsbevölkerung ausmachen und in der Konsolidierungsphase ihres Haushalts besonderen finanziellen Belastungen unterworfen sind. Die finanziellen Aufwendungen, die für die Wohnungseinrichtung aufgebracht werden müssen, verstärken ebenso wie das Vorhandensein von kleinen Kindern den Wunsch nach möglichst billigen PKW-Abstellmöglichkeiten. Während Ehepaare ohne kleine Kinder zu 71,8 % eine Garage und zu 7,7 % einen kostenlosen Straßenparkplatz wünschen, nennen die Ehepaare mit kleinen Kindern bis unter 6 Jahre den Wunsch nach einer Garage nur zu 58,3, nach einem Straßenparkplatz dagegen zu 15,5 %.

Somit ist in Neubaugebieten bei hohem PKW-Bestand der jüngeren Haushalte in der ersten Phase mit einer verstärkten Tendenz zur Umgehung der Mietkosten für Garagenplätze zu rechnen, vor allem in den mehrgeschossigen Miethäusern.

Will man untragbare Mietausfälle für Garagenplätze, die im Zusammenhang mit einer bestimmten Bebauungsform erstellt werden, vermeiden, so muß man die Garagenplatzmiete wohl an die Wohnungsmiete koppeln [1] bzw. Ausweichstellplätze auf öffentlichem Grund beschränken.

Welche Folgen eine Nichtbeachtung sozioökonomischer Faktoren sowie bestimmter Planungszusammenhänge hat, zeigt das Beispiel Hannover - Auf der Horst. Relativ finanzschwache Bewohnerschichten und ausreichend oberirdischer Straßenraum als kostenlose Ausweichmöglichkeit, offene, ungesicherte Stellplätze in den Tiefgaragen, die lediglich den Vorteil der Überdachung boten: Das waren zu ungünstige Bedingungen für die Annahme der Tiefgaragenplätze. Sie waren zum Zeitpunkt der Untersuchung nur zu einem Viertel belegt; die Planungsabsicht, ungestörte Wohnbereiche zu schaffen, wurde durch hausnah oberirdisch abgestellte PKW durchkreuzt.

Als Gegenbeispiel die Wohnanlage in Nürnberg-Ziegelstein, in der von SIN 1969 eine Sonderbefragung durchgeführt wurde. 446 Haushalte wurden befragt; die Rücklaufquote betrug rund 69 %. Das Ergebnis zeigt, daß ein ausreichendes Angebot von Tiefgaragenplätzen in geringer Entfernung zur Wohnung unter entsprechenden Bedingungen für sich selbst wirbt (vgl. Tab. 21). Die befragten Personen konnten zwischen Garage und Stellplatz entscheiden.

Tab. 21: Stellplatzwunsch

Wunsch nach	Haushalte mit		Haushalte ohne PKW	Insgesamt
	1 PKW	2 PKW		
Abstellplatz	50,5	38,9	63,4	51,4
Garage	50,0	61,1	36,0	48,6

Quelle: Ergebnisse einer Haushaltsbefragung in der Siedlung Nürnberg-Ziegelstein, 1969

Es zeigt sich hier, daß die Mehrzahl der Haushalte mit PKW die angebotenen Tiefgaragen annehmen. Daß der geäußerte Wunsch hier dem tatsächlichen Verhalten entsprach, zeigte eine Überprüfung der Anzahl der gemieteten Einstellplätze in den entsprechenden Tiefgaragen. Weil in dieser Siedlung abgeschlossene Einzelgaragen fehlen und diese Alternative bei der Befragung nicht ausdrücklich genannt wurde,

---

[1] Vgl. Wohnanlage Reichelsdorf in Nürnberg, in der die Miete für den Platz in der Tiefgarage von vornherein in der Wohnungsmiete enthalten ist.

ist nicht zu überprüfen, ob die Befragten, die einen Platz in der Tiefgarage gemietet haben, nicht lieber eine eigene Garage wünschen. Möglicherweise wird der Platz in der Tiefgarage nur als Ersatz angesehen. Offensichtlich ist jedoch die Abneigung gegen die Tiefgarage nicht so groß, daß sie grundsätzlich abgelehnt wird. In Anbetracht der Tatsache, daß in der Siedlung kostenlose Abstellplätze in großer Zahl zur Verfügung standen, war die Belegung der Tiefgaragen im Sommer 1969 (im Winter steigt die Belegung erfahrungsgemäß) zwei Jahre nach Fertigstellung der Wohnungen schon erfreulich hoch. 1970 wurde eine Ausfallstraße entlang der Wohnblocks fertiggestellt, die einen großen Teil der Straßenparkplätze entfallen ließ. Eine Nachfrage beim Bauträger im Herbst 1970 ergab, daß nunmehr 98 % der Tiefgaragenplätze vermietet waren!

5. Städtebauliche Aspekte der Planung und Anordnung von Tiefgaragen

Der außerordentlich hohe Flächenbedarf des ruhenden Verkehrs in Wohngebieten und Nebenwirkungen auf andere Bereiche des Lebens verleihen den Stellplatzanlagen bei der Planung besondere Bedeutung von Wohngebieten. Dabei müssen alle Aspekte des Problems im städtebaulichen Gesamtzusammenhang gesehen werden. Nur so kann die Aufgabe, „lebenswerte" Wohngebiete für verschiedene Einzelbedürfnisse — je nach deren Gewicht — zu schaffen, optimal gelöst werden.

In den Stellungnahmen einiger Stadtplanungsämter (z.B. aus Hamburg und München) im Rahmen der Umfrage des Stadtplanungsamtes Hannover wurden als Gründe für die Anlage von Tiefgaragen „planerische", „ästhetische", „gestalterische", und „wohnhygienische" Motive genannt [1]. Das sind sehr allgemeine Begründungen.

Unter „städtebaulichen Aspekten" soll hier ein Begriff verstanden werden, in dem alle stadtbautechnischen, architektonisch-gestalterischen, sozialpsychologischen, anthropologisch-medizinischen sowie gesellschaftlichen Teilaspekte integriert sind. Über „Städtebau" gibt es noch kaum verbindliche Vorstellungen. Diese sind vielmehr aus unterschiedlichen gesellschaftspolitischen Zielvorstellungen abgeleitet oder von diesen beeinflußt.

Allerdings scheint — zumindest in Westeuropa — die Forderung unbestritten, daß „der Mensch im Mittelpunkt aller Planung" zu stehen habe. Doch die Konsequenzen, die aus diesem Allgemeinplatz gezogen werden, differieren erheblich. Häufig wird die Realisierung der Planungsziele auch durch andere, meist privatwirtschaftliche Erwägungen verhindert. Aufgabe des Städteplaners ist es, nach Lösungen zu suchen, die sowohl wirtschaftlich als auch human sind. Die Gesetzgebung sollte den Rahmen schaffen, innerhalb dessen Prosperität und mögliche Technik in Relation zu den eigentlichen Nutznießern gebracht werden, so daß nicht die Allgemeinheit die Kosten individuell unterschiedlicher Prosperität tragen muß.

Der „Mensch im Mittelpunkt" ist ein Wesen, das medizinische, biologische, kulturelle und gesellschaftliche Anforderungen an seinen „Lebensraum" stellt. Diese Bedürfnisse, ihre Bedeutung und ihre Auswirkungen auf den Plan sollten in inter-

---

[1] Vgl. Stadtplanungsamt Hannover (Hrsg.): Bericht über eine Umfrage bei deutschen Städten über Erfahrungen mit dem Bau von Tiefgaragen speziell in Wohngebieten. Hannover 1966 S. 6 (als Mskr. vervielf.)

disziplinärer Zusammenarbeit der einzelnen Wissenschaftsgebiete vor jeder Planung geklärt und erst dann auf ein abgeleitetes Bedürfnis — z.B. den Verkehr und seine Erfordernisse — projiziert werden.

Unbezweifelbar ist dabei wegen der erreichten Zivilisationsstufe die grundsätzliche Notwendigkeit, ausreichende Verkehrsbedingungen zu schaffen. Sie ist unter anderem durch die Differenzierung der Funktionen des menschlichen Lebens bedingt, durch die daraus abgeleitete Desintegration der Standorte der Funktionsträger und die erforderliche Integration der Personen und Materialien zu den jeweiligen Zwecken. Dazu gehört der individuelle Personenverkehr. Eine seiner Erscheinungsformen, der „ruhende Verkehr", tritt in Wohngebieten, den Standorten der PKW, ganz besonders deutlich als Problem in Erscheinung. Nachdenklich stimmt, daß der Bedarf an „unproduktiven" Flächen (für den ruhenden Verkehr) heute schon ein hohes Ausmaß erreicht hat (etwa eine halbe Wohnungsfläche) und noch ständig steigt; er wird sich noch verdoppeln. Ebenfalls beachtenswert ist, daß es sich bei diesen Flächen um „monofunktionale" Flächen handelt, das heißt um Flächen, die nur einem Zweck dienen, nämlich dem Abstellen der PKW. Schien es in der Vergangenheit noch einigermaßen möglich, die Produkte der Technik zur Bereicherung des Menschen ohne besondere Vorsichtsmaßnahmen in Erscheinung treten zu lassen (Primat des technisch-ökonomischen Fortschritts), so ist bei zunehmender Motorisierung die konventionelle Abstellweise der PKW augenfällig unzureichend, ganz abgesehen von den schwerwiegenden Nachteilen für die Sicherheit, Gesundheit und den „Lebensraum" der betroffenen Personen (ökologische Betrachtungsweise). Auch Aspekte wie der „Wohnwert" u.ä. sind angesprochen.

5.1 Vorteile von Tiefgaragen

Durch die Anlage von Tiefgaragen zur Unterbringung des ruhenden Verkehrs können Flächen für den Lebensraum der Bewohner gewonnen und auch größere Wohndichten erzielt werden. Die „gesunde Verdichtung", von der in den „Grundsätzen der Raumordnung" die Rede ist, wird auf diese Weise möglich. Sie ist (neben sozialpsychologischen und kulturpsychologischen Erwägungen) Voraussetzung für eine wirtschaftliche Ausstattung der Wohngebiete mit Einrichtungen des Gemeinbedarfs und Gemeingebrauchs sowie für eine wirtschaftlich rentable Versorgung mit öffentlichen Nahverkehrsmitteln. In diesem Sinne ist auch die Novelle zur Baunutzungsverordnung vom 26. November 1968 zu interpretieren.

Durch Anordnung der Standorte für den ruhenden Verkehr im Zentrum von Wohngebieten läßt sich eine direktere Zuordnung (kürzerer Fußweg) erzielen, besonders wenn die einzelnen Stellplätze jeweils den entsprechenden Wohnhäusern zugeordnet und mit ihnen über Kellertreppen oder Aufzüge verbunden sind. Hiermit wird der eigentliche Vorteil des individuellen Verkehrsmittels, direkt und freizügig zu sein, wiederhergestellt.

Die Unterbringung des ruhenden Verkehrs in Tiefgaragen fördert eine Mischung von Wohngebieten mit nichtstörendem Gewerbe; durch eine unterirdische Abwicklung wird die besondere Störungsquelle „Verkehr" verringert; eine wirtschaftliche

Mehrfachnutzung der privaten Stellplätze wird zusammen mit dem Wirtschaftsverkehr möglich; private PKW verlassen morgens in der Mehrzahl ihren nächtlichen Einstellplatz, während der „ruhende Wirtschaftsverkehr" gerade in die sonst nutzungslose Tageszeit fällt.

Neben diesen technisch-ökonomischen Aspekten der „Verdichtung" und „Mischung" sind noch die soziologischen Gesichtspunkte relevant. Bahrdt kritisiert die ideologisch-zweckhafte Verwendung des Begriffes „Verdichtung", nennt diese aber Voraussetzung einer „Reurbanisierung" der Städte. Zur Mischung der Funktionen führt er aus: „Multifunktonalität trägt nicht nur zur Entfaltung einer lebendigeren Quartiersöffentlichkeit bei, sondern spart auch Platz." [1] Und: „Raumökonomie in der Planung kann verstanden werden als der Versuch, einerseits mit knappem Raum viel Geräumigkeit zu erzielen, andererseits aus unvermeidlichen räumlichen Distanzen nicht zu große Unbequemlichkeit und unerwünschte soziale Distanz werden zu lassen. Die Vermeidung von sowohl unerwünschter Vakua wie von Überfüllung ist auch ein Zeitproblem, das durch die Staffelung der Stoßzeiten verschiedener Nutzungen auf der gleichen öffentlichen Fläche zu lösen ist." [1]

Durch Tiefgaragen wird der zunehmend eingeengte Raum der Öffentlichkeit wieder freigegeben. Nur fußläufig und im uneingeschränkten Besitz von „lebendigen" Plätzen kann sich Öffentlichkeit heranbilden. Zugeparkte Plätze und vom fließenden Verkehr eingenommene Straßenflächen haben ja die „gewachsene" Stadt ihrer Öffentlichkeitsfunktion in erheblichem Maße beraubt. Bei neuen Städten kann man, vornehmlich durch die Unterbringung des ruhenden Verkehrs und eines Teils des fließenden Verkehrs in einer besonderen Ebene, städtischem Leben unter der ebenfalls gegebenen Voraussetzung hoher Wohndichte und Multifunktionalität eine neue Chance eröffnen.

Tiefgaragen sind das wirksamste Mittel zur Vermeidung der besonderen Lärmquelle beim Kaltstart auf Stellplätzen. Die dabei ebenfalls auftretende Immission von Abgasen in der Garage belästigt nicht Unbeteiligte und kann an ungefährdeteren Stellen abgegeben werden. Die Gefährdung besonders von spielenden Kindern auf engen, beparkten Fahrstraßen wird reduziert. Alle drei Nachteile (Gefahr, Lärm und Geruchsbelästigung) treten nur noch an wenigen Stellen und vermindert auf; zum Teil kann ihr Standort durch die Massierung an wenigen Stellen kontrolliert, zum Teil können sie durch besondere planerische Maßnahmen weiter reduziert werden. Das bedeutet auch eine Entmischung von Nachteilen und Vorteilen des PKW, so daß die Nutznießer mehr Vorteile und Unbeteiligte weniger Nachteile haben — ein wesentlicher, sozialer Aspekt!

Im Sinne eines „sozialen Städtebaus", der über den „sozialen Wohnungsbau" hinausgeht, macht die Schaffung von Tiefgaragen Plätze frei, die bislang der hinsichtlich des Flächenverbrauchs überprivilegierten Gruppe der PKW-Nutznießer reserviert wurden und nun an diejenigen Gruppen und Nutzungen zurückgegeben werden können, die ganztägig an das Quartier gebunden sind und dort „leben"

---

[1] Bahrdt, H.P.: Humaner Städtebau. Überlegungen zur Wohnungspolitik und Stadtplanung für eine nahe Zukunft. Hamburg 1968. S. 137 (= „Zeitfragen", hrsg. v. Wilhelm Hennis, Nr. 4)

Kinder erhalten mehr Spielflächen, alte Menschen ruhigere Plätze. Zum einen bedeutet dies die ungehinderte Bedienung durch den Verkehr, zum anderen müssen nicht alle, insbesondere nicht die Unbeteiligten, Einschränkungen ihrer Entfaltungsmöglichkeiten hinnehmen.

Der Vorteil durch Tiefgaragen ist aber nicht nur qualitativ „sozialer" Art, sondern hat auch seine wirtschaftliche Dimension. Unzweifelhaft hat ein solches, von vielen negativen Auswirkungen des Verkehrs befreites Wohngebiet einen höheren Wohnwert. Dies kann sich nachdrücklich auf die Rendite aus den Mieten auswirken.

Der Wohnwert des Gebietes wird sicher auch durch eine Verbesserung der Verkehrsfunktion selbst erhöht: Kürzere Fußwege erhöhen den Nutzen des PKW. Tiefgaragen ermöglichen unter Umständen eine Reduzierung der Straßenfläche und damit eine Verringerung des Gesamterschließungsaufwandes; gegebenenfalls erübrigt sich auch ein Teil der öffentlichen Parkflächen, weil die Bewohner in den Tiefgaragen bei Kurzaufenthalten immer noch unterirdisch „dicht" an die Wohnungen heranfahren können; für den fließenden Verkehr herrscht größere Freizügigkeit, weil er in geringerem Maße durch an den Straßen parkende PKW behindert wird.

5.2 Bedenken gegen Tiefgaragen

Der PKW gehört zum modernen Leben; er hat dabei notwendige, sowohl wirtschaftliche als auch soziale Funktionen hinsichtlich „Kontakt" und „Repräsentation". Stellplätze haben sich zum Teil als Ort von sozialen Kontakten herausgebildet (Gespräch beim Ein- und Aussteigen, bei der Kraftfahrzeugpflege). Man sollte vielleicht nicht alle nachgeordneten Erscheinungen des ruhenden Verkehrs unter die Erde, in die Anonymität reiner Stellplatzhallen verbannen oder diese doch so ausstatten, daß sie mehr sein können als nur ein notwendiger, aber gemiedener Drehpunkt zwischen Fahrverkehr und Wohnen.

Man darf auch nicht annehmen, daß mit der Vertreibung des „Straßenmöbels" Auto der moderne Mensch auf „leergefegten" Flächen zu seiner „Selbstfindung" kommen wird. Es werden vielmehr Anstrengungen nötig sein, um den „befreiten" oberirdischen Platz mit neuen „Möbeln" durch Gliederung erst zu einem Platz zu machen, der Lebendigkeit verspricht.

Rechtliche Unsicherheiten: Eigentumsfragen in der Gemeinschaftsanlage, Unterteilung in Boxen; mögliche Beschädigungen und Diebstahl müssen so weit wie möglich ausgeräumt werden, um keinen Mietausfall durch ausbleibende Annahme der Tiefgaragen herbeizuführen.

Hinsichtlich der Baukostengestaltung bei Tiefgaragen ist eine einmalige Großinvestition beim Entstehen eines neuen Wohngebiets am günstigsten. Allerdings ist bei Vollausbau aller prognostizierten, notwendigen Stellplätze über Jahre hinaus mit einem empfindlichen Mietausfall zu rechnen. Dieser Gesichtspunkt legt einen stufenweisen Ausbau der Garagenplätze nahe (vgl. auch Kap. 7).

5.3 Sicherung der Vorteile von Tiefgaragen

Hierzu einige Hinweise:
Es sollte unbedingt auf die Schaffung kurzer Fußwege geachtet und deshalb eine direkte Verbindung zum Treppenhaus der Wohnblocks angestrebt werden.
Für nachgeordnete Funktionen des ruhenden Verkehrs (Werkzeugplätze, Waschgelegenheiten) sollten geeignete Plätze vorgesehen werden.
Auch eine allgemein befriedigende Ausstattung (z.B. Belüftung, Beleuchtung) muß geboten sein. Sie sollte auf die Bedürfnisse und Wünsche der Benutzer unbedingt Rücksicht nehmen, weil diesen neben der Massenanlage ja keine Ausweichmöglichkeiten mehr zur Verfügung stehen sollen; die Unfreiheit der Wahl darf nicht mit einem schlechten Angebot verbunden werden.
Dem möglichen Mietausfall muß mit entsprechend knapp — aber für den Fahrverkehr ausreichend — dimensionierten Straßen und ähnlich knapp dimensionierten öffentlichen Parkräumen und anderen mißbräuchlich nutzbaren Flächen begegnet werden. Die gute Zuordnung der Tiefgaragen zu den Verkehrszielen muß eine Inanspruchnahme oberirdischer wohnungsnaher Flächen überflüssig machen.
Weil die reinen Baukosten von Tiefgaragen im Normalfall höher liegen als die von entsprechenden oberirdischen Anlagen, sollte von allen technischen Sparmöglichkeiten auf dem Erschließungssektor Gebrauch gemacht werden (vgl. Kap. 7).

6. Bauplanerisch-konstruktive Aspekte von Tiefgaragen

In Kap. 2 wurden die verschiedenen Arten der Unterbringung des ruhenden Verkehrs in Wohngebieten aufgezeigt und dabei die Tiefgaragen für ein eigenes Kapitel ausgespart. Nunmehr soll diese besondere Stellplatzart nach konstruktiven und bauplanerischen Gesichtspunkten behandelt und systematisiert werden.

6.1 Flächengliederung und Stellplatzgestaltung

6.1.1 Flächen- und Raumaufteilung

Fünf Kriterien bestimmen im wesentlichen die Raumaufteilung in Tiefgaragen:
Wirtschaftlichkeit: knappes Bauvolumen, Anordnung der Stützen für sparsame Tragkonstruktionen;
Freizügigkeit für den Parkvorgang: ausreichender Manövrierraum vor dem Stellplatz, gegliederte und nicht zu steile Rampen, ausreichender Stauraum an den kritischen Stellen;
Flächenzuschnitt des vorhandenen Grundstücks;
Bodenverhältnisse: Schwierigkeit des Baugrundes, Grundwasserstand;
Konstruktion: Stützweiten, Deckenstärken, Brandmauern.

In Tab. 22 werden die entsprechenden Kennziffern von 15 ausgeführten Tiefgaragen wiedergegeben und danach ausgewertet. Zwar sind diese Beispiele nicht reprasentativ im stochastischen Sinn, aber ihre verhältnismäßig große Zahl kann doch Aufschlüsse über die in der Praxis verwendeten bzw. erreichten Werte geben.

Die Stellplatzstelle (vgl. Abb. 22) ist abhängig vom Rastermaß der Unterzüge und Stützen, d.h. von der Tragkonstruktion. Am häufigsten wurde die Konstruktionsart angetroffen, bei der die Stützen jeweils zwei Stellplätze zusammenfassen und innerhalb des eigentlichen Stellplatzbereiches stehen. Dabei dürfen die Stützen aus parktechnischen Gründen weder zu nahe an die Wand rücken (damit des Türöffnen nicht behindert wird) noch zu sehr in die Nähe der Fahrgassen gesetzt werden (um den Einparkvorgang nicht zu erschweren).

Bei der zweihüftigen Garage bietet sich ein Rahmen mit beidseitig überkragenden Unterzügen als günstige Konstruktion an. Die äußere Wand wird nicht mehr als stützendes Bauglied ausgebildet. Dann rücken die Stützen aus statischen Gründen in den Stellplatzbereich. Somit ergeben sich geringere Biegemomente in den Unterzügen und Decken. Werden die Außenwände tragend ausgebildet oder stehen dort entsprechende Außenstützen, rücken die Innenstutzen aus statischen Gründen näher in den Fahrgassenbereich.

Abb. 22: Der Einzelparkstand zwischen Stützen und Wänden von Garagenhallen

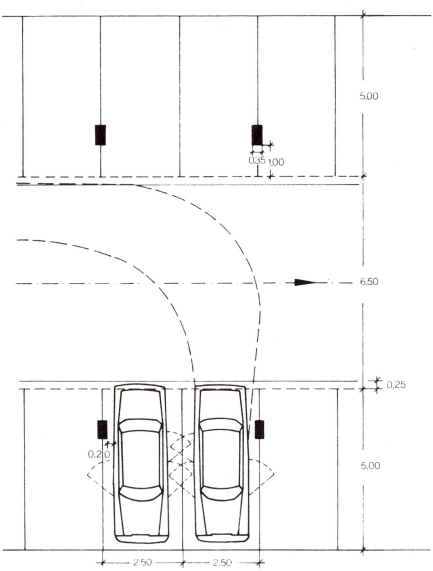

Fahrzeugbewegung bei Einfahrt in einen 2,50 x 5,00m großen Parkstand
Dargestelltes Fahrzeug: Mercedes 300
20,6 qm je Parkstand einschließlich Fahrgassenanteil.

Quelle: Fließender und ruhender Individualverkehr. Beispiel für 8 000 Einwohner: Lüneburg-Kaltenmoor, Bonn 1969. Teil II, S. 27 (= „Informationen aus der Praxis — für die Praxis", hrsg. v. Bundesministerium für Wohnungswesen und Städtebau, Nr. 17) (im folgenden: Fließender und ruhender ...)

Tab. 22 Kennwerte ausgeführter Tiefgaragen

	Votivpark Wien 1.Untergeschoß	Köln-Neue Stadt	Sindelfingen-Eschenried	Sindelfingen-Eichholz	Hannover-Auf der Horst	Frankfurter-Nordweststadt I	Frankfurt-Nordweststadt II	Düsseldorf Garath SW
Maße des Einstellplatzes (m)								
lichte Höhe	2,30-2,85	2,00	2,00-2,50	1,80-2,10	2,25	2,20	2,20	2,45
Bauhöhe	4,00	2,40	--	2,38	2,65	2,70	2,70	2,80
Stellplatzbreite	2,30	2,50	2,75	2,75	2,50	2,65	2,65	2,50
Stellplatzlänge	5,00	5,00	5,50 u. 5,25	5,25	5,00	5,20 u. 5,25	5,35	5,00
Breite der zweihüftigen Stellplatzreihe	13,50	16,50	18,26	18,50	16,50	15,75	15,90	16,80
Fläche zweier gegenüberl. Stellplätze einschl. Fahrgasse (qm)	35,2	41,3	50,2	50,9	41,3	41,7	42,2	42,0
Konstruktionshöhe Decke+Unterzug (cm)	--	40	28	28	40	50	50	35
Fahrgassen- und Verschnittflächen (%)	53,5	45,8	41,6	41,6	53,0	45,0	47,2	42,6
Flächenverbrauch (qm/Stellplatz)	(37,8) brutto	23,1	24,7	24,7	26,6	24,0	25,0	21,8
Bauvolumen (cbm/Stellplatz)	(132,0)	54,2	59,0	59,0	69,0	64,8	67,5	61,0
Stellplatzzahl (abs.)	195	48	148	148	140	70	40	66
Zahl der Zufahrten (abs)	1+1	1/1	1/1	2	1/1	1/1	1	1/1
Rampenneigung (%)	8,5	10	8	8	--	15	15	15
Breite der Zufahrten (m)	6,00-8,00	5,50	6,00+1,25	7,50	6,00+1,25	6,00+2,00	2,40+1,00	7,50

Tab. 22: Kennwerte ausgeführter Tiefgaragen (Fortsetzung)

	Braunschweig-Lechstr.	Hamburg-Heegberg II	Hamburg-Wachtelstr.	Leverkusen-Steinbuchel/W	Stuttgart-Wallensteinstr. II	Stuttgart-Wallensteinstr. I	Stuttgart-Suttnerstr.
Maße des Einstellplatzes (m)							
lichte Höhe	2,09	1,60-1,90	2,05	–	2,00-2,10	2,20	2,00-2,10
Bauhöhe	2,57	2,15-2,45	2,85	–	–	(2,70)	–
Stellplatzbreite	5,00	2,30	2,30	2,30	2,75	2,35	2,75
Stellplatzlänge	5,00	4,30 u. 4,80	6,00	4,90	5,20	5,00	5,50
Breite der zweihüftigen Stellplatzreihe	13,00-16,00	15,20	20,00	–	17,90	15,50	18,90
Fläche zweier gegenuberl. Stellplätze einschl. Fahrgasse (qm)	(36,8) 32,5	35,0	46,0	46,4	49,2	36,5	52,0
Konstruktionshöhe Decke+Unterzug (cm)	48	55	80	–	–	(50)	–
Fahrgassen- und Verschnittflächen (%)	58,2	37,0	43,0	51,5	46,3	40,5	48,3
Flächenverbrauch (qm/Stellplatz)	28,7	17,5	24,2	23,2	26,3	23,5	29,0
Bauvolumen (cbm/Stellplatz)	74,0	43,0	69,0	–	84,0	69,0	69,5
Stellplatzzahl (abs.)	20	26	27	210	88	101	36
Zahl der Zufahrten (abs)	1+1	1/1	1	–	2/2	1/1	1/1
Rampenneigung (%)	16	(15) 27	23,5	10-15	10	12	–
Breite der Zufahrten (m)	3,50	2,45 + 0,45 (2x)	3,00+1,00	–	7,50	6,00+2,00	7,50

Tab. 22: **Kennwerte ausgeführter Tiefgaragen (Fortsetzung)**

	Minimaler Wert [1]	Maximaler Wert [1]	Differenz (in %)
Maße des Einstellplatzes (m)			
lichte Höhe	1,90	2,45	22,4
Bauhöhe	2,38	4,00	43,0
Stellplatzbreite	2,30	2,75	19,6
Stellplatzlänge	4,30	6,00	28,3
Breite der zweihüftigen Stellplatzreihe	13,50	20,00	32,4
Fläche zweier gegenüberliegender Stellplätze einschließlich Fahrgasse (qm)	32,5	52,0	60,0
Konstruktionshöhe Decke + Unterzug (cm)	28	80	–
Fahrgassen- und Verschnittflächen (%)	37,0	58,2	57,3
Flächenverbrauch (qm/Stellplatz)	17,5	29,0	65,7
Bauvolumen (cbm/Stellplatz)	43,0	84,0	95,4
Stellplatzzahl (abs.)	20	210	–
Zahl der Zufahrten (abs.)	1	2	–
Rampenneigung (%)	8	27	70,4
Breite der Zufahrten (m)	3,40	8,00	57,5

[1] Zahlen in Klammern werden aus verschiedenen Gründen bei Bestimmung der Minima und Maxima nicht berücksichtigt. – bedeutet: kein Nachweis vorhanden bzw. Nachweis hier nicht sinnvoll.

Quellen: Schröder, F.E./Neve, P./Panten, R.: Beispiele für Parkbauten. In: Sill, O. (Hrsg.): Parkbauten. Handbuch für Planung, Bau und Betrieb von Park- und Garagenbauten. 2. Aufl. Wiesbaden, Berlin 1968. S. 220 - 224 (für Votivpark Wien); alle anderen Projekte: Stadtplanungsamt Hannover (Hrsg.): Bericht über eine Umfrage bei deutschen Städten über Erfahrungen mit dem Bau von Tiefgaragen speziell in Wohngebieten. Hannover 1966. S. 16 - 21, Anlagen (als Mskr. verv.) (im folgenden: Bericht ...)

Für die lichte Bauhöhe kann h = 2,00 m als richtungweisend betrachtet werden, für die Bauhöhe h = 2,50 m. Die gefundenen Stellplatzbreiten variieren erheblich (20 %), der Längen (28 %) noch mehr. Aussagekräftiger für die Freizügigkeit des Parkvorgangs ist allerdings die Gesamtbreite (13,50 bis 20,00 m) bzw. Gesamtfläche (32,5 qm bis 2 qm) eines Stellplatzpaares einschließlich Fahrgassenanteil. Ausgehend von der Feststellung, daß die Freizügigkeit des Parkvorganges weder von der Stellplatzbreite noch von dessen Länge noch von der Gesamtbreite einer zweihüftigen Stellplatzreihe allein abhängt, weil geringe Stellplatzbreite durch eine größere Fahrgassenbreite zum Manövrieren kompensiert werden kann, ist die große Streuung der effektiven Manövrierflächen verwunderlich. Sie kann nur mit einer unsicheren Einschätzung der tatsächlich erforderlichen Manövrierflächen erklärt werden. Größere Rentabilität bei der Erstellung von Tiefgaragen ließe sich durch einen realistischen Ansatz der benötigten Park- und Rangierflächen erreichen.

Als mittlere und sicherlich auch sachgemäße Werte schälen sich heraus: F = Stellplätze + Fahrgasse = 40 bis 44 qm; davon abgeleitet: 2 Stellplatzlängen + Fahrgassenbreite = 16,00 bis 17,00 m; Stellplatzbreite = 2,50 m.

Im Rahmen dieser Werte halten sich die Tiefgaragen-Anlagen von: Köln - Neue Stadt, Hannover - Auf der Horst, Düsseldorf-Garath und Frankfurt-Nordweststadt.

Wie bereits festgestellt (vgl. 2.2) ist die senkrechte Aufstellung eindeutig am sparsamsten für Garagenanlagen, in denen keine Freizügigkeit für die Parkplatzsuche erforderlich ist, d.h. in Garagen mit fest vermieteten Stellplätzen wie in Tiefgaragen von Wohnsiedlungen. Unter der Bedingung, daß die Fahrgassen enden dürfen, ist die senkrechte Aufstellung zu empfehlen. In den meisten untersuchten Tiefgaragen wurde auch die senkrechte Aufstellungsart vorgefunden. Ausnahmen waren die Votivparkgarage, die ja im wesentlichen keine fest vermieteten Stellplätze hat, und Frankfurt-Nordweststadt. In einigen Fällen wurden schräge Aufstellungsreihen für Teile der Garagenfläche gewählt, um einen vorhandenen Flächenzuschnitt auszunutzen.

Interessant ist der unregelmäßige Flächenzuschnitt in Braunschweig-Lechstraße. Dort werden kurze parallele Stellplatzreihen zueinander versetzt an eine konisch zulaufende Fahrgasse angeschlossen, so daß ebenfalls eine günstige Einfahrt unter einem Winkel von $< 90^\circ$ möglich wird. Die Durchführbarkeit der direkten und knappen Garagenummauerung läßt dieses Beispiel relativ flächensparsam werden.

Der Anteil der Fahrgassen- und „Verschnitt"flächen gibt Aufschluß über die rentable Flächenausnutzung einer Stellplatzanlage. Allerdings sind die Flächenarten nicht immer eindeutig definiert; es ist häufig eine Definitionsfrage, welche Fläche noch zur Stellplatzlänge und welche schon zur Fahrgassenbreite gezählt wird. Dennoch geben die gefundenen Werte einen Anhalt: Überwiegend macht der Fahrgassen- und Verschnittanteil weniger als 50 % der Gesamtfläche aus (vgl. Tab. 22 und 23); er liegt zwischen 37,0 und 58,2 %. Weniger Verschnitt- und Fahrgassenanteile waren zu verzeichnen, wenn die äußeren toten Räume an Stellplatzreihen nicht in die Garage einbezogen wurden und bei endenden Fahrgassen mit beidseitigen, senkrechten Stellplatzreihen.

Der Flächenbedarf pro Stellplatz (f) der 15 Beispiele schwankt zwischen 17,5 und 29,0 qm. Er war überdurchschnittlich hoch in Sindelfingen-Eschenried, Hannover - Auf der Horst, Braunschweig-Lechstraße, Stuttgart-Wallensteinstraße II und Stuttgart-Suttnerstraße.

Tab. 23: Flächenanteile in Tiefgaragen

bezogen auf die Nutzfläche

Garage	Stellplatzflächen- anteil in %	Fahrgassen- und Ver- schnittflächenanteil in %
Hamburg-Heegbarg II	63,0	37,0
Stuttgart-Wallensteinstraße I	59,5	40,5
Sindelfingen, Eichholz I	58,4	41,6
Düsseldorf-Garath SW	57,4	42,6
Hamburg, Wachtelstraße	57,0	43,0
Frankfurt-Nordweststadt I	55,0	45,0
Köln-Neue Stadt	54,2	45,8
Frankfurt-Nordweststadt II	52,8	47,2
Stuttgart, Suttnerstraße	51,7	48,3
Sindelfingen-Eschenried	51,0	49,0
Leverkusen-Steinbüchel/West	48,5	51,5
Hannover - Auf der Horst	47,0	53,0
Stuttgart, Wallensteinstraße II	43,7	46,3
Braunschweig, Lechstraße	41,8	58,2

Quelle: Bericht . . . , S. 19

Die wirtschaftlich wichtigste Massenzahl ist der Raumbedarf (V) pro Stellplatz.
Er bewegt sich zwischen 43,0 und 84,0 cbm/Stellplatz.

Für Stellplatzmaße in Tiefgaragen schälen sich somit folgende Anhaltswerte heraus:
— Bauhöhe   = 2,5 m;
— Stellplatzbreite   = 2,5 m;
— Breite der zweihüftigen Reihe   = 16,5 m;
— Flächenbedarf: f = 25,3 qm/Stellplatz;
— Raumbedarf: V = 69,5 cbm/Stellplatz.

Die Garagengrößen waren, an der Zahl der Stellplätze gemessen, in den 5 Beispielen sehr unterschiedlich (20 bis 210 Stellplätze). Im Abschnitt 2.2 wurde für verschiedene Stellplatztypen eine reziproke Abhängigkeit des Flächenbedarfs pro Stellplatz von der Zahl der Stellplätze festgestellt. Bei den betrachteten Tiefgaragen zeigt sich nun der gegenteilige Befund. Es ist keinesweges so, daß die größeren Tiefgaragen einen geringeren spezifischen Flächenbedarf f haben; im Gegenteil: Die kleineren Anlagen wurden in der Regel flächensparender ausgeführt. Das liegt vor allem daran, daß die großen Tiefgaragen qualitativ anders (mehr Freizügigkeit und mehr Verschnittflächen) ausgebildet werden müssen.

Die Zufahrten und Rampen von Großgaragen müssen ausreichend dimensioniert werden, um die Flüssigkeit der Verkehrsabwicklung zu gewährleisten. Dazu gehören auch eventuell Stauräume an kritischen Stellen, wo mehrere Verkehrsströme zusammenfließen. Die Neigung der Rampen soll nach den meisten Landesbauordnungen sein: Außenrampen ≤ 10 %; Innenrampen ≤ 15 %; kurze Innenrampen ≤ 20 %. Bei den untersuchten Beispielen wurden diese Werte zum Teil erheblich überschritten. Die „verlustlose" Steigung von rund 3 bis 5 % tritt bei „Parkrampen" auf, die gleichzeitig Parkflächen sind.

Zwischen öffentlichen Straßen und Rampen soll eine höchstens schwach geneigte Fläche von 5,00 m Länge angeordnet werden. Die Neigungswechsel sind mit einem Bogen von R ≥ 20,0 m auszurunden, um eine Bodenberührung der Fahrzeuge zu vermeiden, oder einfacher auch durch ein zwischengeschaltetes Geradenstück von 3,50 bis 4,00 m Länge und halber Neigungsdifferenz.

Die Baukosten von Rampen werden von deren Konstruktionsweise und von den zu bearbeitenden Baumassen beeinflußt. Die Rampenneigung wird im Rahmen des Zulässigen möglichst groß gewählt. Es soll untersucht werden, wie bei konstantem Querschnitt die Rampenlänge und das Rampenvolumen von der Wahl der Neigung abhängen; Annahmen: Fahrbahnquerschnitt 6,00 m, zu überwindende Bauhöhe 2,50 m. Dann ist die Rampenlänge $L = \frac{2{,}50 \times 100}{s}$ umgekehrt proportional zur Neigung s (in %). Das Volumen V berechnet sich nach Abb. 23 zu: $V = 11{,}66 \, L = 2915 \times \frac{1}{s}$. Damit ist auch das Rampenvolumen umgekehrt proportional zur Neigung: Rampenlänge und Rampenvolumen halbieren sich, wenn die Neigung verdoppelt wird. Abb. 23 zeigt, daß die Ersparnis an Baumasse bei linear zunehmender Rampenneigung degressiv ist. Im Bereich der stärkeren Neigungen bringt also eine weitere Erhöhung der Rampenneigung nur noch geringe Ersparnis an Baumasse.

Die Fahrbahnoberfläche von Rampen soll griffig sein. Gegen Verschleiß der Oberfläche werden Hartbetonschichten oder besondere Plattenbeläge zumindest im Spurbereich aufgebracht, wenn das Grundmaterial nicht selbst die gewünschte Verschleißfestigkeit aufweist. Bei Außenrampen muß auch bei Glätte im Winter Betriebssicherheit gewährleistet werden. Dazu können z.B. Heizröhren oder -matten in die Rampenfahrbahn eingelegt werden, die allerdings in der Unterhaltung noch teurer sind. Es ist daher eine „wintersichere" Neigung zu empfehlen.

Die Zahl der Zufahrten kann bei Tiefgaragen, die als Stellplätze und nicht als stark frequentierte Parkhäuser dienen, im Unterschied zu diesen gering sein. Im allgemeinen genügt eine Zu- und eine Abfahrt, die nebeneinander liegen können, aber doch getrennt sein sollten [1].

---

[1] Vgl. Boué, P.: Bauformen, Entwurf, Konstruktion und Ausrüstung. In: Sill, O. (Hrsg.): Parkbauten. Handbuch für Planung, Bau und Betrieb von Park- und Garagenbauten. 2. Aufl. Hamburg 1968. S. 95 f.

Abb. 23: Rampenlänge und Rampenvolumen

Rampenlänge in Abhängigkeit von der Neigung (bei h = 2,50 m)

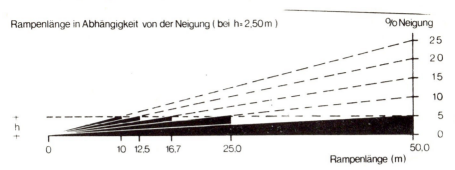

Berechnung der Rampenvolumina für verschiedene Neigungen

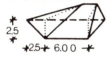

$V_\square = 6 \cdot 2{,}5 \cdot L/2$

$2V_\triangleright = 5 \cdot (2{,}5/2) \cdot (L/3) \cdot 2$

$V_\Sigma = \dfrac{15L}{2} + \dfrac{12{,}5L}{3} = 11{,}66 L$

$V_5 = 583{,}0$ cbm
$V_{10} = 291{,}5$ cbm
$V_{15} = 194{,}3$ cbm
$V_{20} = 145{,}8$ cbm
$V_{25} = 116{,}8$ cbm

Rampenvolumen in Abhängigkeit von der Neigung

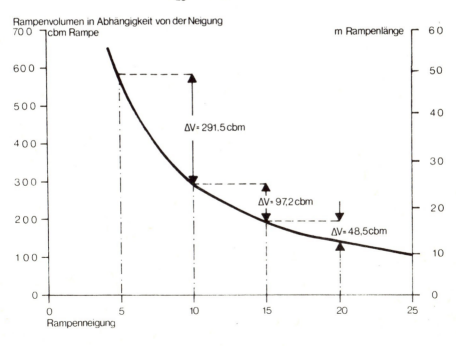

6.1.2 Rampensysteme

Tiefgaragen in Wohngebieten können im allgemeinen selbst bei hohen Geschoßflächenzahlen — abhängig vom Freiflächenindex, der Geschoßzahl, dem Grundstückszuschnitt und der Lage der Tiefgaragen zu den Grundflächen der Wohnbauten — in einer Ebene ausgebildet werden.

Bei 8geschossiger Bebauung (GZ) z.B., mit Geschoßflächenzahl (GFZ) 1,2, Belegungsziffer (BLZ) 3,5 Personen/WE, Bruttowohnfläche (BWF) 25 qm/WE, spezifischer Stellplatzfläche (f) 25 qm/Stellplatz und Stellplatzziffer (STZ) 1 Stellplatz/WE ergibt sich ein Flächenverhältnis von

$$FVh = \frac{1 \times 25}{25 \times 3,5} = \frac{1}{3,5} \quad \text{(Stellfläche/Wohnfläche)}.$$

Bebaute Grundstücksfläche: $GFZ/GZ = \frac{1,2}{8} \,\hat{=}\, 15\,\%$

Verbleibende Bruttofreifläche: 85 %
Benötigter Stellflächenanteil am Nettowohnbauland (GFZ x FVh) = $\frac{1,2}{3,5} \,\hat{=}\, 34\,\%$
Stellflächenanteil an der Bruttofreifläche $\frac{34}{85} \,\hat{=}\, 40\,\%$

Es dürfte somit keine Schwierigkeiten bereiten, 40 % der Bruttofreifläche für Stellflächen zu „unterkellern". Es genügt dann auch eine einfache gerade Zufahrtsrampe. Für mehrgeschossige Anlagen — falls sie dennoch erforderlich werden — findet man in der Literatur eine Vielzahl möglicher Lösungen, die sich in ihrer Rampenausbildung unterscheiden. Diese Systeme werden im allgemeinen in besonderen Verdichtungsgebieten verwendet, wo unter dem Zwang großer Flächenknappheit die vorhandene Fläche vielfach genutzt werden muß. Die meisten dieser Systeme sind sehr kostenintensiv. Eine Diskussion ihrer Vor- und Nachteile sprengt den Rahmen dieser Betrachtung über Tiefgaragen. Es sei dazu auf die einschlägige Fachliteratur verwiesen [1].

In einer Untersuchung über zweckmäßige Tiefgaragensysteme für Lüneburg-Kaltenmoor wurden nur noch drei Systeme zur Wahl gestellt [2].
— Parkrampen, Auf- und Abfahrt nebeneinanderliegend (A);
— gerade, parallele Geschoßrampen, Auf- und Abfahrt gegenüberliegend (B);
— gerade Halbrampen (D'Humy-System), Auf- und Abfahrt nebeneinanderliegend (C).
Die ersten beiden Systeme werden in der Abb. 24 wiedergegeben, die Diskussion ihrer Zweckmäßigkeit erfolgt in Tab. 24.

---

[1] Vgl. z.B. Sill, O. (Hrsg.): Parkbauten, Handbuch für Bau und Betrieb von Park- und Garagenbauten. 2. Aufl. Wiesbaden, Berlin 1968; Buttner, O.: Parkplätze und Großgaragen. Bauten für den ruhenden Verkehr. Stuttgart, Bern 1967.
[2] Vgl.: Fließender und ruhender ..., Teil II, S. 31 - 37

Abb. 24: Vergleich von Flußsystemen in zweigeschossigen Parkhäusern

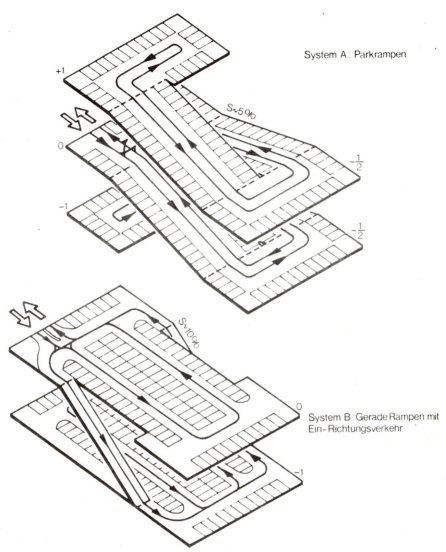

+1...-1 Nr. der Parkebene, bezogen auf die Einfahrtsebene

Quelle: Fließender und ruhender ..., Teil II, S. 33

Tab. 24: Vergleichende Bewertung von Parkhäusern

	System A	System B	System C
Rampensystem	Parkrampen, Auf- und und Abfahrt nebeneinanderliegend	Gerade, parallele Geschoßrampen, Auf- und Abfahrt gegenüberliegend	Gerade Halbrampen (D'Humy-Rampen), Auf- und Abfahrt nebeneinanderliegend
Flußsystem	Zwei-Richtungssystem mit endenden Fahrgassen (Wendemanöver)	Ein-Richtungssystem, kontinuierlicher Fluß	Zwei-Richtungssystem mit endenden Fahrgassen
Parkhaus-Vergleich bei Anwendung nebenstehender Konstruktionselemente: (Fassungsvermögen etwa 190 PKW)	Parkstandgröße: Fahrgassenbreite: (Senkrechtaufstellung) Rampenbreite:	5,0 m x 2,5 m 6,5 m im Einrichtungsverkehr 7,0 m im Zweirichtungsverkehr 7,5 m in Parkrampen 3,2 m je Fahrtrichtung	
Außenabmessungen (m)	35,8 x 58,1	40,9 x 70,9	34,2 x 70,8
Anzahl der Parkstände	190	196	188
qm/Parkstand	25,8	29,6	25,6
Rampenanteil (%)	1,5	7,2	4,7
Rampenneigung (%)	4,4	10,0	15,6
Rampenlänge (m)	32,0	25,0	9,0
Nachteile der Systeme	a. Rund 60 % der Parkstände in 4,4 % Quergefälle. b. Gefahrenpunkte an den Rampenenden durch Begegnungsverkehr in engen Krümmungen. c. Kein kontinuierliches Verkehrs-Flußsystem. d. Zur Übewindung einer Geschoßhöhe Vorbeifahrt an Parkstanden notwendig.	Flächenaufwendig	a. Kein verkehrsgerechter Anschluß der Rampen an die Fahrgassen möglich. b. Gefahrenpunkte an den Rampenenden durch Begegnungsverkehr in engen Krummen. c. Kein kontinuierliches Verkehrs-Flußsystem. d. Zur Überwindung einer Geschoßhöhe Vorbeifahrt an Parkständen notwendig.

Quelle: Fließender und ruhender ..., Teil II, S. 32

In Abb. 25 und Tab. 25 sind die drei Systeme, erweitert um ein viertes mit Wendeltreppe, mit ihren Kennwerten dargestellt.

Abb. 25: Vergleichende Darstellung von Rampen-Parkhaus-Systemen

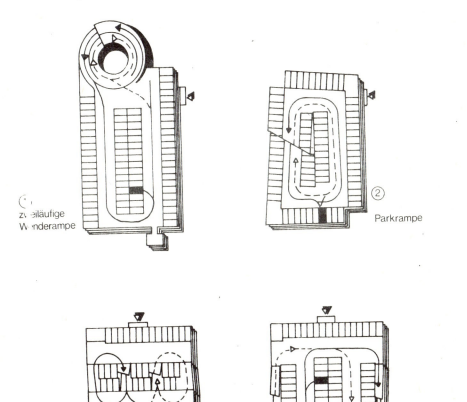

① zweiläufige Wenderampe

② Parkrampe

③ einläufige d'Humy-Rampe

④ gerade einläufige Geschoßrampe

Quelle: Krug, W.: Städtebauliche Planungselemente IV. Verkehrsplanung – Verkehrstechnik. Nürnberg 1968. Abb. 16 im Anhang. (= „Studienhefte", hrsg. v. Städtebauinstitut Nürnberg, H. 22) (im folgenden: Verkehrsplanung . . .)

Tab. 25: Rampensysteme — Kennwerte

	zweiläufige Wendeltreppe	Parkrampe	einläufige D'Humy-Rampe	gerade einläufige Geschoßrampe
Anzahl der Fahrzeuge je Geschoß	76	76	76	76
Länge des Fahrweges innerhalb des Parkhauses in m	65	92	56	81
Zeitbedarf in Sekunden bei einer Geschwindigkeit vom 15 km/Std.	270	380	230	340
Wieviel Parkpositionen werden beim Einfahren berührt? ca.	45	250	70	130
Flächenbedarf pro Fahrzeug einschließlich Rampen und Treppen etc. qm	29,5	22,5	26,5	28,0
Rampenneigung aufwärts in %	6,5	3	13,5	12
Rampenneigung abwärts in %	4,5	3	13,5	12

Quelle: Verkehrsplanung ..., Abb. 16 im Anhang

Eingehend auf die besonderen Erfordernisse von Tiefgaragen in Wohngebieten sollen im folgenden sieben mögliche Systeme von mehrgeschossigen Tiefgaragen erörtert werden (vgl. Abb. 24 - 29). Dabei werden als Grundmaße in Rechnung gestellt:

Stellplatzbreite:	b =	2,50 m
Stellplatzlänge:	l =	5,00 m
Fahrgassenbreite:	b =	6,50 m
Neigung der Außenrampe:	s_a =	10 %
Neigung der geraden Innenrampe:	s_i =	15 %
Neigung der geraden Innenrampe bei versetzten Geschossen (kurze Rampen):	s_v =	20 %

Abb. 26: Rampensysteme 1

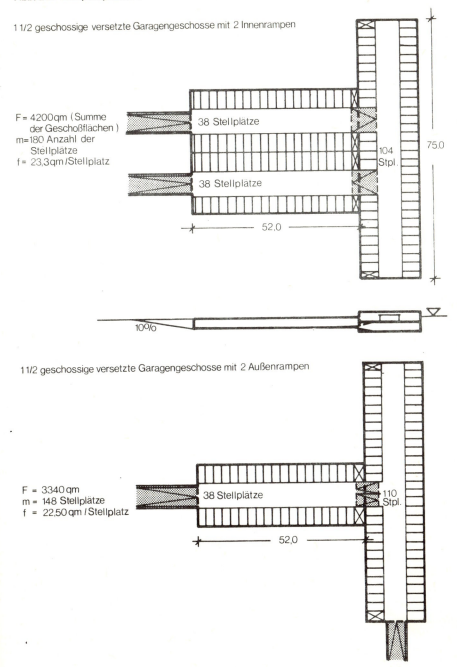

Abb. 27: Rampensysteme 2

teilversenkte 2 geschossige Garage mit 1 Außenrampe

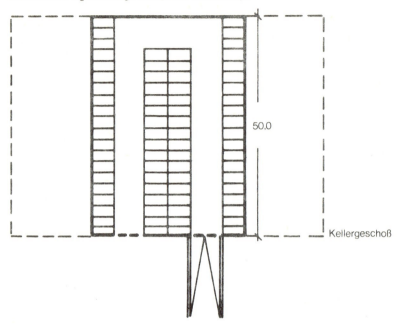

Kellergeschoß

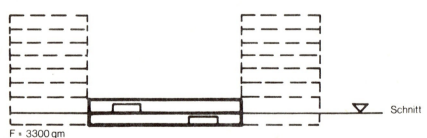

Schnitt

F = 3300 qm
m = 142 Stellplätze
f = 23,2 qm / Stellplatz

Abb. 28: Rampensysteme 3

gekrümmte Parkrampe

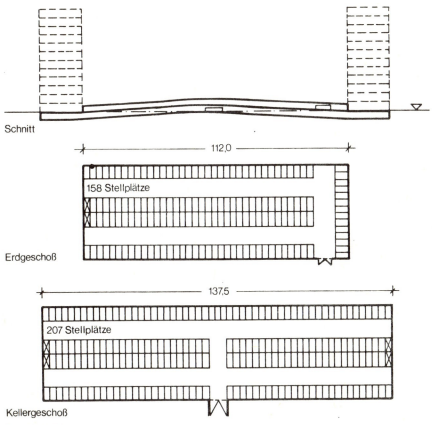

Schnitt

Erdgeschoß

Kellergeschoß

F = 8240 qm
m = 365 Stellplätze
f = 22,6 qm/Stellplatz

Abb. 29: Rampensysteme 4

2 geschossige Garagen mit geraden Innenrampen

F = 4650 qm
m = 161 Stellplätze
f = 28,9 qm/Stellplatz

2 1/2 geschoßige Garage mit halbversetzten Geschossen
(d'Humy-System)

F = 5600 qm
m = 216 Stellplätze
f = 25,9 qm/Stellplatz

2 geschossige Garagen mit Wendelrampen
Wendel: ø 20 m
          2Fw = 1000 qm

$F_{34,5}$ = 2710 qm
$F_{46,0}$ = 3280 qm
$F_{69,0}$ = 4420 qm

$m_{34,5}$ = 70 Stellplätze
$m_{46,0}$ = 100 Stellplätze
$m_{69,0}$ = 160 Stellplätze

$f_{34,5}$ = 38,7 qm/Stellplatz
$f_{46,0}$ = 32,8 qm/Stellplatz
$f_{69,0}$ = 27,6 qm/Stellplatz

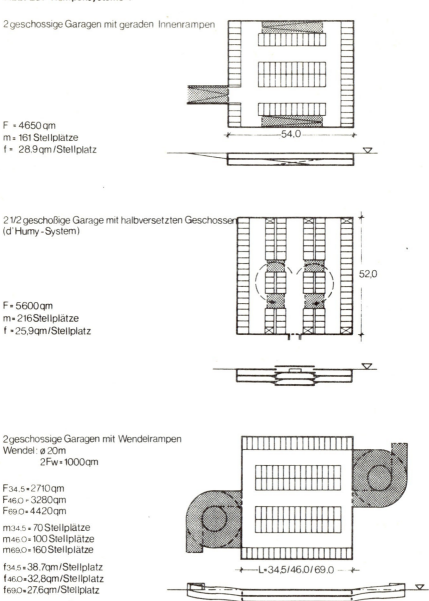

Zum Vergleich dient der spezifische Flächenverbrauch pro Stellplatz (f). Dazu muß einschränkend gesagt werden, daß alle Werte f keine exakten, absoluten Werte sind, sondern daß sie nur in ihrem Verhältnis untereinander stimmig sind, weil es sich hier lediglich um einen Schemavergleich handelt, der nicht näher auf die für eine ausreichende Manövriermöglichkeit eventuell erforderlichen Zusatzflächen eingeht.

Den Vergleich gibt Tab. 26 wieder.

Tab. 26: Vergleich von Tiefgaragen-(Rampen-)Systemen

Tiefgaragen-art/Rampenart	Stellplatzzahl	Garagenfläche F qm	spezifische Stellplatzfläche qm/Stellplatz	Vorteile	Nachteile	besonders geeignet für
1 1/2geschossige versetzte Garage mit 2 Innenrampen	180	4 200	23,3	flächensparsam	doppelte Rampenzufahrt außen	–
1 1/2geschossige versetzte Garage mit 2 Außenrampen	148	3 340	22,5	flächensparsam, geringe Rampenlänge	–	–
teilversenkte 2geschossige Garage mit 1 Außenrampe	142	3 300	23,2	flächensparsam, geringe Rampenlänge		geringe Gründungstiefe in schwerem Boden
gekrümmte Parkrampe	365	8 240	22,6	flächensparsam, keine Rampen, direkte Zufahrt zu den Stellplätzen	–	geringe Gründungstiefe bei hoher Bebauung und hoher Wohnungsdichte
2geschossige Garage mit geraden Innenrampen	161	4 650	28,9	–	lange Rampenfahrt, flächenaufwendig	–
2 1/2geschossige Garage mit halbversetzten Geschossen (D'Humy-System)	216	5 600	25,9	kaum Außenrampen	lange Rampenfahrt innen	
2geschossige Garage mit Wendelrampen	70 / 100 / 160	2 710 / 3 280 / 4 420	38,7 / 32,8 / 27,6	sehr flächenaufwendig	direkte Fußwege zu den Wohnungen kaum möglich	–

Wegen des sehr hohen spezifischen Flächenbedarfs scheiden die Systeme mit geraden Innenrampen und mit Wendelrampe hier als ungünstig aus.

Das D'Humy-System erscheint zwar auch für Tiefgaragen in Wohngebieten nicht ungünstig, ist jedoch aus fahrtechnischen Gründen kaum die optimale Lösung.

Interessant ist neben den Standardlösungen mit zum Teil halbversetzten Geschossen die gekrümmte Parkrampe, weil sie gleich mehrere Vorzüge aufweist: große Stellplatzzahlen bei beliebiger Verbreiterung (statt vierhüftig, sechs- und achthüftig); direkter Fahrweg zu den Stellplätzen (ohne Rampenfahrt und mit nur einmal um 90° gekrümmter Fahrstrecke); geringer Bodenaushub; spezielle Zufahrtsrampen erübrigen sich; geringer spezifischer Flächenverbrauch f. Mit ähnlichen Vorzügen ist auch die teilversenkte zweigeschossige „Tief"-Garage rentabel und fahrtechnisch günstig.

6.1.3 Systeme und Lage im Gelände

Die hier unter dem Begriff „Tiefgaragen" dargestellten Anlagen haben nicht alle die Eigenschaft, ausschließlich unter Oberkante-Terrain (OKT) zu liegen. Als Kriterien für den Charakter einer Tiefgarage werden hier vielmehr benutzt:
die Mehrfachnutzung der im Flächennutzungsplan ausgewiesenen Flächen;
die akustische Isolierung und räumliche Trennung vom Wohnbereich;
die Eigenschaft, daß sie wenigstens teilweise unter OKT liegen.
Sie unterscheiden sich hauptsächlich durch:
unterschiedliche Lage zur Geländeoberkante (teilweise oder ganz versenkt);
Mehrfachnutzung (der Frei-, Straßen-, Wohnflächen; vgl. Abb. 30);
Zahl der Geschosse;
Lage zu den Wohnhäusern (unter/neben/zwischen den Wohnhäusern).

6.1.3.1 Doppelnutzung der Freiflächen

Die Doppelnutzung der Freiflächen ist nach § 21a Abs. 5 der Novelle zur BauNVO ohne Anrechnung auf die Grundflächenzahl erlaubt. Unter diesen Typus fallen: Unterflurgarage neben den Wohnbaugrundflächen, Parkpaletten sowie mehrstöckige Parkhäuser (teilversenkt und geschlossen) als Baukern zwischen Wohnblocks.

Die Unterflurgarage neben den Wohnbaugrundflächen hat folgende Vorteile: relativ kurze Gehwege zu den Wohnungen, wenn die Tiefgaragen unmittelbar an die Wohnbebauung grenzen und unterirdisch an Treppenhaus oder Aufzug angeschlossen sind; Zugang im Trockenen.

Eine Weiterentwicklung dieses Typus ist die „Reichelsdorf-Lösung" (vgl. auch Abb. 31). Ihre besonderen Merkmale sind: die völlige Überdachung der Innenfläche der dichten, zusammenhängenden Wohnbauten; Überdachung der Straßenschleife, wobei durch die doppelstöckige Ausführung der Parkgeschosse bei Fortfall des Zwischengeschosses über der Straßenfläche die Durchfahrt hoher Lieferfahrzeuge ermöglicht wird; geringer Bodenaushub, weil die Überdachung eine neue Ebene schafft, von der aus erst die Wohnbebauung beginnt; Nutzung der oberen Geschoßfläche als Freifläche und für andere Funktionen (Kinderspielplatz u. dgl.);

Abb. 30: Systeme von Tiefgaragen und erforderliche Fußwege „e"

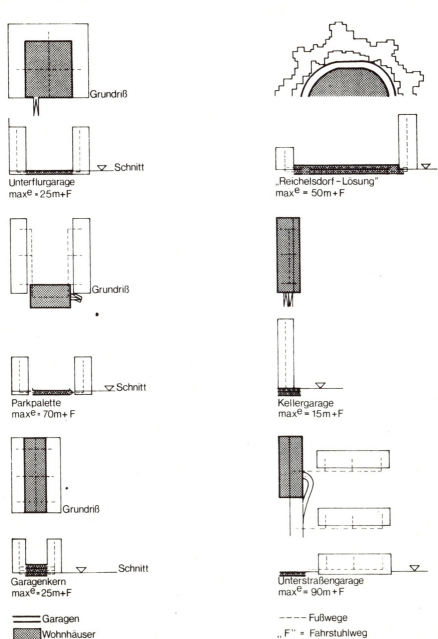

Abb. 31: „Reichelsdorf-Lösung"

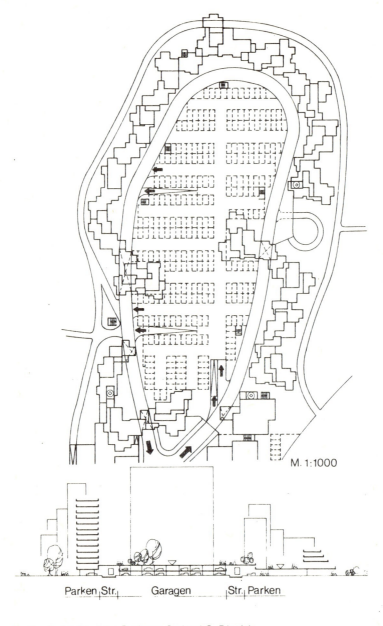

Quelle: Architekturbüro Professor Gerhard G. Dittrich

Ausbildung der zweigeschossigen Innenflächen als abschließbare Stellplatzhalle; Einrichtung von 48 Parkplätzen im oberen Geschoß außerhalb des Straßenringes für Kurzparker, Anlieger und Besucher, so daß der normale tägliche Verkehr ganz in die unteren Ebenen verbannt wird und doch jedes Ziel für Kurzparker und Lieferfahrzeuge direkt und durch kürzeste Fußwege zu erreichen ist; kurze Wege von den eigentlichen Stellplätzen zu den Aufzügen der Wohnhäuser (maximal 50 m).

Parkpaletten (vgl. Abb. 32 und 33) stellen keine eigentliche „Mehrfachnutzung der Freifläche" dar, weil sie einen Teil dieser Fläche für Stellplatzzwecke verbrauchen und nicht unter die Begünstigung der novellierten Baunutzungsverordnung fallen. Allerdings nutzen sie die verbrauchte Freifläche durch ihre Doppelstöckigkeit zweifach, bringen einen Teil des ruhenden Verkehrs schalldämmend halbversenkt unter OKT und haben den besonderen Vorteil, daß sie nur eine geringe Rampenabwicklung benötigen, weil für beide Geschosse jeweils nur die halbe Bauhöhe zu überwinden ist. Wenn das obere Geschoß ebenfalls überdacht wird, sind Paletten als doppelstöckige Garagen besonders wirtschaftlich, da sie halbversenkt geringere Erdbewegungen erfordern und kurze Rampen haben. Für 2 x 20 Stellplätze genügen 3,0 m Rampenbreite (laut Bauordnungen der Länder).

Allerdings ist die Standortfrage problematisch: Parkpaletten sollen einerseits nicht zu dicht bei den Wohnungen liegen, weil auf dem offenen Oberdeck Lärm erzeugt wird, andererseits sollen die Fußwege möglichst nicht zu lang werden, weil sie nicht überdacht und überdies zweifach gebrochen sind: Zunächst durch die Höhendifferenz Parkgeschoß — OKT (effektiv gering, aber psychologisch bedeutsam); man geht „zurück" hinunter, um nach ebenerdigem Fußweg abermals die Treppe (Fahrstuhl) hinaufzugehen.

Verlegt man die Parkpalette nicht ganz aus der Wohnzone, so kann man sie bei Zeilenbebauung z.B. vor der Kopfseite längs anordnen. Dann reicht sie aber wegen der notwendigen
Vorfläche zwischen Rampenzufahrt und Straße ($l_V \geq 5{,}0$ m), wegen der Palettenlänge ($l_P = 25{,}5$ m bei 2 x 20 Stellplätzen)
um $L = l_V + l_P + l_R = 45{,}5$ m in den Wohnbereich hinein (ab Fußwegkante gerechnet; vgl. Abb. 32).

In dieser Hinsicht ist die Queraufstellung günstiger, die nur um Palettenbreite (17,0 m) in den Wohnbereich hineinragt; sie macht aber gekrümmte Rampen notwendig und wirft verkehrstechnische Probleme auf.

So stehen sich bei dieser Garagenart Kostenersparnis auf der einen Seite, Lärmbelästigung und/oder lange Fußwege auf der anderen Seite gegenüber.

Auch das mehrstöckige Parkhaus (teilversenkt und geschlossen) als Baukern zwischen Wohnblöcken — der dritte hier behandelte Typ — erfüllt nicht die Bedingungen der Novelle zur BauNVO. Er ermöglicht jedoch teilweise die direkte horizontale Zuordnung von Stellplatz und Wohnung; er schafft durch seine Massierung auf geringer Fläche zudem die Möglichkeit für entsprechende Freiflächen auf der

Abb. 32: Grundrisse und Schnitte von zweigeschossigen Garagenhäusern (München-Fürstenried und Nürnberg)

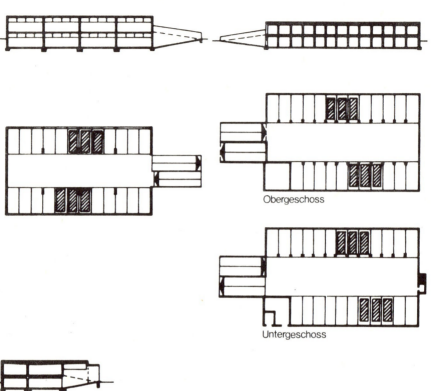

Obergeschoss

Untergeschoss

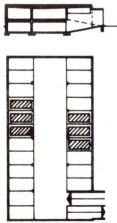

Abb. 33: Beispiele für die Gestaltung und Anordnung einer zweigeschossigen Mittelgaragenanlage

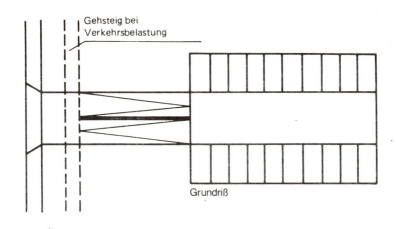

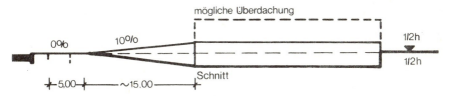

Quelle: Verkehrsplanung ..., Abb. 14 im Anhang

anderen Seite der Wohnblocks, kann schalltechnisch ausreichend hergestellt werden, ist besonders geeignet, wenn in den unteren angrenzenden Geschossen gewerbliche Nutzungen vorgesehen sind, und bietet auch noch eine Begehbarkeit und Nutzung seines Daches als Erholungsfläche (Dachgarten u.ä.). Der spezifische Flächenbedarf pro Stellplatz liegt wegen der Notwendigkeit besonderer Rampen allerdings etwas höher als bei den übrigen Systemen.

6.1.3.2 Doppelnutzung der Wohnflächen

Zumeist sind hierbei die Stellplatzfläche und die Wohnbaugrundfläche nicht deckungsgleich, weil schon eine zweihüftige Reihe von Stellplätzen mit 16 bis 17 m erheblich breiter ist als ein normales Wohngebäude. Dies gilt sowohl für Garagengeschosse unter der Wohnfläche als auch für zum Teil horizontale Zuordnungen im „Wohnhügel".

Garagengeschosse sind möglich als eingeschossiger Keller, teilversenkt, ebenerdig unter der Wohnfläche oder mehrgeschossig und teils unter, teils über OKT. Die übliche Ausführung als eingeschossige Unterkellerung erfordert wegen der größeren

Breite des Garagengeschosses einen „Breitfuß" für das Wohnhaus, dessen überstehende Flächen bei geneigtem Gelände unter Umständen als Wohnterrasse nutzbar sind.
Die Fläche dieses Stellplatzgeschosses braucht nach § 21 a Abs. 3 BauNVO nicht auf die zulässige GFZ angerechnet zu werden.

Auch eine Kombination von Doppelnutzung der Freifläche und der Wohnfläche ist möglich — dergestalt, daß der ganze Wohnbereich für Stellplätze „unterkellert" ist (ähnlich der „Reichelsdorf-Lösung", nur ganz unter OKT).

Besonders günstig ist die Zuordnung von Stellplätzen und Wohnungen, die sehr kurze Fußwege ermöglicht. Noch günstiger ist in dieser Hinsicht die direkte horizontale Zuordnung im Hügelhaus.

Die Wohnform „Hügelhaus" versucht, durch pyramidenartige Staffelung von Wohneinheiten die Vorzüge des Einfamilienhauses mit denen des Geschoßhauses, d.h. mit optimaler Bodennutzung, zu vereinen. Der sich dabei ergebende innere Raum bildet einen treppenartig abgestuften, mehrgeschossigen Garagenkern, um den sich die ebenfalls treppenartig angeordneten Wohnungen gruppieren.
Vom Aspekt des Wohnens her ist das Hügelhaus ohne Zweifel eine interessante Lösung (Besonnung, Terrassen, direkte Zuordnung der Stellplätze und anderes mehr), vom Aspekt der Rentabilität der Stellplätze her dürfte es allerdings ungünstig sein, weil sich wegen der treppenförmigen Abstufung nicht immer optimal nutzbare Stellplatzflächen ergeben, weil die Mehrgeschossigkeit besondere Aufwendungen für Rampen oder ein in Längsrichtung geneigtes Gelände verlangt und weil wegen der direkten Angrenzung an den Wohnbereich besondere Maßnahmen zur Schalldämmung unumgänglich sind.

6.1.3.3 Doppelnutzung der öffentlichen Verkehrsfläche - Unterstraßengaragen

Diese Unterbringungsform ergibt sich aus der Notwendigkeit, zur Errichtung von Tiefgaragen den eventuell vorhandenen Baumbestand roden zu müssen (der nachträglich wieder aufgebrachte Erdboden läßt sich nur begrenzt wieder bepflanzen), und aus der Tatsache, daß zweihüftige Stellplatzreihen und die gängigen Straßenprofile (einschließlich Fußwege) etwa gleich breit sind.
Der Stellplatzbedarf kann für ein ganzes Wohngebiet (bei verschiedenen GFZ und Stellplatzziffern) abgedeckt werden. In extremen Fällen (bei besonders geringem Verkehrsflächenanteil und besonders hoher Wohndichte) werden allenfalls nur noch wenig zusätzliche Stellplätze anderer Art erforderlich.

Unterstraßengaragen weisen folgende Vorteile auf:
Herstellung in kostensparender Fertigbauweise.
Zufahrtsmöglichkeiten direkt von der Straße aus; zusätzliche Zufahrtsstraßen zu den Wohnhäusern und Stellplätze entfallen.
Große Grünflächen mit ursprünglichem Baumbestand können erhalten bleiben.
Beheizung der Garagen ermöglicht Schnee- und Eisfreiheit der Straßen im Winter (Winterdienst wird eingespart, die Sicherheit erhöht); der Unterbau der Straßen (Frostschutzschicht) entfällt.

Aus allen diesen Vorteilen ergibt sich eine Kostenersparnis von 1000 DM/Stellplatz gegenüber normalen Tiefgaragen.
Nachteile und Schwierigkeiten bei Unterstraßengaragen sind:
Die Fußwegentfernungen zu den Wohnungen sind im allgemeinen länger als bei Tiefgaragen.
Die Unterstraßengaragen müssen vor Beginn der Bauarbeiten an den eigentlichen Wohnbauten in befahrbarem Rohbau fertig sein; es ergibt sich die Notwendigkeit der Zwischenfinanzierung.
Wegen der höheren Verkehrslasten muß die Tragkonstruktion unter Umständen stärker ausgebildet werden.
Die Entwässerungskanäle müssen entweder beidseitig der Unterstraßengaragen oder in größerer Tiefe unterhalb der Garagensohle geführt werden, weil Querungen der Straße nicht in der gewohnten Tiefenlage möglich sind.

Schließlich soll noch ein Beispiel für Unterstraßengaragen (Rheinhausen/Uhlandstraße) dargestellt werden: Zwei Stichstraßen mit relativ hoher Bebauungsdichte (GFZ = 0,75) werden in ganzer Länge (210 m) unterkellert. Unter den Straßen befinden sich zweihüftige Garagenzeilen mit einer Gesamtbreite von 16 m. Die einzelnen Stellplätze sind schräg unter einem Winkel von 45° zur Fahrgasse angeordnet und als Boxen mit Drahtgeflechtwänden und -toren ausgebildet. Die Fahrgasse ist nur in einer Richtung befahrbar, so daß alle Stellplatzbenutzer oberirdisch die gesamte Länge der Stichstraße passieren müssen, um zu der Einfahrt an der Wendeschleife zu gelangen. Die Straße ist für Kraftfahrzeuge bis zu zwölf Tonnen befahrbar. Konstruktive Probleme gab es bei der Abführung des Oberflächenwassers; Leitungsrohre unter der Garagendecke beeinträchtigen den Lichtraum. Schwierigkeiten bereitete auch die rechtliche Situation der Straße. Nach langen Verhandlungen mit der Gemeinde konnte die private Straße schließlich durch Vertrag dem öffentlichen Verkehr gewidmet werden. Wegen der unübersehbaren Implikationen des damals neuartigen Garagenbauwerks wurde jedoch eine Klausel zur jährlichen Kündigung in den Vertrag aufgenommen. Die Zahl der Garagenplätze entspricht nur einer Stellplatzziffer von 1:3 Wohneinheiten, so daß 1970 selbst die zweimal 60 oberirdischen Stellplätze an der Straße bereits völlig belegt waren. Offenbar erfüllen Unterstraßengaragen die geforderten Stellplatzzahlen nicht, sofern sie nur auf Stichstraßen bei geringem Verkehrsflächenanteil beschränkt sind.

6.1.3.4 Sonderformen

Über die genannten Garagenformen hinausgehende Sonderformen (Parksilos, Parkbauten mit mechanischen Aufzugsvorrichtungen, Dachparkplätze) sind im Rahmen dieser Arbeit uninteressant. Kostengründe und Kompliziertheit des Parkvorgangs lassen sie lediglich für Citygebiete diskutabel erscheinen. Sie werden hier nur der Vollständigkeit halber aufgeführt.

6.2 Zuordnung der Tiefgaragen

Die Möglichkeit einer direkten Zuordnung mit kurzen Fußwegen und unter Vermeidung der störenden Nebenwirkungen von PKW-Stellplätzen ist ein wesentlicher Vorteil von Tiefgaragen. Dabei interessieren die Lage zu den Wohnungen, die Verbindung zwischen Wohnung und Stellplatz und die Lage im Straßennetz.

6.2.1 Lage zu den Wohnungen

Am direktesten ist die horizontale Zuordnung, wie sie im Wohnhügel, im Terrassenhaus und im Stellplatzkern zwischen Wohnblocks zum Teil möglich wird. Mit einer vertikalen Brechung, aber geringen Fußweglängen sind auch die Kellergarage im Breitfuß unter Wohnblocks, die Unterflurgarage zwischen Wohnblocks und die „Reichelsdorf-Lösung" sehr günstig. Wegen der Länge der horizontalen Wege und der doppelten Brechung der Fußwege sind die Unterstraßengarage und die Parkpalette ungünstiger. Letztere hat außerdem dazu den Nachteil, daß sich eine akustische und optische Beeinträchtigung des Wohngebietes nicht vermeiden läßt.

6.2.2 Die Verbindung zwischen Wohnung und Stellplatz

Wohnung und Stellplatz können wie folgt miteinander verbunden sein:
direkt horizontal, „im Trockenen" von der Tiefgarage zum Treppenhaus oder Aufzug mit einer vertikalen Brechung des Weges;
unter zweimaliger Brechung des Weges und zum Teil im Ungeschützten.

Die Länge des Fußweges — nicht nur effektiv in Metern oder nach dem Zeitaufwand gemessen, sondern auch nach dem optischen Eindruck — ist wichtig für die Ausnutzbarkeit des PKW als Flächenverkehrsmittel und damit für die Annahme der Tiefgarage schlechthin. Eine doppelte vertikale Brechung des Fußweges etwa dergestalt, daß man von einer höheren Parkebene erst wieder heruntersteigen muß auf OKT, dann ein Stück auf der Ebene geht, dort eventuell noch einen mehrfach gebrochenen Fußweg hat (um Hauskanten und am Hauseingang) und danach wieder eine Treppe nach oben steigen muß, verlängert den psychologischen Eindruck von der Fußweglänge und ist zu vermeiden.

Bei der Tiefgarage in Nürnberg-Ziegelstein mit direkter Zuordnung zum Treppenhaus wurde der in Tab. 27 wiedergegebene Zeitaufwand zwischen Stellplatz und Wohnung ermittelt.

Tab. 27: Zeitaufwand Tiefgaragenstellplatz - Wohnung

Tätigkeitsablauf	minimal	maximal
	Sekunden	
1. Tor öffnen	15	15
2. Fahrt zum Stellplatz (20 bis 200 m) und Einparken	10	75
3. Aussteigen, Wagenabschließen	10	20
4. Weg bis Fahrstuhl	10	25
5. Warten und Fahrzeit (bei Fahrstuhl)	20	70
6. Gang bis zur Wohnungstür	5	15
Insgesamt	70	220

Quelle: Messung durch SIN 1969; Meßreihe mit fünf Einzelmessungen; normale Witterung; Oktober

Tab. 28 und 29 geben die Vergleichszeiten bei offenen Stellplätzen in 10, 100 und 300 m Fußwegentfernung wieder.

Tab. 28: Zeitaufwand offener Stellplatz - Wohnung [1]

Tätigkeitsablauf	minimal	maximal
	Sekunden	
1. Fahrt zum Stellplatz	10	75
2. Aussteigen, Wagen schließen	10	20
3. Öffnen des Garagentors	(100)	(100) [2]
4. Weg bis zur Haustür	(10)	(300) [2]
5. Treppensteigen	10	70
Insgesamt	30	165

[1] Toröffnen und Gang zur Wohnung entfallen; hinzu kommt die Zeit für das Treppensteigen. Fußwegzeiten berechnet mit $v = 1$ m/sec.
[2] Wird erst in Tab. 29 in Rechnung gestellt.

Tab. 29: Zeitaufwand Stellplatz — Wohnung mit unterschiedlichen Fußweglängen

Abstellentfernung	offener Stellplatz		mit Garagentor	
	minimal	maximal	minimal	maximal
	Sekunden			
direkt vor der Haustür	40	175	140	275
100 m Fußweglänge	140	275	240	375
300 m Fußweglänge	340	475	440	575

Tab. 30 gibt das Ergebnis des Zeitvergleichs wieder.

Tab. 30: Vergleich des mittleren Zeitaufwandes (zwischen Minima und Maxima)

Abstellart	Zeitaufwand Sekunden
Tiefgarage mit direktem Zugang zum Treppenhaus	145
Offener Stellplatz	
direkt vor der Haustür	107
100 m entfernt	207
300 m entfernt	407
Einzelgarage	
direkt vor der Haustür	207
100 m entfernt	307
200 m entfernt	507

Nach dieser Berechnung von minimaler, maximaler und mittlerer Fußwegzeit kann nur ein offener Stellplatz in weniger als 40 m Entfernung mit der direkt zugeordneten Tiefgarage konkurrieren. Der Weg-Zeit-Vorteil der direkt zugeordneten Tiefgarage wird dadurch deutlich.

6.2.3 Lage zum Straßennetz und Netzgestaltung bei der Anlage von Tiefgaragen

Der Zeitbedarf für die Fahrstrecke fällt objektiv weniger ins Gewicht. Allerdings gibt es ein bestimmtes Fahrverhalten, das fahrtechnische Schwierigkeiten in Kauf nimmt, um die kürzesten Verbindungen zu wählen und mit dem PKW so nah wie möglich an das Verkehrsziel heranzukommen. Tiefgaragen bieten hierzu eine hervorragende Chance.

Sie erübrigen oberirdische Wohnstraßen; lediglich knapp dimensionierte Zulieferstraßen und Feuerwehrwege werden benötigt. Voll ausgebildete Stichstraßen mit ihren fahrtechnischen Nachteilen können entfallen. Auf die Möglichkeit, „Stichstraßen" unterirdisch mit parallelgeschalteten Zufahrten zu Tiefgaragen zu verbinden, wurde bereits hingewiesen (vgl. 2.4). Die Notwendigkeit von Stichstraßen zur Erschließung tieferer Wohnbereiche entfällt durch die Anlage von Tiefgaragen. Das ist ein ganz wesentlicher Vorteil, der nicht nur größere Wohnruhe mit guter Verkehrserschließung verbindet, sondern sich auch noch kostensparend beim Verkehrsflächenerwerb und auf den Straßenbau auswirkt.

6.3 Bautechnische Belange

6.3.1 Deckenlasten

Nach DIN 1055, Blatt 2 und 3, sind für die Decken Eigengewicht, eventuell Erd- oder Belagauflasten, Schnee- oder Verkehrslasten in Rechnung zu stellen (vgl. Tab. 31).

Tab. 31: Deckenlasten

Lastart	kg/qm
Eigengewicht einer Stahlbetonplatte je cm Plattenstärke: 24 kg/qm. Bei 20 cm Deckenstärke (mit Unterzügen)	500
Erdauflast: Gartenerde oder Mutterboden erdfeucht: 1700 kg/cbm Sand und Kies erdfeucht: 1800 kg/cbm Bei 35 cm Auflastschichtstärke	600
Schnee (75 kg/qm) oder (im ungünstigeren Falle) „Verkehrslast Fußgänger"	200
Insgesamt	ca. 1300

Wenn bei mehrgeschossigen Anlagen statt der Erdabdeckung die Verkehrslast durch PKW in Frage kommt, müssen 350 kg/qm in Rechnung gestellt werden, es sei denn eine detaillierte Untersuchung mit dem Regelfahrzeug ergibt ungünstigere Werte. Im allgemeinen wird die Belastung einer befahrbaren, nicht abgedeckten Decke etwas geringer sein als die zuvor berechnete.

In den Geschoßgaragen Nürnberg-Reichelsdorf wurden (bei Plattenbalken mit einer Stützweite unter 10 m und einem Abstand der Balken voneinander von 5,40 m) Deckenstärken von 17 cm und 3 cm Estrichauflage ausgeführt. Die Höhe der Plattenbalken betrug im oberen, erdabgedeckten Geschoß bei 40 cm Erdauflast 0,54 m und im unteren Geschoß (Decke befahren) 0,42 m.

6.3.2 Tragkonstruktion

Von grundsätzlicher Bedeutung ist die Frage, ob die Decke innerhalb des Stellplatzraumes abgestützt oder über eine größere Fläche gespannt werden soll. Vorteile der stützenlosen Halle sind:
die besondere Manövrierfreiheit oder (alternativ dazu)
eine geringe Flächeneinsparung;
die Möglichkeit einer späteren Nutzungsänderung der Garagenfläche;
unter Verlust einiger Stellplätze Anpassung an unter Umständen größer gewordene PKW-Typen (neue Markierungen der Stellplätze).

Ihr Nachteil sind größere Deckenstärken oder teurere Konstruktionsformen und damit höhere Baukosten. Weil die Herstellungskosten von Tiefgaragen im wesentlichen mit der erforderlichen Baumasse wachsen, wobei die Flächenersparnis nur geringfügige Variation erlaubt, kommt es hierbei besonders auf eine möglichst knappe Bauhöhe an. Bei ausgeführten Beispielen (vgl. Tab. 22) macht die Differenz (Bauhöhe: 2,38 bis 4,00 m) 43 % aus. Die Bauhöhe ist bei konstanter lichter Höhe von der Stützenstellung und Konstruktionsform, somit also von der erforderlichen Gesamtstärke von Decke plus Unterzug, abhängig.

Die nachteilige Wirkung von Stützen im Parkraum ist jedoch gering. Stützen brauchen nicht zwischen jedem, sondern erst zwischen je zwei oder drei Parkständen stehen. Allerdings ist wegen einer Reduzierung der Unterzugsstärke und damit der Bauhöhe die engere Stellung vorzuziehen, weil sich bei 3/2facher Stützweite die auftretenden Biegemomente mehr als verdoppeln. Die dadurch erforderliche, zusätzliche Bauhöhe kann durch den kleinen Gewinn an Fläche kaum kompensiert werden. Die Stützen können vom Fahrgassenrand etwas zurückgesetzt werden. Stehen sie rund 3,50 bis 4,00 m vom hinteren Stellplatzrand entfernt, so stören sie den Einparkvorgang kaum noch, erlauben ein ungehindertes Öffnen der Wagentüren und reduzieren an dieser Stelle das Biegemoment des Deckenbalkens erheblich, wenn man das überstehende Ende (rund 3,75 m) als Kragarm ausbildet (vgl. Abb. 34). Die drei genannten Vorteile lassen sich noch verstärken, wenn die Stützen schräg ausgeführt werden, d.h., wenn sie mit ihrem Fuß zum hinteren Ende des Stellplatzes zulaufen. Dadurch läßt sich eine Anpassung der Tragkonstruktion an die Stützlinie erreichen; die auftretenden Biegemomente werden weiter verringert; man kann durch eine Variation der Deckenspannweiten den Momentenverlauf optimieren und den Manövrierraum erweitern. Allerdings ist die schräge Konstruktion mit mehr Bauaufwand verbunden.

Zur stützenfreien Deckenausbildung eignen sich Rahmenkonstruktionen oder vorgespannte Deckenplatten, die unter Umständen jedoch größere Konstruktionshöhen erreichen können.
Als mögliche Deckenformen bieten sich an: Stahlbetonplatten, Stahlbeton-Plattenbalken, Stahlbeton-Rippendecken, Stahlbeton-Pilzdecken, Spannbeton-Decken, Stahlbeton-Kassettendecken, Faltwerke, Verbund-Decken, Stahlleichtträger-Decken. Plattenbalken-Decken (in Ortbeton) werden heute am häufigsten ausgeführt. Stahlbeton-Rippendecken eignen sich besonders als Fertigteilkonstruktion. Es ist verwunderlich, daß bei der Erstellung von größeren Garagenbauten mit ihrer großen Zahl von gleichbleibenden Elementen von den Vorzügen der Fertigteilkonstruktion noch so verschwindend wenig Gebrauch gemacht wird. Ausnahmen: z.B. Frankfurt-Nordweststadt, Pforzheim-Althaidach, Schwäbisch-Gmünd als Beispiele. Stahlbeton-Pilzdecken müßten auf ihre (wirtschaftliche) Verwendbarkeit für den Bau von Tiefgaragen untersucht werden. Sie erscheinen ebenfalls als sehr geeignet, weil sich bei ihnen durch Fortfall der Unterzüge die Bauhöhe erheblich (20 bis 30 cm, d.h. um rund 10 %) verringern läßt. Schwierigkeiten bietet ihre konstruktive Ausführung. Spannbeton-Fertigteildecken könnten für größere Spannweiten (nur für diese) wirtschaftlich sein. Stahldecken sind wegen ihrer raschen Gefährdung durch Hitze- und Feuereinwirkung weniger empfehlenswert, wenn nicht gar ausgeschlossen. Bei der Votivparkgarage in Wien wurde die obere Decke als Faltwerk ausgebildet; sie ist mit mindestens 0,80 cm Mutterboden abgedeckt, in den Falten aber tiefer (2,40 m) mit Mutterboden ausgelegt, so daß die Fläche über die-

Abb. 34: Tragsysteme von zweihüftigen Tiefgaragen

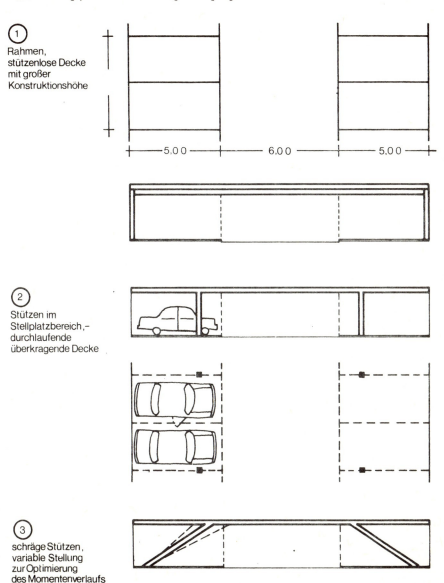

① Rahmen, stützenlose Decke mit großer Konstruktionshöhe

② Stützen im Stellplatzbereich,- durchlaufende überkragende Decke

③ schräge Stützen, variable Stellung zur Optimierung des Momentenverlaufs

sen Stellen auch mit Bäumen bepflanzt werden konnte. Eine andere Möglichkeit, die Bepflanzbarkeit mit tiefwurzligen Bäumen zu erreichen, ist die Ausführung einer „umgekehrten" Kassettendecke. Diese hat allerdings den Nachteil, daß sie statisch ungünstiger ist, weil die Platte dann im Zugbereich liegt und die Rippen im Druckbereich liegen. Dies läuft den Eigenschaften des Betons zuwider.

Sollen die einzelnen Stellplätze aus besitzrechtlichen Gründen und zur Verbesserung der Vermietbarkeit von Tiefgaragen in Boxen unterteilt werden, so erhöht sich der spezifische Flächenbedarf pro Stellplatz, weil sich die Flächen für den Sicherheitsabstand zwischen den einzelnen PKW nicht mehr überlappen und die Wandstärken hinzukommen. Die Unterteilungen können als nichttragende Wände aus Gips, Gas- oder Porenbeton, Wellblech, Asbestzement oder gespanntem Maschendraht (vgl. Hannover - Auf der Horst) ausgeführt werden.

Die Decken unter und über den Stellplätzen müssen feuerbeständig sein. Dieser Bestimmung entsprechen Stahlbetonbauteile mit $\geqslant$ 4 cm Überdeckung der Bewehrungseisen oder mit feuerbeständigem Material ummantelte Stahlteile. Letzteres bedeutet einen Zusatzaufwand, der aus Kostengründen eine Ausbildung der Decke aus Stahl im allgemeinen verhindert.

6.3.3 Bauphysikalische Erfordernisse

6.3.3.1 Lüftung und Heizung

Bei Anlagen mit natürlicher Belüftung muß eine ständig wirksame Querlüftung gewährleistet sein. Dies können Öffnungen in Deckennähe und dicht über dem Fußboden in entsprechender Dimensionierung (600 qcm je Parkstand) besorgen.

Allerdings ist die Beschränkung auf natürliche Querlüftung nur bei teilversenkten Garagenbauten oder bei einer entsprechenden Geländeprofilierung möglich, d.h., die Oberkante des Geländes muß stellenweise unter der Unterkante der Tiefgaragendecke liegen, so daß Lüftungsöffnungen in der Wand möglich sind. Benzindämpfe — vor allem das gefährliche Kohlenmonoxyd — sind schwerer als Luft. Daher müssen vollkommen unterirdische Garagenanlagen mit mechanischen Lüftungseinrichtungen versehen sein (Absaugung oder Zu- und Abluft). Vorgeschrieben ist ein mindestens 56maliger Luftwechsel pro Stunde oder 12 cbm Zu- und Abluft pro Stunde und qm Nutzfläche. Um etwaigen Störungen vorzubeugen, sollen zwei voneinander unabhängig arbeitende Lüftungsanlagen so gekoppelt sein, daß bei Ausfall der einen die zweite in Betrieb tritt. In Spitzenzeiten des Verkehrs können dann beide gleichzeitig eingeschaltet werden. In großen Anlagen sind besondere CO-Meßgeräte zweckmäßig, die bei Überschreiten eines bestimmten Schwellwertes Zusatzlüftungen in Betrieb setzen.

Heizungen sind bei der heute erreichten Kraftfahrzeugtechnik im allgemeinen nicht erforderlich. Lediglich zur Beheizung von steilen Außenrampen mag in speziellen Fällen eine Energieanlage in Frage kommen.

6.3.3.2 Beleuchtung

Unterirdische Garagenanlagen müssen ganz allgemein künstlich beleuchtet werden, insbesondere die Gehwege, Stauräume, Flächen vor Treppen, Aufzügen und Einfahrten. In unterirdischen und mehrgeschossigen Garagenanlagen werden für die Beleuchtung des Parkbaus und die Rückzugswege zwei getrennte Stromkreise erforderlich.

6.3.3.3 Brandschutz

Alle tragenden Konstruktionsteile von unterirdischen Garagenanlagen müssen „feuerbeständig" ausgeführt werden. Nach der Bayerischen Bauordnung z.b. müssen Großgaragen durch feuerbeständige Wände in Brandzonen von höchstens 1500 qm oder, bei vorhandenen selbsttätigen Feuerlöschanlagen, in Brandabschnitte bis 3000 qm Nutzfläche unterteilt werden.

Unterirdische Anlagen müssen bei mehrgeschossiger Ausführung selbsttätige Feuerlösch- und -meldeeinrichtungen haben. Zur Ausführung gelangen meistens Sprinkleranlagen (über die Garage verteilte Sprühdüsen) mit Meldung der Auslösung an die nächste Feuerwache. Eine andere Möglichkeit stellen die sog. Regenwände dar, mit denen besonders große Räume im Notfall unterteilt werden können.

Zur Grundausrüstung der Brandbekämpfung gehören nach den jeweiligen örtlichen Bestimmungen:
in allen Treppenräumen mindestens 75 mm starke Steigleitungen, die ständig unter Wasserdruck stehen und frostgeschützt ausgebildet werden; dazu Schlauchvorräte und ähnliches mehr;
innerhalb der Geschosse Handfeuerlöscher, und zwar bis zu 20 PKW zwei, darüber hinaus für je 20 PKW ein weiterer Handfeuerlöscher, mindestens aber zwei je Geschoß;
für größere Anlagen fahrbare Löschgeräte.

Die zusätzlichen Aufwendungen für Brandwände und Brandtore können bei kleinen Anlagen mit bis zu rund 65 Stellplätzen vermieden werden.

6.3.3.4 Entwässerung

Das eingeschleppte Wasser (auch Schneeschmelzwasser) muß abgeführt werden. Die anfallenden Wassermengen sind jedoch gering, so daß eine Oberflächenentwässerung genügt. Gewöhnlich werden einfache Rinnen längs der Fahrgassen ausgeführt. Zur Zuführung des Wassers erhalten die Stellflächen ein Quer- bzw. Längsgefälle von 1 bis 1,5 %. Bei Rampen genügt eine 0,3 %ige Querneigung. Interessant ist die gemeinsame Benützung einer 600-mm-Leitung als Abwasserkanal und Abluftleitung in Rheinhausen.

Wo eine Verunreinigung des Wassers durch Öl und Benzin möglich ist, müssen den Überleitungen in das öffentliche Kanalnetz Benzinabscheider und Schlammfänger vorgeschaltet werden.

7. Kosten von Tiefgaragen

Die städtebaulich-gestalterischen Vorzüge der Tiefgaragen wurden in Kap. 5 geschildert. Dennoch sind in neuen Wohngebieten erst relativ wenige Tiefgaragen für die Unterbringung des ruhenden Verkehrs gebaut worden (vgl. auch Kap. 3). Immer wieder waren es im wesentlichen Kostenargumente, die dagegen vorgebracht wurden. Unsicherheiten vor allem in der Kostenkalkulation, aber auch in der Zuordnung zogen dann auch wirklich einige schlechte Einzelerfahrungen nach sich. Fazit: Der Bau von Tiefgaragen sei teurer als der Bau von ebenerdigen Reihengaragen. Besonders empfindlich schlägt es sich in der Kostenrechnung nieder, wenn die Tiefgaragen als größere Sammelanlagen zumindest in der Anfangszeit einen hohen Mietausfall verzeichnen (weitere Gründe hierfür: vgl. Kap. 2 und 3).

Nun ist der Bau von Tiefgaragen in Innenstadtgebieten — dort meist mehrgeschossig — in der Tat außerordentlich teuer (vgl. Tab. 32). Die hohen Kosten entstehen hierbei durch den Schnitt bestehender Versorgungsnetze und dadurch erforderliche Umbauarbeiten, durch besondere Unterfangungsmaßnahmen an Hochbauten, besondere Aufwendungen für die Isolierung gegen Grundwasser, tiefen und unter Umständen schwierigen Bodenaushub sowie durch kompliziertere Lüftung und Entwässerung. Die Kosten für verschiedene Parkbauten in Innenstädten in Abhängigkeit vom Grundstückspreis sind in Tab. 32 dargestellt.

Tab. 32: Gesamtkosten je Einstellplatz in DM

Art der Unterbringung	Bodenwert bzw. Grundstückspreis DM/qm			
	500	1 000	1 500	2 000
Straßenrand (Längsaufstellung)	7 400	13 900	20 400	26 900
Straßenrand (Schrägaufstellung)	10 000	19 000	28 000	37 000
Parkplatz zu ebener Erde	13 000	23 000	34 000	45 000
Parkhaus-Hoch (4 Geschosse)	9 400	12 700	16 100	19 500
Parkhaus-Hoch (5 Geschosse)	8 600	11 200	13 800	16 400
Parkhaus-Tief (4 Geschosse)	15 400	18 700	22 100	25 500
Parkhaus-Tief (5 Geschosse)	14 600	17 200	19 800	22 400

Quelle: Pieper, F.: Grundlagen für die Planung von Fußgängerbereichen und Parkbauten in Innenstädten. In: Straßennetze in Städten. Essen 1967. S. 53 (= „Haus der Technik. Vortragsveröffentlichungen", hrsg. v. Professor Dr.-Ing. habil. K. Giesen, H. 109)

Dabei bleiben die Kosten für mehrgeschossige Tiefgaragen auch bei hohen Grundstückspreisen noch über denen von vergleichbaren Parkhochhäusern; mit den hier unterstellten Baukosten werden sie schon bei Grundstückspreisen von 600 bis

700 DM/qm billiger als Parkplätze zu ebener Erde. Tiefgaragen sind jedoch in dichten Kerngebieten mit hohen Investitionskosten verbunden. Bei hohen Grundstückspreisen in Verdichtungsgebieten ist die Amortisation nur durch starke Frequentation möglich, d.h. durch eine Parkanlage, deren Mieteinnahmen höher sind als bei einer festen Vermietung mit Dauerstellplätzen.

Von ganz anderen Voraussetzungen kann die Planung in weniger verdichteten Wohngebieten ausgehen, die auf unerschlossenem Gelände neu geplant werden. Dort werden weniger Parkplätze als feste Einstellplätze benötigt; die Erstellung von Tiefgaragen ist auch wesentlich billiger als in Kerngebieten. Dafür gibt es folgende Gründe:

Die Neuplanung ganzer Wohngebiete auf der „grünen Wiese" bringt im allgemeinen beim Bodenaushub keinen Eingriff in vorhandene Versorgungsanlagen mit sich.

Es entstehen geringere Herstellungskosten, weil eingeschossige Anlagen im allgemeinen ausreichen und somit nur selten Schwierigkeiten bei der Grundwasserhaltung auftauchen. Der Vorteil, geringere Grundstückskosten zu verursachen, bleibt bei eingeschossigen wie bei mehrgeschossigen Tiefgaragen erhalten.

Aber auch gegenüber Tiefgaragen in reinen Wohngebieten gibt es noch Vorbehalte hinsichtlich der wirtschaftlich vertretbaren Kostenhöhe. Es herrscht allgemein Unsicherheit bei der Kostenberechnung. Meist liegen nur eindimensionale Kostenvergleiche vor. Mit einer komplexeren Berechnungsweise der Kosten gelangt man, wie im folgenden bewiesen werden soll, zu davon stark abweichenden Aussagen. Wenn die Art der Unterbringung des ruhenden Verkehrs einen Einfluß auf die Gesamtaufwendungen für die Erschließung hat — wie zunächst unterstellt und dann belegt werden soll —, muß der Kostenvergleich unterschiedlicher Garagensysteme nicht nur die Grundstückskosten, sondern auch die Erschließungskosten einbeziehen.

7.1 Implikationen der Wirtschaftlichkeit bei Tiefgaragen

Eine bauliche Anlage ist dann wirtschaftlich, wenn die Summe der Bau- und Betriebskosten einschließlich Unterhaltungskosten zu einem Minimum wird. Diese im Bauwesen häufig verwendete Definition berücksichtigt weder den Zeitfaktor (Diskontierung der Kosten und Einnahmen) noch die Implikationen der Kostenseite, noch die Differenzierung in volkswirtschaftliche und betriebswirtschaftliche Aspekte. Neben der Feststellung, daß der Faktor „Bodenpreis" beim Vergleich von ebenerdigen Garagen und Tiefgaragen berücksichtigt werden muß, handelt es sich um weitere Problemkreise, die man bei einem treffenden Kostenvergleich beachten muß.

In diesem Kapitel wird der Einfachheit halber der Begriff „Wirtschaftlichkeit" bzw. „wirtschaftlich" verwendet, obwohl man — streng genommen — begrifflich stärker differenzieren müßte.

Bei der Diskussion der „Wirtschaftlichkeit" von Tiefgaragen in Wohngebieten geringerer Verdichtung geht es um die Zentralfrage dieser Arbeit: Wie verhalten sich die Kosten von Tiefgaragen im Vergleich mit den Kosten anderer Arten der Unterbringung des ruhenden Verkehrs?

Als Antwort auf diese Frage sind Aussagen zu erwarten, die angeben, wie sich die Kosten von Tiefgaragen im Vergleich mit den Kosten anderer Arten der Unterbringung des ruhenden Verkehrs verhalten.

Daraus geht hervor, daß die folgenden Ausführungen eigentlich die Rentabilität von Tiefgaragen nachzuweisen suchen.

Verdeckt wird dieser Aspekt in der Regel vor allem dadurch, daß Stellplätze und Garagen — von Sonderfällen wie den gewerblich betriebenen Parkhäusern abgesehen — keine baulichen Anlagen sind, die für sich allein betrachtet rentabel sein müssen, solange die Wohnungsmieten ausreichende Gewinne sichern. Trotz des Hinweises auf die volks- und gemeinwirtschaftliche Bedeutung von Tiefgaragen wird sich jedoch jeder nüchtern rechnende Bauherr nur dann für sie entscheiden, wenn sie sich bei einer Investitionsrechnung als günstigste Möglichkeit erweisen. Gegenüber diesem privatwirtschaftlichen Denken spielen volkswirtschaftliche Gesichtspunkte in der Praxis meist keine Rolle.

Einer exakten Investitionsrechnung stehen freilich, wie die folgenden Ausführungen zum Teil näher erläutern, vor allem vier Schwierigkeiten entgegen:
die noch großen Unterschiede bei den reinen Baukosten und damit eine unsichere Kalkulationsgrundlage;
die rechnerisch genaue Berücksichtigung der Ersparnisse an Bauland und Erschliessungskosten;
die in der Praxis meist noch gegebene Unsicherheit über die Mieteinnahmen (sofern die Vollbelegung nicht irgendwie von vornherein gesichert ist);
die Auswirkungen auf den Wohnwert eines Baugebiets, der sich in schwer zu beziffernder Höhe in den Wohnungsmieten bzw. Kaufpreisen niederschlägt.

Anders als etwa bei einem Industriebetrieb sind also Fragen der Wirtschaftlichkeit im engeren Sinne und der Rentabilität sowie weitere, rechnerisch kaum erfaßbare Faktoren eng miteinander verknüpft, so daß es vertretbar erscheint, im folgenden einfach von „Wirtschaftlichkeit" zu sprechen.

Eine weitere Schwierigkeit liegt darin, daß einige Baukostenangaben über die untersuchten Tiefgaragen nicht mit genauem Bezug auf das Herstellungsjahr zu erhalten waren, so daß sich die ungenau indizierten Werte nur mit mehr oder weniger großen Fehlern auf ein Bezugsdatum umrechnen ließen. Eine Umrechnung der Kosten auf der Basis von Einheitspreisen für einzelne Bauleistungen erwies sich hier als zu aufwendig bzw. unmöglich, weil die Einzeldaten der Beispiele nicht greifbar waren. Es ist zu vermuten, daß die Herstellungskosten für Tiefgaragen nicht dem allgemeinen Baupreisanstieg folgten, weil mit zunehmender Erfahrung im Bau von Tiefgaragen anfänglich hoch kalkulierte Risiken abgebaut werden konnten. Die Preise sind somit als grobe Anhaltswerte für die sechziger Jahre zu betrachten.

Um diesen Schwierigkeiten auszuweichen, wurde im folgenden die „Wirtschaftlichkeit" des öfteren nicht am Maßstab von Preisen gemessen, sondern an „Aufwandsgrößen" (wie auch schon mit Hilfe des „Flächenbedarfs" in Kap. 6). Dies führte ferner zu einem allgemeinen Modell zum Vergleich des komplexen Aufwandes für Erschließung von Garagen bei unterschiedlicher Garagenart in Wohngebieten (vgl. 7.5).

7.1.1 Volkswirtschaftliche und betriebswirtschaftliche Belange

Die für den Bauträger betriebswirtschaftlich „billige" Erstellung eines Wohnbereichs kann volkswirtschaftlich kostspielig sein, und zwar dann,
wenn der Bau von billigen ebenerdigen Garagen oder offenen Stellplätzen ein teueres Erschließungsnetz nach sich zieht (das über den hohen Mietpreis durch Umlegung der Erschließungskosten von den Bewohnern und/oder der Kommune getragen werden muß),
wenn die Stellplätze billigst, aber so geplant werden, daß sie von den Bewohnern nicht angenommen werden (Mindereinnahmen durch Mietausfall, den der Bauträger über höhere Mieten auf die Mieter abwälzt),
wenn Wohngebiete mit offenen Stellplätzen und/oder ebenerdigen Garagen nur mit einer geringen Dichte herzustellen sind, so daß sie durch öffentliche Verkehrsmittel kaum wirtschaftlich erschlossen werden können (was dann meist über öffentliche Subventionen von allen Steuerpflichtigen bezahlt werden muß),
wenn heute nach dem Prinzip der Kostenminimierung für die Gegenwart gebaut wird; letzteres führt später bei höheren Ansprüchen an den Wohnwert vorzeitig zur Sanierungsbedürftigkeit und relativ geringer Rendite; es entstehen dann Kosten, die aus höheren Mieten wegen des geringen Wohnwertes nicht mehr aufgebracht werden; wiederum muß über staatliche Subventionen die aktuelle „Billigkeit" zu einem späteren Zeitpunkt von allen Steuerpflichtigen teuer bezahlt werden.

Eine zum Zeitpunkt der Erstellung für den Bauträger „billige" Lösung kann also volkswirtschaftlich sofort und in ihren Folgelasten kostspieliger sein als eine „teurere" Anlage.
Hierbei sei noch auf den sozialen Aspekt hingewiesen, daß bei der Minimierung der Garagenkosten für die PKW-Besitzer bei einer eindimensionalen Kostenrechnung Folgekosten entstehen können, die nicht nur absolut den Kostenvorteil billiger Garagen aufheben, sondern auf alle abgewälzt werden, und zwar auch auf diejenigen Personen, die nicht Nutznießer der Anlagen für den ruhenden Verkehr sind.

7.1.2 Die Einnahmenseite der Kostenrechnung

Das Maß für die Rentabilität einer Anlage ist das Verhältnis von Einnahmen zu den Ausgaben. Dabei kann sich ein Mietausfall infolge schematisch angewandter Richtzahlen oder infolge schlechter Annahme der erstellten Tiefgaragenplätze durch die Bevölkerung (z.B. wegen unzulänglicher Zuordnung und reichlich vorhandener Ausweichmöglichkeiten auf öffentliche Verkehrsflächen) empfindlich auf die Rendite auswirken, weil die hohen Kapitalinvestitionen eine hohe Zinslast mit sich bringen, die — ob Einnahmen oder nicht — abgetragen werden muß. Zusatzanleihen zur Finanzierung des Mietausfalls können die Anlage erheblich verteuern. In diesem Zusammenhang wird auch noch einmal der Aspekt „Wohnwert" relevant: Eine auch zukünftigen Bedürfnissen entsprechende Anlage hat einen nachhaltigen Dauermietwert zur Folge und sorgt somit für eine befriedigende Rendite der Anlagevermögen.

7.1.3 Bodenpreis — heute oder morgen?

Der Kostenvergleich zwischen ebenerdigen Garagen oder offenen Stellplätzen mit hohem spezifischen Flächenbedarf und Tiefgaragen ist in einem ersten Ansatz von der Höhe der Grundstückspreise abhängig. Dabei sind zum Zeitpunkt der Erstellung und der Finanzierung die dann geforderten Bodenpreise relevant. Unter dem Aspekt einer flexiblen Planung, die auch nach der Fertigstellung eines Wohngebietes noch flächenrelevante bauliche Veränderungen zuläßt (eventuelle Ergänzungsbauten zur Erhöhung einer planerisch vorher nicht genau faßbaren Funktionalität eines Gebietes oder bei sich verändernden Bedürfnissen), muß die Frage aufgeworfen werden, ob man unbesehen die aktuellen Bodenpreise einsetzen darf.

Die Preise (als Knappheitsmesser) freigehaltener Reserveflächen dürften zu einem späteren Zeitpunkt aber wesentlich höher liegen als vor der Erschließung eines Baugebietes. Weil der Zeitpunkt, die Art und das Ausmaß späterer Bau- und Investitionstätigkeit und der Wohn- und Funktionswert eines Gebiets schwer abgeschätzt werden können, lassen sich keine genauen Zahlen voraussagen. Aber der Blick auf die hohen Kosten, die Teilveränderung und Sanierung bestehender Gebiete verursachen, läßt es sinnvoll erscheinen, unter volkswirtschaftlichen und langfristigen finanzplanerischen Gesichtspunkten die aktuellen Bodenpreise mit einem Aufschlag in Rechnung zu stellen.

7.1.4 Garagenkosten als Teil des Gesamterschließungsaufwandes

Unter dem Aspekt einer möglichen Verdichtung durch die Planung von Tiefgaragen müssen auch die Erschließungskosten in den Kostenvergleich der verschiedenen Garagenarten einbezogen werden. Dabei verursacht nicht nur eine geringere Gesamtlänge der Versorgungsleitungen und der Erschließungsstraßen (d.h. weniger anteilige Fahrverkehrsflächen) geringere Herstellungskosten, sondern auch deren Unterhaltung. Der Betrieb öffentlicher Nahverkehrsmittel wird bei höherer Verdichtung ebenfalls wirtschaftlicher. Erstere sind Kosten, die sehr wohl in die Kalkulation der Bauträger eingehen, letztere sind volkswirtschaftliche Kostenfaktoren, die für den Träger der Verkehrsbetriebe und dadurch direkt oder indirekt für die Gemeinde von Bedeutung sind.

Diese vier Probleme beim Kostenvergleich unterschiedlicher Garagensysteme werden in Abb. 35 in ihrem Zusammenhang und insbesondere hinsichtlich ihrer Auswirkungen auf die Garagenkosten dargestellt. Dabei wurden die einzelnen Faktoren nach folgenden Kriterien unterschieden:

volkswirtschaftliche/betriebswirtschaftliche Kosten,
Einnahmen/Ausgaben,
Kosten heute/Kosten später (bis zur Zeit der Sanierungsreife),
Die Auswirkungen einzelner Kosten auf andere sind durch Pfeile dargestellt.

Abb. 35: Interdependenzen der von der Entscheidung über die Art der Unterbringung des ruhenden Verkehrs betroffenen Kosten (schematische Darstellung)

	Volkswirtschaftlich relevante Kosten	Betriebswirtschaftliche Faktoren für den Bauträger	
		Ausgabenseite	Einnahmenseite

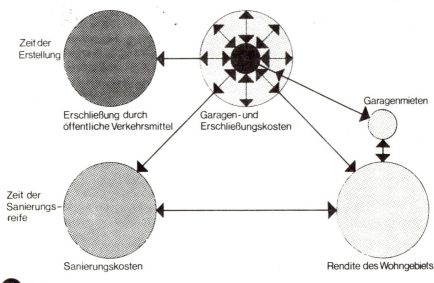

Abb. 36 demonstriert in Form einer schematischen Darstellung den Fall, daß die Herstellungskosten für Tiefgaragen zwar höher sind als die für ebenerdige Garagen, daß aber Baugebiete mit Tiefgaragen unter Einschluß der Erschließungskosten insgesamt wirtschaftlicher sind. Dieser wichtige Sachverhalt wird in Abschnitt 7.5 belegt und erörtert.

Abb. 36: Gesamtkosten [1] für Erschließung und ruhenden Verkehr bei ebenerdigen und Tiefgaragen (schematische Darstellung)

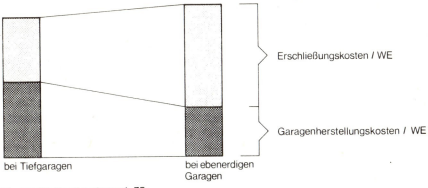

1) quantitative Angaben vgl. 75

7.2 Baukosten ausgeführter Garagenanlagen

Tab. 33 gibt die Baukosten pro qm und pro Stellplatz für offene Stellplätze, verschiedene ebenerdige Reihengaragen, Parkpaletten und mehrgeschossige Garagenhäuser wieder.

Die Baukosten für Reihengaragen sind bis auf eine Ausnahme (Nürnberg-Ziegelstein) in etwa gleich, nämlich **164 bis 179 DM/qm**. Die Kosten pro Garagenplatz streuen dagegen weit, nämlich von **2 720 bis 4 715 DM** je Stellplatz. Zu berücksichtigen ist, daß unterschiedliche Preisindizes (Mitte der sechziger Jahre) zugrunde liegen.

Parkpalette und mehrgeschossige Garagenhäuser kosten von **3 000 bis 3 450 DM** je Stellplatz.
Im Falle Amberg-St. Sebastian wurde für das geplante zweigeschossige Garagenhaus eine Vergleichskalkulation für den Fall offener Stellplätze und den Fall geschlossener Stellplatzboxen vorgenommen. Unter Berechnung des Flächenmehrverbrauchs für die Boxen ergab sich eine Verteuerung um 1 100 DM je Stellplatz (= 36 %).

Tab. 33: Baukosten [1] für Stellplätze und verschiedene Garagen

Art	Ort	Baukosten DM/qm	Baukosten DM/Stellplatz
Offener Stellplatz	Köln-Neue Stadt	25,–	460 [2]
Offener Stellplatz	Berlin-Zehlendorf	32,–	600 [2]
Zeilengarage	Nürnberg-Zollhaus	170,–	3 870
Reihenfertigteilgarage	Nürnberg-Neuselsbrunn	179,–	3 332
Sammelfertigteilgarage	Nürnberg-Wissmann-Str.	170,50	4 715
Sammelgarage	Nürnberg-Ziegelstein	256,60	4 640
Sammelgarage	Nürnberg-Zollhaus	164,–	2 720
Sammelgarage	Nürnberg-Zollhaus	169,–	3 000
Sammelgarage	Nürnberg-Zollhaus	167,–	2 920
Fertiggarage	Langen-Oberlinden	–	3 200
Gemauerte Garage	Langen-Oberlinden	–	4 500
Parkpalette	Hamburg-Bergedorf	158,–	3 450
Zweigeschossiges Garagenhaus	Amberg-St. Sebastian		
offen		201,–	3 060
Stellplatzboxen		238,–	4 150
Dreigeschossiges Garagenhaus	Wolfsburg-Detmerode	–	3 000

1) „Baukosten" im Sinne von Absatz 2.0, DIN 276 (ohne Kosten des Baugrundstücks)
2) im Mittel

Für verschiedene Tiefgaragen wurden in Tab. 34 die Kosten und weitere Daten zusammengetragen. Danach betrugen die Baukosten für Tiefgaragen 4 000 bis 8 380 DM je Stellplatz. Die weiteren Daten sind wegen ihrer geringen statistischen Masse und unterschiedlichen Ausführungsart und Berechnung wenig aussagekräftig für einen Kostenvergleich. So wurde der Mehraufwand für abgeschlossene Boxen im Falle der Tiefgarage in Stuttgart-Wallensteinstraße I offenbar durch andere Faktoren ausgeglichen, so daß der noch günstige Betrag von 5 025 DM je Stellplatz erzielt werden konnte. Die andere Tiefgarage von etwa gleicher Größe ohne Boxen an derselben Straße hatte einen größeren spezifischen Flächenverbrauch (+ 12 %) und zusätzlich künstliche Lüftung und kostete nur 125 DM je Stellplatz mehr. Zudem sind die örtlich unterschiedlichen Baukosten und die unterschiedlichen Preisindizes Unsicherheitsfaktoren, die eine Korrelation der Herstellungspreise mit einzelnen Baudaten bei dem vorliegenden Datenmaterial als wenig sinnvoll erscheinen lassen.

Tab. 34: Daten ausgeführter Tiefgaragen

	Sindel-fingen-Eichholz	Sindel-fingen-Eschenried	Hannover- Auf der Horst	Stuttgart-Wallensteinstr.II	Stuttgart-Wallensteinstr.I	Stuttgart-Suttnerstr.	Düsseldorf-Garath SW
Zahl der Stellplätze (abs.)	150	60	140	112	101	36	66
Flächenbedarf (qm/Stellplatz)	24,7	28,3	26,6	26,3	23,5	29,0	21,8
Raumbedarf (cbm/Stellplatz)	71,0	73,0	88,0	—	—	—	70,0
Grundstückskosten (DM/qm)	30,00	20,00	13,50	50,00	50,00	—	80,00
reine Baukosten [1] (DM/Stellplatz)	2 750	2 750	5 500	3 900	4 000	4 500	3 500
Baukosten [2] (DM/Stellplatz)	4 000	4 000	7 850	5 150	5 025	5 000	—
Baukosten (DM/qm)	—	142	295	196	223	172	—
Baukosten (DM/cbm)	—	56,00	89,00	—	—	—	—
Miete (DM/Monat)	25,00	25,00	30,00	30,00	40,00	35,00	35,00
abgeteilte Boxen	ja	ja	nein	nein	ja	—	nein
künstliche Belüftung	nein	—	ja	ja	nein	nein	ja
Höhe der Fußbodenoberkante (m)	— 0,15 bis + 1,00	— 0,15 bis + 1,00	— 1,25	— 1,30	— 1,55	— 0,20 bis — 0,50	— 2,20
Erdabdeckung (m)	0,50	0,50	0,60	0,60	0,55	1,00	0,40

	Köln-Neue Stadt	Frankfurt-Nordweststadt I	Frankfurt-Nordweststadt II	Hamburg-Heegpark	Hamburg-Wachtelstr.	Braunschweig-Lechstr.	Nürnberg-Reichelsdorf [3]
Zahl der Stellplätze (abs.)	48	70	40	26	27	20	528
Flächenbedarf (qm/Stellplatz)	23,1	24,0	25,0	17,5	24,2	28,7	26,7
Raumbedarf (cbm/Stellplatz)	61,0	68,0	68,3	42,0	69,0	72,0	67,5
Grundstückskosten (DM/qm)	85,00	10,00	—	30,00	100,00	—	63,00
reine Baukosten [1] (DM/Stellplatz)	3 875	7 500	7 500	5 000	7 300	4 500	3 031
Baukosten [2] (DM/Stellplatz)	4 225	7 800	7 800	5 000	7 800	—	4 145
Baukosten (DM/qm)	184	325	312	286	322	—	162
Baukosten (DM/cbm)	70,00	115,00	114,00	—	113,00	—	—

Tab. 34: Daten ausgeführter Tiefgaragen (Fortsetzung)

	Köln-Neue Stadt	Frankfurt-Nordweststadt I	Frankfurt-Nordweststadt II	Hamburg-Heegpark	Hamburg-Wachtelstr.	Braunschweig-Lechstr.	Nürnberg-Reichelsdorf [3]
Miete (DM/Monat)	35,00	38,00	38,00	42,50	45,00	30,00	35,00
abgeteilte Boxen	nein	nein	nein	nein	nein	nein	nein
künstliche Belüftung	nein	ja	ja	nein	ja	nein	nein
Höhe der Fußbodenoberkante (m)	− 2,90	− 3,00	− 3,00	− 2,00	− 3,50	− 1,30	± 0,00
Erdabdeckung (m)	0,35	0,65	0,65	0,40	0,50	Pflaster	0,40

	Nürnberg-Ziegelstein N	Nürnberg-Ziegelstein S	Pforzheim-Althaidach	Schwäbisch-Gmünd	Heidenheim-Mittelrain	Wertheim-Wartberg
Zahl der Stellplätze (abs.)	135	232	56	100	32	28
Flächenbedarf (qm/Stellplatz)	30,5	28,6	26,5	25,8	30,8	24,4
Raumbedarf (cbm/Stellplatz)	82,0	77,8	66,3	68,5	85,5	69,0
Grundstückskosten (DM/qm)	—	—	—	—	—	—
reine Baukosten [1] (DM/Stellplatz)	7 150	5 780	3 445	4 977	5 823	5 161
Baukosten [2] (DM/Stellplatz)	8 380 [4]	6 700 [4]	4 159	5 868	6 255	—
Baukosten (DM/qm)	274 [4]	234 [4]	157	227	203	—
Baukosten (DM/cbm)	102,00 [4]	86,00 [4]	62,80	85,80	73,30	—
Miete (DM/Monat)	35,00	35,00	—	—	—	—
abgeteilte Boxen	nein	nein	ja	ja	ja	nein
künstliche Belüftung	ja	ja	nein	nein	nein	nein
Höhe der Fußbodenoberkante (m)	− 2,70	− 2,70	− 2,85	− 3,06	− 3,05	− 3,20
Erdabdeckung (m)	0,40	0,40	0,45	0,40	0,50	0,50

1) „Reine Baukosten" gemäß DIN 276, Abs. 2.1
2) „Baukosten" gemäß DIN 276, Abs. 2.0
3) zweigeschossige Stellplatzebenen
4) Herstellungskosten; Gesamtkosten ohne Erschließung, ohne Grundstück

Quellen: für Sindelfingen, Hannover, Stuttgart, Düsseldorf, Köln, Frankfurt (Main), Hamburg, Braunschweig: Stadtplanungsamt Hannover (Hrsg.): Bericht über eine Umfrage bei deutschen Städten über Erfahrungen mit dem Bau von Tiefgaragen speziell in Wohngebieten. Hannover 1966 (im folgenden: Bericht . . .); für Nürnberg: Angaben des Architekturbüros Professor Gerhard G. Dittrich; für Pforzheim, Schwäbisch-Gmünd, Heidenheim, Wertheim: Institut für Arbeits- und Baubetriebswirtschaft (Hrsg.): Vergleichende Kostenuntersuchung für Tiefgaragen, Leonberg 1969 (im folgenden: Kostenuntersuchung ...)

Folgerungen aus Tab. 34:
Die Baukosten für Tiefgaragen streuen erheblich. Hierfür können als Hauptgründe aufgeführt werden: mangelnde Erfahrung in der wirtschaftlichen Herstellung von Tiefgaragen; unterschiedlicher Flächen- und Raumbedarf (unterschiedliche lichte Höhe und Bauhöhen); unterschiedliche Ausstattung (größere Garagen erfordern Mehraufwand zur Brandbekämpfung und Lüftung); unterschiedliche Tiefe der Baugrube und örtliche Baubedingungen; verschiedenartige Fertigungsweisen; Unterschiede im lokalen Baupreisniveau (auch Bezugsjahr); Verkehrslage der Baustelle und die Zahl der Garagenanlagen in der Ausschreibung (Einzelausschreibung einer Garage ergibt höhere Kosten).

Die Quadratmeterpreise streuen ebenfalls stark zwischen 142 und 325 DM/qm.
Das gilt auch für die Raummeterpreise (56 bis 119 DM/cbm); das Objekt Hamburg Heegbarg mit dem maximalen Raummeterpreis von 119 DM ist dennoch wegen seines extrem niedrigen Raumbedarfs von 42 cbm je Stellplatz billig in der Gesamtherstellung (5 000 DM je Stellplatz); es darf jedoch bezweifelt werden, daß der dabei erzielte Flächenverbrauch von 17,5 qm je Stellplatz noch genügend Manövrierfreiheit gewährt.
Im allgemeinen scheinen auch die Tiefgaragen billiger zu sein, deren Fußbodenoberkante nur wenig unter OKT liegt. Dies hat vor allem bei schwierigem Baugrund Einfluß auf die Gesamtkosten.
Die Monatsmieten liegen zwischen 25 und 42,50 DM je Stellplatz. Der häufigste Mietpreis beträgt 35 DM je Stellplatz. Bei einem Mietpreis von 35 DM im Monat sowie einem Abschlag von 30 % für Verwaltung und Unterhaltung und einem Zinsfuß von 7 % beläuft sich der Ertragswert für einen Garagenplatz (volle Vermietung vorausgesetzt) auf

$$E = \frac{35 \text{ DM/Monat} \times 12 \text{ Monate} \times 100 \times 0{,}70}{7} = 4\,200 \text{ DM}$$ [1]. Demnach müßten

für die verwendeten Daten die Herstellungskosten (einschließlich Grundstückskosten) für einen Garagenplatz unter 4 200 DM kommen, um im rentablen Bereich zu liegen. In Abschnitt 7.5 wird gezeigt, daß die Garagenkosten im Zusammenhang mit der Gesamtrentabilität eines Wohngebietes gesehen werden müssen.

In einem Balkendiagramm (Abb. 37) sind die Baukosten der zuvor tabellarisch erfaßten Garagen dargestellt.

---

[1] Es wird in diesem Zusammenhang darauf verwiesen, daß die hier angewandte Formel keine Unterscheidung zwischen Boden und Gebäude macht, die Nutzungsdauer des Objektes unberücksichtigt läßt und auch einen entsprechenden Habenzinssatz. Dennoch liegt der errechnete Ertragswert größenordnungsmäßig in einer Höhe, die eine Aussage über die Rentabilität von Tiefgaragen zulässig erscheinen läßt. Für exaktere Berechnungen sei auf die einschlägige Literatur verwiesen, z.B.: Rössler, R./Langner J.: Schätzung und Ermittlung von Grundstückswerten. Eine umfassende Darstellung der Rechtsgrundlagen und praktischen Möglichkeiten einer zeitgemäßen Wertermittlung. 2., neu bearb. u. erw. Aufl. Neuwied, Berlin 1960; Ross, F.W./Brachmann, R.: Ermittlung des Bauwertes von Gebäuden und des Verkehrswertes von Grundstücken. 21., neu bearb. u. erw. Aufl. Hannover-Kirchrode 1971.

Abb. 37: Herstellungskosten (Baukosten ohne Grundstückskosten) verschiedener, ausgeführter Garagen und Tiefgaragen

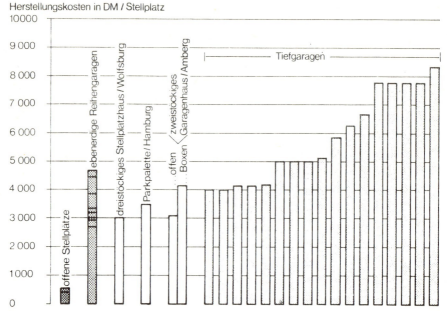

1 Baukosten, ohne Grundstückskosten

Abb. 37 zeigt, daß Tiefgaragen in der Herstellung im allgemeinen teurer als ebenerdige Garagen, Parkpaletten und mehrgeschossige Garagenhäuser sind, wenngleich einige Tiefgaragen (Sindelfingen-Eichholz, Sindelfingen-Eschenried, Köln-Neue Stadt, Pforzheim-Althaidach und Nürnberg-Reichelsdorf) billiger waren als manche ebenerdigen Garagen. Sehr günstig lagen auch die Sonderformen „Parkpalette" und „mehrgeschossiges Garagenhaus". Für ebenerdige Garagen (2 720 bis 4 715 DM je Garage) wird im folgenden mit 3 000 bis 4 800 DM je Garage gerechnet. Bedenkt man, daß in der Vergangenheit einige Tiefgaragen wohl deshalb mit besonders hohen Baukosten verbunden waren, weil noch wenig Erfahrungen mit dem notwendigen Flächen- und Raumbedarf vorlagen, so ist es wohl gerechtfertigt, heute niedrigere Baukosten in Rechnung zu stellen.

Die Arbeiten des Bauhauptgewerbes verursachen bei oberirdischen Garagen (vgl. Tab. 35) wie bei Tiefgaragen (vgl. Tab. 36 mit 38) weitaus die höchsten Kosten (insbesondere Stahlbetonarbeiten). Bei den Tiefgaragen kommen noch die Kosten für Aushub, besondere Gründungen, Außenanlagen und Isolierarbeiten hinzu.

Tab. 35: Kostenanteile von ebenerdigen Garagen

Bauvorhaben	Gewerk	Anteile in %
13 Garagen der Parkwohnanlage Nürnberg-Zollhaus [1] Gesamtbaukosten: DM 3 634 je Garage	Erd-, Maurer-, Beton-, Putzarbeiten Zimmererarbeiten Dacheindeckung Garagentore Schlosserarbeiten Maler	68,30 9,40 8,40 8,40 2,10 3,40
Hannover - Auf der Horst [2] Gesamtbaukosten (1969) DM 3 550 je Garage	Fundamente und Bodenaushub Fertiggarage Hofanteil Zufahrt und Außengestaltung	8,45 80,30 8,45 2,80
Doppelstöckiges Garagenhaus in Amberg [3] Gesamtbaukosten: DM 4 150 je Garage	Bauarbeiten Dachdeckerarbeiten Schlosserarbeiten Malerarbeiten, Lüftung, Installation Rampe Nebenkosten	65,40 6,40 9,80 9,20 0,80 8,40

1) Angaben des Architekturbüros Professor Gerhard G. Dittrich
2) Institut für Bauforschung e.V. (Hrsg.): Demonstrativ-Maßnahme des Bundesministeriums für Städtebau und Wohnungswesen. Interkommunale Zusammenarbeit bei der Durchführung der Demonstrativ-Maßnahme HANNOVER, GARBSEN „Auf der Horst". Hannover 1971.
3) Institut für Bauforschung e.V. (Hrsg.): Rationalisierung des herkömmlichen Bauens am Beispiel der Demonstrativbauten Amberg-St. Sebastian. In: Bauforschung international, 1969, H.2

Tab. 36: Kostenanteile bei Tiefgaragen

Kosten	Kaiserslautern-Betzenberg	Nürnberg-Reichelsdorf
Reine Baukosten	78,5	73,2
Außenanlagen	11,8	8,1
Nebenkosten	6,9	9,6
Besondere Kosten	2,8	9,0
Geräte	0,0	0,1
Gesamtherstellungskosten pro Garagenplatz in DM	5 780	4 145

Quelle: Angaben des Architekturbüros Professor Gerhard G. Dittrich

Tab. 37: Zusammenstellung der Kosten der Gebäude (reine Baukosten) Köln-Neue Stadt, Baubezirk 1.3 - Tiefgarage TG 17

	DM	DM/m Stellplatz	DM/cbm umb. Raum	%
Erdarbeiten	12 076,—	251,58	4,59	6,6
Abwasserkanalarbeiten (einschließlich Grundarbeiten)	1 441,—	30,02	0,55	0,8
Beton- und Stahlbetonarbeiten (Rampe)	134 385,—	2 799,69	51,11	73,1
Klempnerarbeiten	153,56	3,20	0,06	0,1
Anstricharbeiten	2 572,—	53,58	0,98	1,0
Gas-, Wasser- und Abwasserinstallation	7 500,—	156,25	2,85	4,1
Elektro-Installationsarbeiten	5 621,63	117,12	2,14	3,0
Asphalt-, Dichtungs-, Isolierarbeiten	5 374,—	111,96	2,04	2,9
Schmiede- u. Schlosserarbeiten	6 990,30	145,63	2,66	3,8
Glasstahlbeton	1 579,95	32,92	0,60	0,9
Rolltor	4 764,—	99,25	1,81	2,6
Sandstrahlarbeiten	802,50	16,72	0,31	0,4
Sonstiges	552,30	11,50	0,21	0,3
reine Baukosten	183 812,24	3 829,42	69,91	100,0

Quelle: Bericht ..., Anlage VII

In Köln-Neue Stadt (vgl. Tab. 37) wurden für die Erdarbeiten bei einer Gründungstiefe von — 2,90 m unter OKT nur 6,6 % der Gesamtkosten ausgegeben, in Frankfurt-Nordweststadt hingegen 22 %. Das bedeutet bei einem mittleren Gesamtpreis von 5 500 DM je Stellplatz immerhin einen Kostenunterschied von 15,4 % ≙ 850 DM je Stellplatz und zeigt die Abhängigkeit der Gesamtkosten für Tiefgaragen von den Boden- und Geländeverhältnissen sowie sonstigen örtlichen Besonderheiten.

Für Erdaushub und den Hauptkostenanteil, die Stahlbetonarbeiten, kommt es hinsichtlich einer kostengünstigen Bauausführung auf die Fläche je Stellplatz, die lichte Höhe und die Bauhöhe an, die ihrerseits wieder von der lichten Höhe und dem gewählten Konstruktionssystem abhängt (vgl. Kap. 6).

Tab. 38: Einzelarbeitskosten für vier Tiefgaragen

Einzelarbeiten	Pforzheim-Althaidach	Schwäbisch-Gmünd	Heidenheim-Mittelrain	Wertheim-Wartberg
		DM/Stellplatz		
Baugrube, Fundamente, Kanalgräben ausheben, Arbeitsraum verfüllen	243	254	302	242
Fundamente herstellen	88	221	96	219
Abfuhr des nicht benötigten Materials	–	–	270	–
Bodenplatte herstellen, einschließlich Schotterschicht	226	410	554	291
Estrich auf der Betonplatte	–	–	–	288
Umfassungswände und rückwärtiger Treppenaufgang	204	172	407	479
Massivplattendecke (und Unterzüge) herstellen	687	870	829	699
Bewehrungsarbeiten	621	603	449	825
Fertigteilstützen	59	67	–	49
Boxentore	300	300	300	76
Zwischenwände	121	250	352	–
Abdeckung mit Kies, Erdboden und Rasen	143	181	111	246
Decken und Außenwände isolieren	255	683	303	635
Insgesamt	2 947	4 011	3 973	4 049

Quelle: Kostenuntersuchung . . . , S. 31 - 39

Weil die Kostenaufteilung in der BRD immer noch unterschiedlich vorgenommen wird (DIN 270/nach Gewerken/nach beteiligten Gewerbearten), sollen hier auch mehrere Arten des Kostensplits wiedergegeben werden (vgl. Tab. 35 mit 38). Eine aussagekräftige Kostenanalyse wird jedoch erst unter Ausschaltung der Marktfaktoren möglich, wenn man auf der Grundlage von Einheitspreisen die Kosten der Einzelbauleistungen umrechnet und so zu einem aufwandsnahen Kostenvergleich [1] kommt (vgl. Abb. 38).

Die Aufstellung zeigt die Bedeutung der einzelnen Kostenpositionen, ihre Differenzen bei den verschiedenen Beispielen und damit Ansätze, wo sich eine Einsparung vornehmlich auf die Gesamtkostn auswirken würde. Sie belegt auch die Vermutung, daß die Einsparung durch den Verzicht auf Einzelboxen infolge konstruktiver Zusatzmaßnahmen wieder aufgehoben wird.

Abb. 38: **Kostenaufteilung je Stellplatz für Tiefgaragen auf verschiedenen Baustellen**

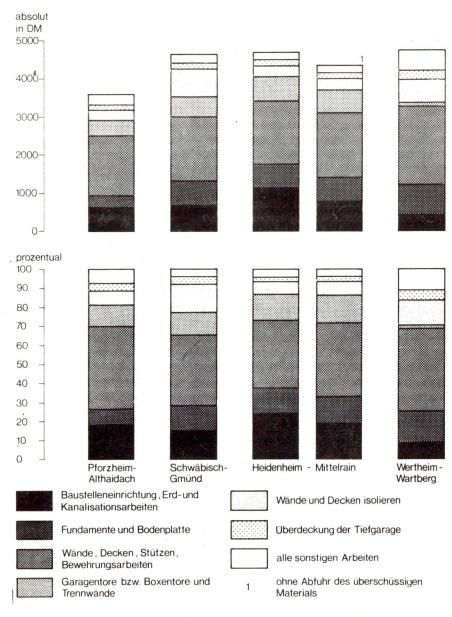

Quelle: Kostenuntersuchung..., S. 42 f.

Im einzelnen liegen die Aufwendungen für Garagentore und Zwischenwände bei rund 345 bis 575 DM je Stellplatz; offene Ausbildung der Stellplätze zieht aber Mehraufwendungen in der Konstruktion (rund 340 bis 480 DM je Stellplatz) für Lüftungsschächte (wegen im allgemeinen geschlossener Gesamtanlage) oder Ventilatoren und unter Umständen für tragende Umfassungswände nach sich (vgl. Tab. 38).

7.3 Garagenkosten unter Berücksichtigung der Grundstückskosten

7.3.1 Entwicklung der Baupreise und Grundstückskosten

Nach § 21 a Abs. 4 der BauNVO (1968) (vgl. 1.2) braucht die Fläche von unterirdischen Garagengeschossen nicht auf die zulässige Geschoßflächenzahl angerechnet zu werden. Das bedeutet: Eine größere Bebauungsdichte kann erzielt werden; man spart zudem mit Tiefgaragen Grundstücksfläche (Grundstückskosten) [1]. Dieser Sachverhalt muß beim Kostenvergleich von offenen Stellplätzen, ebenerdigen Garagen und Tiefgaragen berücksichtigt werden; er wird gerade bei hohen Bodenpreisen besonders bedeutungsvoll.

Abb. 39 zeigt die mittleren Baulandpreise in der Bundesrepublik (1969) nach verschiedenen Ortsgrößen geordnet: Die Preise steigen mit zunehmender Ortsgröße. Besonders deutlich ist der Sprung von rund 46 auf 96 DM/qm in Stadtgebieten mit 50 000 bis 500 000 bzw. 500 000 und mehr Einwohnern. Das bedeutet: Entsprechend einer höheren Verdichtung von Wohngebieten in der Nähe größerer Städte werden nach diesem Kriterium Tiefgaragen besonders für größere Städte wirtschaftlich interessant.

Die dargestellten Baulandpreise sind Mittelwerte. In einzelnen Städten mit größerer Flächenknappheit werden zum Teil erheblich höhere Preise gefordert. In Stuttgart z.B. hatten die Preise für baureifes Land 1969 eine durchschnittliche Höhe von 187, in München von 274 und in Frankfurt von 108 DM/qm erreicht [2].

---

[1] Auf die zulässige Erhöhung von GFZ durch die unterirdische Unterbringung des ruhenden Verkehrs wird in Abschnitt 7.6 eingegangen.

[2] Statistisches Bundesamt (Hrsg.): Statistisches Jahrbuch für die Bundesrepublik Deutschland 1971. Stuttgart, Mainz 1971. S. 438 (im folgenden: Statistisches Jahrbuch 1971 ...)

Abb. 39: Preise für baureifes Land in der BRD 1969 nach Gemeindegrößenklassen

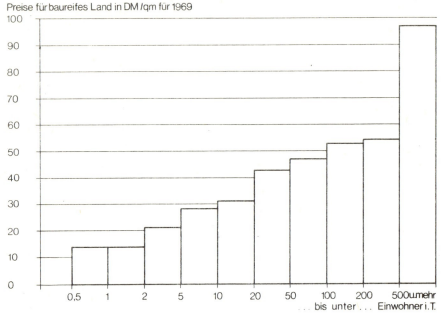

Quelle: Statistisches Jahrbuch 1971 ..., S. 438

Abb. 40 stellt die Entwicklung der Baulandpreise und Baukosten (1962 = 100) vergleichend dar. Danach sind die Baulandpreise von 1962 bis 1969 ungefähr viermal so schnell gestiegen wie die Baukosten. Hierin drückt sich auch der grundsätzliche Unterschied der Preisbildung für Grundstücksflächen und Bauprodukte aus. Boden ist ein Gut, das nur in einem absolut begrenzten Umfang vorhanden ist. Hier regelt also eine absolute Knappheit die Preisbildung, während die Kapazität der Bauproduktion bei steigender Nachfrage gesteigert werden kann. Die zunehmende Bedeutung der Baulandpreise hat äußerst wichtige Auswirkungen auf die Kosten von Tiefgaragen.

Abb. 40: Entwicklung der Indizes für Baulandpreise[1] und Baupreise[2] in der BRD 1962 bis 1970

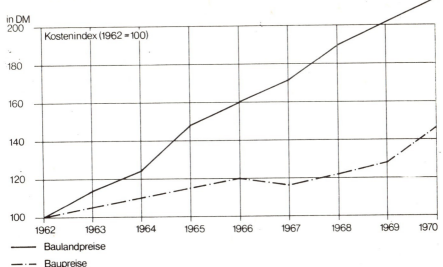

— Baulandpreise
—·— Baupreise

1) Preise für baureifes Land
2) Preisindex für Wohngebäude (Bauleistungen am Gebäude, reine Baukosten)
Quelle: Statistisches Jahrbuch 1971 . . . , S. 437 f.

7.3.2 Kostenvergleich verschiedener Garagensysteme in Abhängigkeit von den Bodenkosten

Unter Berücksichtigung des Kostenfaktors „Boden" läßt sich der Kostenverlauf bei der Erstellung von Stellplatz- und Garagenanlagen in Abhängigkeit vom Grundstückspreis darstellen (vgl. Abb. 41). Dabei werden als fixe Kosten für die Herstellung [1] von offenen Stellplätzen 450 bis 600, von ebenerdigen Garagen 3 000 bis 4 800 und von Tiefgaragen 4 000 bis 7 000 DM je Stellplatz angesetzt. (Baukosten für einzelne Sonderformen vgl. Tab. 33 und 34). Für die spezifische Fläche wurde berechnet:

Stellplatz am Straßenrand	15	qm/Stellplatz
Sammelstellplatz	25	qm/Stellplatz
ebenerdige Reihengaragen	30 bis 35	qm/Stellplatz
doppelstöckige Garagenhäuser	12,5	qm/Stellplatz

Es ergeben sich schraffiert dargestellte Streubereiche für die Garagenkosten (vgl. Abb. 41).

---

1) Vgl. Tab. 34. Dabei wurden höhere Werte als 7 000 DM/Tiefgaragenplatz nicht berücksichtigt, weil als Ursache dieser hohen Kosten mangelnde Erfahrung mit dem wirtschaftlichen Bau von Tiefgaragen (im Gegensatz zu ebenerdigen Garagen) unterstellt werden kann.

Abb. 41: Kosten von Garagen- und Stellplatztypen in Abhängigkeit vom Grundstückspreis

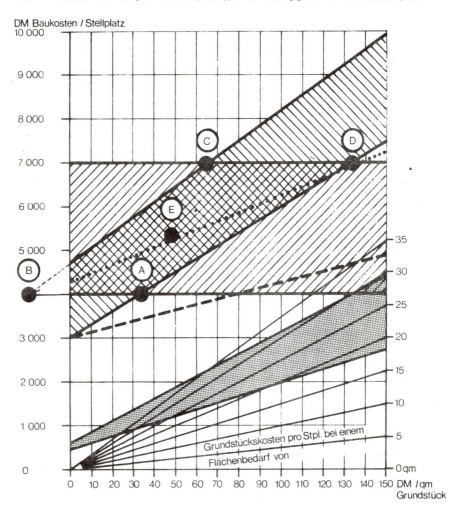

 Tiefgaragen

Sammelgaragen

— — — doppelstöckige Garagen / Amberg, offen

• • • • • • • doppelstöckige Garagen / Amberg, Boxen

Die Kosten für Tiefgaragen bleiben unabhängig von den Grundstückskosten konstant, die Gesamtkosten für ebenerdige Garagen steigen mit wachsenden Grundstückspreisen stark an.

Offene Sammelstellplätze können bei Grundstückspreisen von mehr als rund 134 DM/qm teurer zu stehen kommen als die billigste Tiefgarage.

Schnittpunkt A: Die billigsten ebenerdigen Reihengaragen (30 qm und 3 000 DM/Garage) werden ab rund 34 DM/qm Grundstückskosten teurer als die billigsten Tiefgaragen (4 000 DM/Stellplatz).

Schnittpunkt B: Die billigste Tiefgarage (4 000 DM/Stellplatz) ist — unabhängig von den Grundstückskosten — billiger als die teuerste ebenerdige Reihengarage (4 800 DM/Garage).

Schnittpunkt C: Die teuersten ebenerdigen Reihengaragen (35 qm/Garage und 4 800 DM/Garage) werden ab rund 65 DM/qm Grundstückskosten teurer als die teuerste Tiefgarage (7 000 DM/Stellplatz).

Schnittpunkt D: Die billigste ebenerdige Garage wird ab rund 130 DM/qm Grundstückskosten teurer als die teuerste Tiefgarage.

Schnittpunkt E: Eine mittlere Reihengarage (32,5 qm/Garage und 3 900 DM/Garage) wird ab rund 47 DM/qm Grundstückskosten (Mittelpunkt des von den Streubereichen eingeschlossenen Vierecks) billiger als eine mittlere Tiefgarage (5 500 DM/Stellplatz).

In jedem Falle billiger als ebenerdige Reihengaragen ist auch das doppelstöckige Stellplatzhaus mit offenen Stellplätzen in Amberg.

Letzteres wird auch mit geschlossenen Garagenboxen schon ab rund 30 DM/qm Grundstückskosten billiger als eine mittlere ebenerdige Reihengarage.

„Grundstückskosten" bedeuten hier: Kosten für erschlossenes Bauland.

7.4 Einzelmaßnahmen zur Kostensenkung bei Tiefgaragen

Hier soll eine Reihe von Maßnahmen aufgezählt werden, die dazu beitragen können, die Herstellungskosten von Tiefgaragen zu senken.

In Abschnitt 7.2 wurde die außerordentliche Streuung der Herstellungskosten für Tiefgaragen (rund 100 %) im Gegensatz zu ebenerdigen Garagen (rund 60%) festgestellt. Weil bereits umfangreiche Erfahrungen bei der Herstellung ebenerdiger Garagen gemacht werden, kann angenommen werden, daß sich die Kostendifferenzen nicht nur aus unterschiedlichen örtlichen Verhältnissen ergeben, sondern zum Teil auch aus der Unsicherheit hinsichtlich des Platz- und Raumangebots für die einzelnen Stellplätze sowie dem Mangel an Erfahrungen hinsichtlich wirtschaftlicher Bauweisen von Tiefgaragen. Mit den in Abschnitt 6.1 genannten Flächen- und Höhenmaßen sowie einer platzsparenden Konstruktionsform (Stützenstellung u.ä., vgl. Abschnitt 6.3) dürften geringere Baumassen als im Durchschnitt bei bereits ausgeführten Tiefgaragen erreicht werden. (Zum Schwankungsbereich der Maße vgl. Abschnitt 6.1). Die Größenordnung der Streuungen zeigt, welche Einsparungen an Baumasse unter der Annahme sparsamer, angemessener Maße möglich sind. Billiger als abgeschlossene Boxen sind wegen ihres geringeren Platzverbrauchs offene Stellplätze in Tiefgaragen. In Amberg-St.Sebastian ergab eine Kalkulation einen Kostenunterschied von 1 223 DM je Stellplatz (Garage); das entspricht 22,5 % der Kosten. Allerdings sind offene Stellplätze unter Umständen schwieriger zu vermieten (vgl. Kap. 3 und 4). Hier müssen also die jeweilige örtliche Marktsituation und unter Umständen auch Änderungen der Bedürfnisstruktur genau beobachtet werden, um nach Qualität und Mietpreis gut vermietbare Tiefgaragen zu erstellen. Tiefgaragen eignen sich außerdem wegen der Masse gleicher Einzelelemente der Konstruktion zur Fertigteilbauweise, obwohl das Frankfurter Beispiel wegen hoher Herstellungskosten (7 800 DM/Stellplatz) nicht für die Kostengünstigkeit des Fertigteilbaus spricht. Aufgrund der vorliegenden Daten kann nicht allgemein behauptet werden, daß unter den gegebenen Bedingungen der Fertigteilbau zu niedrigeren Baukosten führt als die Herstellung in Ortbeton.

Die Wahl des geeigneten Systems (bezüglich Geschoßzahl und Rampenart) für die jeweilige Geländeform und Bebauungsweise (vgl. Abschnitt 6.1) wirkt sich ebenfalls kostengünstig aus; dies gilt auch für die „Tiefenlage" der Garage — vor allem bei schwerem Boden — sowie für einen günstigen Massenausgleich in geneigtem Gelände.

Der zusätzliche Kostenaufwand durch den Einbau von Brandmauern kann bei Tiefgaragen mit einer Garagenfläche unter 1 500 qm vermieden werden. Ihr entsprechen bei einem Flächenaufwand von 23 qm je Stellplatz maximal 63 Stellplätze. Diese Stellplatzzahl ist gut vereinbar mit dem bereits dargestellten Befund über die Abnahme des spezifischen Flächenverbrauchs mit wachsender Stellplatzzahl (vgl. Abb. 16 und 17). Es war festgestellt worden, daß sich der spezifische Flächenverbrauch bei Stellplatzzahlen von 40 bis über 60 hinaus sehr bald asymptotisch einem unteren Grenzwert nähert. Außerdem können besondere Mischformen (z.B. Garagenanlage in der Waldwohnanlage Nürnberg-Reichelsdorf) die Aufwendungen für Lüftung und Brandschutz reduzieren. Nach der (bayerischen) Landesverordnung über Garagen [1]) (GaV) liegt dann eine „offene Garage" vor, wenn in je einem Geschoß die Außenwände mindestens an der Hälfte des Umfangs fehlen und überall eine ständige Querlüftung vorhanden ist (§ 1 Abs. 2 GaV). In diesem Fall gelten bauliche Erleichterungen, insbesondere hinsichtlich der feuerschutztechnsichen (§§ 5, 6, 7 GaV) und lüftungstechnischen (§ 12 GaV) Anforderungen.

Die Ausbildung von Stellplätzen oder Boxen mit zwei verschiedenen Abmessungen kann eine Flächenersparnis von 10 % erbringen (vgl. Abschnitt 2.2).

Ein weites Feld für Maßnahmen zur Senkung der Kosten von Tiefgaragen bietet die bedarfsgerechte Bemessung und Ausbildung der Garagenanlagen. Eine rein schematische Anwendung von Richtzahlen ohne Berücksichtigung der sozialen Struktur der Bevölkerung und der Parkgewohnheiten bedeutet eine Verschwendung von Kapital, wenn in der Folge Mietausfälle zu verzeichnen sind. Das kann

---

1) Landesverordnung über Garagen - GaV - vom 1.8.62 (GVBl. S. 207) i.d.F. vom 13.4.66 (GVBl. S. 162)

z.B. bei einem Mietwert von 35 DM je Stellplatz und Monat und einem Zinsfuß von p = 7 % in fünf Jahren einen erheblichen Mietausfall (rund 2 500 DM) nach sich ziehen [2]. Angenommen, es stehen fünf Jahre lang die Hälfte der Plätze unvermietet leer, so vermindern sich die Einnahmen im Schnitt um 1 250 DM je Stellplatz. Anders ausgedrückt: Muß von vornherein mit diesem Mietausfall gerechnet werden, so bedeutet dies eine Verteuerung von 1 250 DM je Stellplatz. Daraus würde sich die Forderung erheben, die Garagen abschnittsweise — entsprechend dem wachsenden, jeweiligen Bedarf — zu bauen. Bei Unterflurgaragen ließe sich dies wenigstens annähernd (bei entsprechend ausgebildeten Fundamenten) durch Aufstocken erreichen. Das muß allerdings bei der Berechnung der Geschoßflächenzahl vorher berücksichtigt werden. Ein sukzessives Erweitern ist bei Tiefgaragen aus konstruktiven Gründen nur unter Mehrkosten möglich. Tiefgaragen sind nur als Großinvestition rentabel herstellbar, so daß eine Erweiterung in kleinen Teilabschnitten unrentabel würde. Wesentliche Faktoren für die kostengünstige Erstellung von Tiefgaragen sind demnach die bedarfsgerechte Bemessung der Stellplätze und rechtzeitige planerische Überlegungen für eine spätere Erweiterung. Dabei ist ferner zu beachten:

Nach der Vermietbarkeit ist zu entscheiden, ob offene Stellplätze in der Garagenhalle oder abgetrennte Boxen errichtet werden. Dazu sind gegebenenfalls Umfragen erforderlich. Man muß die Anforderungen erkunden, die PKW-Besitzer heute und morgen an ihren Stellplatz stellen.

Der Stellplatz muß an einem günstigen Standort liegen, vor allem nahe bei der Wohnung. Lange Fußwege zur Garage machen eine größere Anzahl von „Besucher"-Parkplätzen erforderlich, weil dann die Garage kaum nach allen Fahrten von den Bewohnern aufgesucht, sondern vielmehr ein wohnungsnaher Platz bevorzugt wird. In Nürnberg-Reichelsdorf z.B. stehen den standortgünstigen 528 Tiefgaragenplätzen nur 48 Parkplätze gegenüber. Öffentlicher Parkraum konnte eingespart werden. Diese Ersparnis beträgt 930 DM je Wohneinheit [2]. Bei wohnungsnahen, leicht zugänglichen Garagen ließe sich, unter flexibler Anwendung der Stellplatzrichtzahlen, ein Teil dieses Betrages einsparen. Tiefgaragen, die die besondere Möglichkeit standortgünstiger Planung bieten, könnten so indirekt verbilligt werden.

---

[1] MA_n = Mietausfall für n Monate diskontiert

$g = 1 + \dfrac{1}{12 \times 100} = 1{,}00083$ (monatlicher Diskontfaktor)

r_e = 35 DM/Monat (Miete je Stellplatz)

n = 60 Monate (5 x 12)

$MA_n = r_e \times \dfrac{g^n - 1}{g - 1}$

$MA_{60} = 35 \times \dfrac{1{,}0058360 - 1}{0{,}00583} \cong 2\,500$ DM

[2] Annahmen: 20 qm/Stellplatz; 30 DM/qm Herstellungskosten; 63 DM/qm Grundstückskosten; 0,5 öffentliche Stellplätze/WE. Ersparnis (E) = 20 x (30 + 63) x 0,5 = 930 DM/WE.

Um ein Ausweichen der PKW-Besitzer im Wohngebiet auf öffentliche oder „Laternen"-Stellplätze und damit einen unnötigen Mietausfall zu verhindern, sollte die Schaffung von öffentlichen Stellplätzen auf den jeweiligen Bedarf abgestimmt werden. Ferner sollte nicht durch überdimensionierten Straßenraum (vgl. Kap. 3) Mietausfall riskiert werden. Zur Sicherung der Einnahmen aus Tiefgaragen und damit zur Sicherung ihrer Rentabilität sollte geprüft werden, ob nicht gegebenenfalls die Miete eines Garagenplatzes für die PKW-Besitzer des Wohngebietes zur Auflage gemacht und in die Wohnungsmiete einbezogen werden kann.

Eine Doppelnutzung der Stellplätze kommt in Mischgebieten oder Grenzbereichen (Wohnungen, Schulen, Gewerbe usw.) in Frage und sollte – wenn möglich – ausgenutzt werden. Eine Doppelvermietung (nachts an Bewohner, tagsüber an Beschäftigte und Geschäftsinhaber im Wohngebiet) wäre geeignet, eine höhere Rendite bei niedrigeren Teilmieten zu erbringen. Die doppelte Ausweisung periodisch, phasenverschoben genutzter Stellplätze würde vermieden.

Durch die Mehrfachnutzung unterirdischer Anlagen für den ruhenden Verkehr und für Verteidigungszwecke (Schutzräume) ist hingegen keine Ersparnis für den Bauträger zu erzielen, weil nach den zuständigen Richtlinien nur der Teil der Kosten der Mehrzweckanlage ersetzt wird, der nachweisbar über die reinen Garagenbaukosten hinausgeht.

7.5 Kostenbild unter Einbeziehung des Erschließungsaufwandes

Es wurde bereits öfters darauf hingewiesen, daß die Kosten für die Erstellung verschiedener Garagensysteme nicht isoliert verglichen werden dürfen. In 7.3 wurden insbesondere die Grundstückskosten in die Betrachtung einbezogen: Für konstante Herstellungskosten von ebenerdigen Garagen und Tiefgaragen konnte der Bodenpreis ermittelt werden, bei dem Kostengleichheit zwischen den verschiedenen Garagenarten besteht. Als weiterer wesentlicher Faktor kommen nun die Erschliessungskosten hinzu. Dabei wird von einer Beziehung ausgegangen, nach der sich die Erschließungsflächen je Wohneinheit und der Gesamterschließungsaufwand durch höhere Wohndichten verringern lassen (vgl. Abb. 42 und 43).

Wie bereits festgestellt, tragen Tiefgaragen zu einer möglichen Verdichtung von Wohngebieten bei. Dies hat vor allem drei Gründe:

Die Geschoßflächenzahlen können im Gegensatz zu Bebauungsplänen mit ebenerdigen Garagen besser (für Wohnungen) ausgenutzt werden. Für den Städtebau bedeutet das: Bei gleichbleibenden Freiflächen wird der „Störfaktor" Garagenflächen ausgeschaltet.

Höhere Verdichtung wird überhaupt erst möglich, weil sich, wie bereits festgestellt, eine Verdichtung über ein bestimmtes Maß hinaus nur noch durch Doppelnutzung der Flächen erzielen läßt.

Durch Tiefgaragen läßt sich insbesondere eine „doppelte Baufluct" erschließen. Die dann noch erforderlichen Aufwendungen für Anliefer- und Feuerwehrwege sind geringer als die für voll ausgebaute Stichstraßen.

Abb. 42: Verkehrsfläche je Wohneinheit und Geschoßflächenzahl

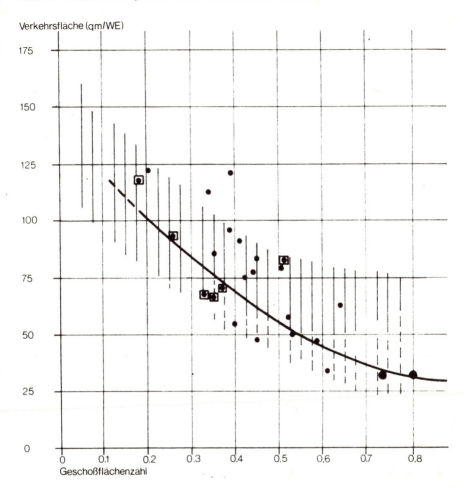

● Werte von München-Fürstenried
•
◨ Gebiete guter Verkehrserschließung

Quelle: Gassner, E.: Raumbedarf für den fließenden und ruhenden Verkehr in Wohngebieten. Bonn 1968 (= „Straßenbau und Verkehrstechnik", H. 66/9) (im folgenden: Raumbedarf ...)

Abb. 43: Erschließungskosten je Wohneinheit und Geschoßflächenzahl

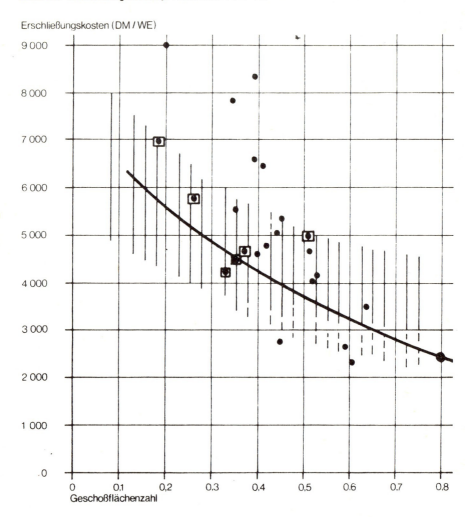

● München-Fürstenried

•

 Gebiete guter Verkehrserschließung

Quelle: Raumbedarf ...

Bei einem realistischen Kostenvergleich zwischen unterschiedlichen Garagenarten muß man folglich die Kosten für die Erschließung (hier: Straßenbau- und Straßenflächenkosten sowie Kosten für die Verlegung der Ver- und Entsorgungsleitungen) berücksichtigen.

7.5.1 Erschließungsaufwand und Wohndichte

Um die Bedeutung des Erschließungsaufwandes aufzuzeigen, werden einige Werte aus Demonstrativbauvorhaben wiedergegeben (vgl. Tab. 39).

Tab. 39: **Erschließungskosten in ausgewählten Demonstrativbauvorhaben**

Demonstrativbauvorhaben	Kosten je Wohnung DM	Geschoßflächenzahl
Eschwege - Am Heuberg	3 020	0,5
Kaiserslautern - Am Bännjerrück	2 795	0,6
Sprendlingen - Am Hirschsprung	2 255	0,6
Marl - Drewer / Süd	1 573	0,5
Osnabrück - Dodeshaus	4 822	0,4
Wilhelmshaven - Altengroden/Süd	4 659	0,5
Hemmingen - Westerfeld	3 362	0,5
Berlin - Reinickendorf/Teichstraße	1 695	0,7
Hamburg-Lurup/Kleiberweg	1 930	0,6
Bremen-Schwachhausen	1 748	0,7
Bensberg-Kippekausen	3 787	0,4
Kassel-Helleböhn	1 737	0,6
Langen-Oberlinden	4 550	0,4
Braunschweig-Heidberg/Ost	5 111	0,5
Neuwied-Raiffeisenring	3 220	0,6
Berlin-Zehlendorf/Düppel/Süd	5 145	0,3

Quellen: Bundesministerium für Wohnungswesen und Städtebau (Hrsg.): Wirtschaftliche Ausführung von Mehrfamilienhäusern. Querschnittsbericht über Untersuchungen und Erfahrungen bei Demonstrativbaumaßnahmen des Bundesministeriums für Wohnungswesen und Städtebau. Bonn 1968. S. 150 (= „Informationen aus der Praxis — für die Praxis", Nr. 16); Bundesministerium für Städtebau und Wohnungswesen (Hrsg.): Bebauungspläne von Demonstrativmaßnahmen in den Maßstäben 1:10 000 und 1:2 000 mit städtebaulichen Vergleichswerten. Teil 1. Bonn 1970/1971. S. 358 f. (= „Informationen aus der Praxis — für die Praxis", Nr. 24)

Die Kostenangaben streuen stark. Die Erschließungskosten je Wohneinheit sinken mit zunehmender Baudichte, die als Geschoßflächenzahl (GFZ) dargestellt wird. Für die in der Tab. 39 aufgeführten Vorhaben liegt der Durchschnitt bei rund 3 200 DM, also etwa in der Größenordnung der Herstellungskosten für einen Garagenplatz. Somit können sich die Erschließungskosten wesentlich auf die Gesamtkosten für Erschließung im engeren Sinne und für den ruhenden Verkehr auswirken. Sie werden im folgenden berücksichtigt.
1967 wurden für verschiedene Baugebiete, darunter auch Demonstrativbauvorhaben des Bundes, jeweils in Abhängigkeit von der GFZ ermittelt: Das Ausmaß der Verkehrsflächen je Wohneinheit (vgl. Abb. 42), die Erschließungskosten je Wohneinheit (vgl. Abb. 43) und die privaten Verkehrsflächen (vgl. Abb. 44). Dabei stellten sich — unter besonderer Berücksichtigung von Gebieten mit guter verkehrsmäßiger Erschließung — starke Abhängigkeiten heraus.

Abb. 44: Private Verkehrsflächen und Geschoßflächenzahl

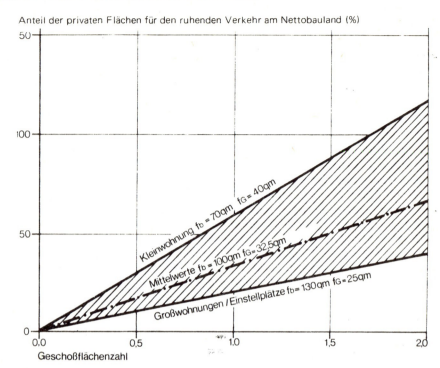

Quelle: Raumbedarf ...

Die Verkehrsfläche/WE nimmt mit steigender GFZ ab (vgl. Abb. 42). Der Wertebereich wird um die Angaben über München-Fürstenried [1] erweitert, um Werte aus dem Bereich höherer Geschoßflächenzahlen einzuführen. Für den II. Bauabschnitt ergibt sich eine GFZ von 0,74, für den III. von 0,81; die Verkehrsfläche/WE beträgt im II. Bauabschnitt 32,8, im III. 31,9 qm [1]. Entsprechend wurde die Regressionskurve erweitert. Damit ergeben sich (vgl. Abb. 42) z.B. für GFZ = 0,2 100 qm/WE und für GFZ = 0,7 35 qm/WE als mittlere Werte aus dem Streuungsbereich. Das heißt, die auf WE bezogenen Verkehrsflächen vermindern sich bei einer Verdichtung von GFZ = 0,2 auf GFZ = 0,7 im Mittel um das dreifache. Zum Vergleich gibt Tab. 40 die vom Institut für Bauforschung e.V. (Hannover) in Demonstrativbauvorhaben als Verkehrsflächen je Wohneinheit ermittelten Werte wieder.

[1] Vgl. Städtebauinstitut Nürnberg (Hrsg.): Großwohnanlage München-Fürstenried. Städtebauliche Auswertung. Nürnberg 1965. S. 92 (= „Schriftenreihe", H. 4) (im folgenden: Großwohnanlage ...)

Tab. 40: Verkehrsfläche je Wohnung nach Haustypen in ausgewählten Demonstrativbauvorhaben

Haustyp	Verkehrsfläche je Wohnung/qm
eingeschossige Einfamilienreihenhäuser	110
Gartenhofhäuser	101
zweigeschossige Einfamilienreihenhäuser	88
zweigeschossige Zweispänner	69
dreigeschossige Zweispänner	60
viergeschossige Zweispänner	56

Quelle: Bundesministerium für Wohnungswesen und Städtebau (Hrsg.): Wirtschaftliche Erschließung neuer Wohngebiete. Maßnahmen und Erfolge. Querschnittsbericht über Untersuchungen und Erfahrungen bei Demonstrativbauvorhaben des Bundesministeriums für Wohnungswesen und Städtebau. Bonn 1966. S. 13 (= „Informationen aus der Praxis —für die Praxis", Nr. 11)

Auch zur Darstellung der Abhängigkeit der Erschließungskosten von der GFZ werden die Werte für München-Fürstenried[1] eingeführt (GFZ = 0,8; 2 542 DM/WE). Als mittlere Werte ergeben sich dann für GFZ = 0,2 5 500 DM/WE, für GFZ = 0,7 2 750 DM/WE (vgl. Abb. 43). Dieser „Verdichtung" (von 0,2 auf 0,7 GFZ) entspricht demnach eine Halbierung der Erschließungskosten.

Die dritte Abhängigkeit besteht zwischen privaten Verkehrsflächen und der GFZ. Der Stellplatzbedarf hängt von der Art und Größe der Wohnungen ab. In Abb. 44 wird der Streubereich zwischen der ungünstigsten Datenkombination (Kleinwohnung und 40 qm Stellfläche/WE) und der günstigsten Datenkombination (Großwohnung und 25 qm Stellfläche/WE) sowie eine mittlere Beziehungsgerade dargestellt.
Danach steigt der Anteil der privaten Verkehrsflächen von 16,6 qm/WE bei GFZ = 0,5 auf 66,4 qm/WE bei GFZ = 2,0, also um das Vierfache. Dies zeigt den Einfluß einer Mehrfachnutzung der Flächen bei hoher Dichte.

Für drei Baugebiete unterschiedlicher Verdichtung und mit verschiedenen Arten der Unterbringung des ruhenden Verkehrs werden die Gesamtkosten für Erschliessung und Stellplätze ermittelt[2].

Berechnet werden soll (vgl. Tab. 41) der Gesamterschließungsaufwand für eine ebenerdige Garage (3 500 DM je Garage) und eine Tiefgarage (5 000 DM je Garagenplatz). Darüber hinaus wurden für das Beispiel Altenberg auch die Gesamtkosten im Falle von offenen Stellplätzen (mit 1 000 DM je Stellplatz) berechnet. Die Ergebnisse der erweiterten und korrigierten Tab. 41 stellt Abb. 45 dar.

---

[1] Großwohnanlage . . . , S. 92 ff.

[2] Vgl. Raumbedarf . . . Die dort angegebenen Garagenkosten wurden durch Werte aus Abschnitt 7.3 korrigiert

Tab. 41: **Gesamtaufwand für die Verkehrsflächen je Wohneinheit bei unterschiedlichen Bodenpreisen**

Kosten	Fürstenried III (GFZ = 0,81) Tiefgarage	Fürstenried III (GFZ = 0,81) zweigeschossige Hochgarage	Weiträumige Einzelhausbebauung	Altenberg (GFZ = 0,29)	Altenberg (nur Stellplätze) (GFZ = 0,29)
Baukosten öffentlicher Verkehrsflächen (DM)	1 147	1 147	7 276	2 960	2 960
Baukosten privater Verkehrsflächen (DM)	5 000	4 500	3 500	3 500	1 000
Summe der Baukosten (DM)	6 147	5 647	10 776	6 460	3 960
in Rechnung zu stellende Bodenflächen (qm)	31	46	239	96	90
Bodenkosten I [1] (DM)	310	460	2 390	960	900
Bodenkosten II [2] (DM)	3 100	4 600	23 900	9 600	9 000
Bau- und Bodenkosten I [1] (DM)	7 457	6 107	13 166	7 420	4 860
Bau- und Bodenkosten II [2] (DM)	10 247	10 247	34 676	16 060	12 960

1) Annahme 10 DM/qm
2) Annahme 100 DM/qm

Quelle: Raumbedarf ...

Unter Einbeziehung der Erschließungskosten wird der Gesamtaufwand für das Beispiel München-Fürstenried (GFZ = 0,81) mit Tiefgaragen schon bei einem Bodenpreis von 12 DM/qm geringer als für das Beispiel Altenberg (GFZ = 0,29) mit ebenerdigen Garagen. Im Falle von offenen Stellplätzen für Altenberg liegt die Kostengleiche bei 55 DM/qm (vgl. Abb. 45). Das Beispiel für sehr weiträumige Bebauung zeigt schon ohne Rücksicht auf die Bodenpreise wesentlich höhere Gesamtkosten als alle anderen Beispiele.

Abb. 45: Bau- und Bodenkosten für Verkehrsflächen

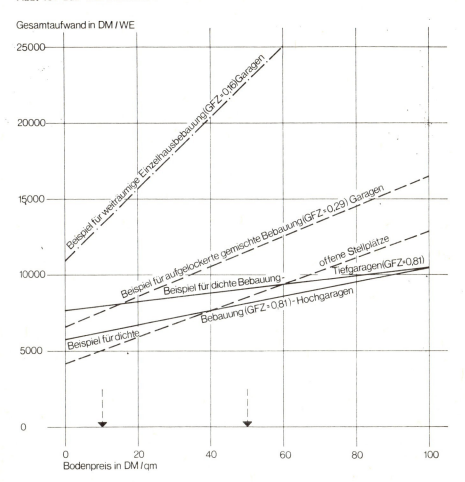

Quelle: Raumbedarf ...

7.5.2 Gesamtaufwand für Erschließung und Garagen in Abhängigkeit von Bodenkosten, Erschließungsflächenbedarf, Baukosten für die Erschließung und einem Reduktionsfaktor für den Erschließungsaufwand durch Verdichtung des Wohngebietes

Bislang wurden Mittelwerte empirischer Erhebungen über den Kostenaufwand benutzt. Nunmehr sollen hypothetische Kostenwerte auf empirischer Basis zur Ermittlung allgemeiner rechnerischer Zusammenhänge herangezogen werden. Dieses Vorgehen führt zwar zu inkonsistenten Rechenmodellen (nach statistischen Zusammenhängen variierte Grundwerte einerseits – exakte Rechenbeziehungen andererseits), wegen der vielfältigen Einflüsse von Plangestaltung, Bauverfahren, Bau- und Marktsituation lassen sich aber keine allgemeingültigen, exakten mathematischen Beziehungen herstellen. Insofern erscheint das kombinierte Vorgehen zur Ermittlung des Gesamtaufwandes gerechtfertigt.

Die Gesamtkosten (ΣK) für Erschließung und Garagen setzen sich zusammen aus:
K_G = Baukosten/WE für ebenerdige Garagen,
K_{TG} = Baukosten/WE für Tiefgaragen,
K_E = Erschließungskosten je Garage bzw. WE,
K_{Bo} = Kosten des Bodenerwerbs (Erschließungsfläche) je WE.

Sonstige Variablen sind:
f_E = Erschließungsfläche,
f_G = Garagenfläche,
k_j = Reduktionsfaktor, der die Verringerung des Erschließungsaufwandes bei höherer Verdichtung durch Tiefgaragen [1] berücksichtigt (vgl. 7.5.1). Bei geringer Verdichtung und demzufolge hohen Erschließungskosten je WE ist eine starke Kostenreduktion (1 minus k_j) möglich; bei niedrigen Erschließungskosten gilt die umgekehrte Beziehung.

Damit ergeben sich für die Berechnung der Gesamtkosten für Erschließung und Garagen folgende Ausdrücke:
Gesamtkosten mit ebenerdigen Garagen:
$K_{(G)} = K_G + K_E + (f_G + f_E) \times K_{Bo}$ (DM/WE);
Gesamtkosten mit Tiefgaragen:
$K_{(TG)} = K_{TG} + k_j \times (K_E + f_E \times K_{Bo})$ (DM/WE).

---

[1] Wird auf einem ha Baugelände die Geschoßflächenzahl voll für die Erstellung von Wohnfläche ausgenutzt, so benötigt man für die Garagen zusätzlich Flächen, die auch das gesamte Verkehrs- und Erschließungsnetz ausweiten. Dieser zusätzliche Aufwand wird durch Tiefgaragen vermieden. Dies soll durch den hypothetisch variierten Reduktionsfaktor $k_j < 1$ berücksichtigt werden.

Tab. 42: Berechnung der Gesamtkosten [1] für Garage und Erschließung

Fixwerte $\frac{f_E}{K_E}$, k_j	Art der Unterbringung	Extreme	K_g	K_E K_{Tg}	$f_G \times K_{Bo}$ 20	50	80	$\frac{(k_j) f_E \times K_{Bo}}{K_{Bo}}$ (DM/qm) 20	50	80	K 20	50	80
	0,8	Tiefgarage	min.	4 000	1 200	—	—	—	400	1 000	1 600	6 000	6 600	7 200
			max.	7 000								9 000	9 600	10 200
$\frac{25}{2\,000}$		Reihengarage	min.	3 000	2 000	600	1 500	2 400	500	1 250	2 000	6 100	7 750	9 400
			max.	4 800								7 900	9 550	11 200
		offener Stellplatz	min.	500	2 000	400	1 000	1 600	500	1 250	2 000	3 400	4 750	6 100
			max.	800								3 700	5 050	6 400
	0,6	Tiefgarage	min.	4 000	1 800	—	—	—	480	1 200	1 920	6 280	7 000	7 720
			max.	7 000								9 280	10 000	10 720
	0,8	Tiefgarage	min.	4 000	2 400	—	—	—	646	1 600	2 500	7 040	8 000	8 960
$\frac{40}{3\,000}$			max.	7 000								10 040	11 000	11 960
		Reihengarage	min.	3 000	3 000	600	1 500	2 400	800	2 000	3 200	7 400	9 500	11 600
			max.	4 800								9 200	11 300	13 400
		offener Stellplatz	min.	500	3 000	400	1 000	1 600	800	2 000	3 200	4 700	6 500	8 300
			max.	800								5 000	6 800	8 600
	0,6	Tiefgarage	min.	4 000	2 400	—	—	—	660	1 650	2 640	7 060	8 050	9 040
			max.	7 000								10 060	11 050	12 040
$\frac{50}{4\,000}$		Reihengarage	min.	3 000	3 000	600	1 500	2 400	1 100	2 750	4 400	8 700	11 250	13 800
			max.	4 800								10 500	13 050	15 600
		offener Stellplatz	min.	500	3 000	400	1 000	1 600	1 100	2 750	4 400	6 000	9 250	10 500
			max.	800								6 300	9 550	10 800

[1] Formeln und Erläuterung der Symbole siehe S. 172

Tab. 42 stellt die Gesamtkosten für Garagen und Erschließung in Abhängigkeit von den genannten Variablen dar (vgl. auch Abb. 46). Die Einbeziehung der Erschliessungskosten ändert das in Abschnitt 7.3 gezeigte Kostenbild für Tiefgaragen im Verhältnis zu ebenerdigen Garagen ganz erheblich [1].

---

[1] Es muß hier allerdings darauf hingewiesen werden, daß es sich in Abb. 41 um eine exakte Beziehung handelt, während die (erweiterte) Abb. 46 nur eine Beziehung unter Zugrundelegung einiger weiterer, hypothetischer Werte (K_E, f_E, K_j) bei Berücksichtigung empirischer Befunde darstellt.

Abb. 46: Garagen- und Erschließungskosten in Abhängigkeit von den Bodenpreisen[1]

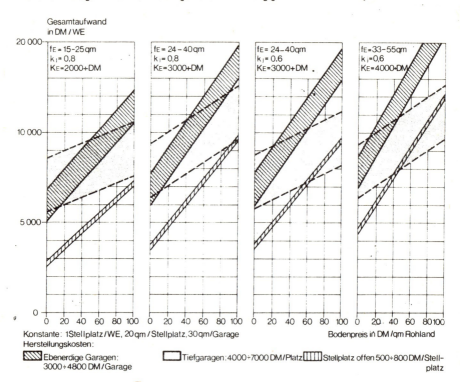

Konstante: 1 Stellplatz/WE, 20 qm/Stellplatz, 30 qm/Garage
Herstellungskosten:
▨ Ebenerdige Garagen: 3000÷4800 DM/Garage
☐ Tiefgaragen: 4000÷7000 DM/Platz
▥ Stellplatz offen 500÷800 DM/Stellplatz

[1] Definition der Symbole siehe S.

Tiefgaragen verursachen bei relativ niedrigen Bodenkosten geringere Gesamtkosten als ebenerdige Garagen. Bereits unter 100 DM je qm Rohland können billige Tiefgaragen — wie Abb. 46 zeigt — sogar offenen Stellplätzen überlegen sein.

Mit mittleren Werten (Mittelpunkt des Parallelogramms zwischen den Streuungsbereichen; vgl. Abb. 46) wird der kritische Bodenpreis ermittelt, bei dem die Gesamtkosten bei Tiefgaragen geringer werden als bei ebenerdigen Garagen (vgl. Tab. 43).

Tab. 43: Ermittlung des kritischen Bodenpreises [1]

Variation	K_E	f_E	k_j	K_{Bo}
	DM/WE	qm/WE		DM/qm
1	2 000	25	0,8	33
2	3 000	40	0,8	26
3	3 000	40	0,6	8
4	4 000	50	0,6	2

[1] Definition der Symbole siehe S. 172

Die Berechnung der Kostengleichheit von ebenerdigen Garagen und Tiefgaragen in Abhängigkeit vom Reduktionsfaktor ergbit sich aus folgender Umformung:

$\Sigma K_{(G)} = K_G + K_E + (f_G + f_E) \times K_{Bo}$ (DM/WE);

$\Sigma K_{(TG)} = K_{TG} + k_j \times (K_E + f_E \times K_{Bo})$ (DM/WE);

$\Sigma K_{(G)} = \Sigma K_{(TG)}$

$K_{Bo} = \dfrac{(K_{TG} - K_G) - K_E(1 - k_j)}{f_G + f_E(1 - k_j)} = \dfrac{\Delta K_G - K_E \times k'}{f_G + f_E \times k'}$ (DM/qm Rohland),

wobei k_j = 1,0/0,9 ..../0,0; ($k' = 1 - k_j$); k' = 0,0/0,1 ..../1,0

Ein Beispiel:

K_{TG} = 5 000 DM/Stellplatz
K_G = 3 500 DM/Garagenplatz
K_E = 2 000 DM/WE
k_j = 0,7; k' = 0,3
f_G = 30 qm/Garagenplatz (Bruttobaufläche)
f_E = 50 qm/WE (Erschließungsfläche)
$K_{Bo} = \dfrac{5\,000 - 3\,500 - 2\,000(1 - 0{,}7)}{30 + 50(1 - 0{,}7)} = 20$ DM/qm Rohland.

Eine vergleichende Darstellung der Kostenanteile bietet Abb. 47.

Abb. 47: Kostenanteile für Garage und Erschließung bei Tiefgaragen und ebenerdigen Garagen

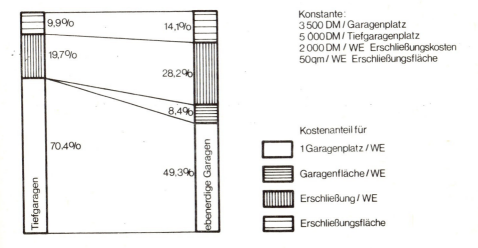

Konstante:
3 500 DM / Garagenplatz
5 000 DM / Tiefgaragenplatz
2 000 DM / WE Erschließungskosten
50 qm / WE Erschließungsfläche

Kostenanteil für
1 Garagenplatz / WE
Garagenfläche / WE
Erschließung / WE
Erschließungsfläche

Damit ist die Annahme nach Abb. 46 bestätigt, d.h., mit dem angegebenen Flächenaufwand, den konstanten Kosten für Garagenbau und Erschließungsaufwand und einer Verminderung des Erschließungsaufwandes durch Tiefgaragen und Verdichtung um 30 % würden Tiefgaragen bei Rohlandpreisen über 20 DM billiger als ebenerdige Garagen.

Der Reduktionsfaktor k_j hat erheblichen Einfluß auf die Kosten. Daher soll nun für verschiedene konstante Werte K_E und f_E sowie die Konstanten K_G (3 500 DM/Garage), K_{TG} (5 000 DM/Garage) und f_G (30 qm/Garage) die Kostengleiche K'_{Bo} von ebenerdigen und Tiefgaragen in Abhängigkeit vom Reduktionsfaktor k_j untersucht werden (vgl. Abb. 48).

Abb. 48: **Kostengleiche[1] der Garagen- und Erschließungskosten für Tiefgaragen und ebenerdige Garagen bei Reduktion des Erschließungsaufwandes**

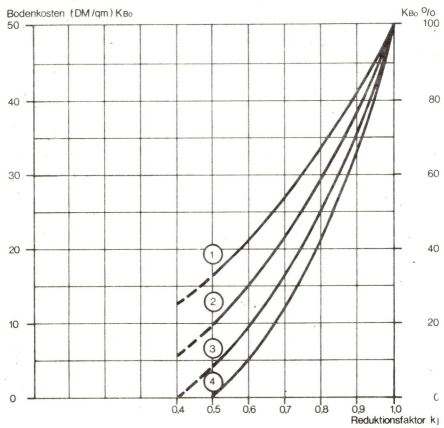

$\dfrac{f_E \text{ (qm / WE)}}{K_E \text{ (DM / WE)}}$

① 30 / 15 000

② 40 / 2 000

③ 50 / 2 500

④ 60 / 3 000

1) Kostengleiche dargestellt in Bodenkosten K_{Bo}

Abb. 48 zeigt, wie ausschlaggebend der Reduktionsfaktor k_j ist (Verringerung des Erschließungsaufwandes bei Verdichtung des Wohngebietes durch Planung von Tiefgaragen). Bei einer Reduktion des Erschließungsaufwandes um 50 % (k_j = 0,5) — dies liegt nach den empirischen Daten aus Abschnitt 7.3.1 durchaus im Bereich des Möglichen — sinkt die Kostengleiche (kritischer Bodenpreis, bei dem ebenerdige Garagen und Tiefgaragen gleiche Gesamtkosten verursachen) um 67 bis 100 %, je nach den Basiswerten für K_E und f_E. Das weist auf die außerordentliche Bedeutung der Erschließungskosten unter dem Aspekt der Verdichtung hin. Selbst bei niedrigstem Aufwand für die Erschließung (f_E = 30 qm/WE und K_E = 1 500 DM/WE) wird bei einer mittleren Reduktion um 30 % (k_j = 0,7) der kritische Bodenpreis um 46 % auf rund 27 DM/qm Rohland gesenkt. Bei einer Reduktion um 10 % (k_j = 0,9) wird die Bodenpreisgleiche um 18 bis 34 % von 50 auf 33 bis 42 DM/qm Rohland gesenkt.

Abschließend werden noch einmal die Gesamtkosten (ΣK) für Garagen und Erschließung mit verschiedenen Werten für die Erschließung und deren Reduktion in Abhängigkeit vom Bodenpreis ermittelt (vgl. Tab. 44). Dabei ergeben sich kri-

Tab. 44: **Berechnung der Kostengleiche** [1] **für verschiedene k_j**

$\frac{f_E}{K_E}$	k_j	k_j^*	$\Delta K_{G,TG}$ $= K_{TG}-K_G$	$K_E k_j^*$	$\Delta K_G - K_E k_j^*$	$f_G + f_E k_j^*$	$K'B_0$
	0,9	0,1	1 500	150	1 350	33	40,9
	0,8	0,2	1 500	300	1 200	36	33,4
30	0,7	0,3	1 500	450	1 030	39	26,9
1500	0,6	0,4	1 500	600	900	42	21,4
	0,5	0,5	1 500	750	750	45	16,7
	0,4	0,6	1 500	900	600	48	12,5
	0,9	0,1	1 500	200	1 300	34	38,2
	0,8	0,2	1 500	400	1 100	38	29,0
40	0,7	0,3	1 500	600	900	42	21,4
2000	0,6	0,4	1 500	800	700	46	15,2
	0,5	0,5	1 500	1 000	500	50	10,0
	0,4	0,6	1 500	1 200	300	54	5,6
	0,9	0,1	1 500	250	1 250	35	36,8
	0,8	0,2	1 500	500	1 000	40	25,0
50	0,7	0,3	1 500	750	750	45	16,7
2500	0,6	0,4	1 500	1 000	500	50	10,0
	0,5	0,5	1 500	1 250	250	55	4,5
	0,4	0,6	1 500	1 500	0	—	—
	0,9	0,1	1 500	300	1 200	36	33,3
	0,8	0,2	1 500	600	900	42	21,4
60	0,7	0,3	1 500	900	600	48	12,5
3000	0,6	0,4	1 500	1 200	300	54	5,6
	0,5	0,5	1 500	1 500	0	—	—
	0,4	0,6	1 500	1 800	0	—	—

Konstanten: K_G = 3 500 DM/Garage; K_{TG} = 5 000 DM/Garage; f_G = 30 qm/Garage
[1] Definition der Symbole s. Text.

tische Bodenkosten von 6 bis 41 DM/qm Rohland für die Verringerung des Erschließungsaufwandes bei Verdichtung des Wohngebietes durch Tiefgaragen um 10 bis 40 % (k_i = 0,9 bis 0,6).

Diese Berechnungen und Darstellungen des Zusammenhanges zwischen Erschliessungskosten, Garagenart, Bodenpreis und Bebauungsdichte sind nur Hinweise: Hypothetische — von empirischen Daten abgeleitete — Konstanten werden variiert und geben ein Bild der Wirkung verschiedener Einflußfaktoren auf die Gesamtkosten für Erschließung und Garagen. Der Faktor „Dichte" (GFZ) mit seinem Einfluß auf den Erschließungsaufwand kann nicht direkt in die graphische Darstellung eingearbeitet werden.

7.5.3 Garagen- und Erschließungskosten in Abhängigkeit von Bodenpreisen und Maß der baulichen Nutzung

Es soll nun versucht werden, die Variable „Bebauungsdichte" in die allgemeine Abhängigkeit der Garagenkosten vom Bodenpreis einzubeziehen. Dazu wird der empirisch ermittelte Zusammenhang zwischen der Verkehrsfläche/WE und der Geschoßflächenzahl aus Abb. 42 herangezogen. Damit ist der resultierende Zusammenhang allerdings nicht mehr konsistent. Besonderheiten des Geländes, des örtlichen Baukostenniveaus und vor allem die Geschicklichkeit des Planers können in konkreten Fällen zu Werten führen, die von diesen teils empirisch gefundenen Mittelwerten, teils theoretisch abgeleiteten Größen abweichen. Für Alternativentwürfe mit feststehenden Grunddaten führt die angewendete Methode hingegen zu exakten Kostenwerten, die miteinander verglichen werden können.

Bei den Berechnungen wird wie folgt vorgegangen:

Für verschiedene Geschoßflächenzahlen (0,2/0,3/. . . 1,2) werden die Zusatzflächen berechnet, die durch ebenerdige Garagen entstehen. Als fixe Größen liegen zugrunde:
1 ha . . . (Bezugsfläche für Wohnbauland);
85 qm/WE . . . (Bruttogeschoßfläche) [1];
30 qm/Garage . . . (mittlere spezifische Garagenfläche);
1 Garage/WE . . .(erforderliche Garagen laut Bebauungsplan);
weitere 0,5 Stellplätze/WE sollen als offene Parkflächen ausgewiesen sein.
Damit ergibt sich unter Vollausnutzung der GFZ für Wohnflächen ein Faktor für zusätzliche Flächen pro ha für Garagen $f'(G) = \dfrac{10\,000 + \text{Garagenflächen}}{10\,000}$ ($f'(G) > 1$)

in Abhängigkeit von GFZ [2].

---

[1] Dieser Wert steigt; er ist abhängig von der Bebauungsart; hier wurde ein mittlerer Wert zugrunde gelegt.
[2] Der Index (G) zeigt an, daß es sich um Beträge für Ausbildung mit ebenerdigen Garagen handelt, der Index (TG), daß es sich um Beträge für Ausbildung mit Tiefgaragen handelt.

Dieses Berechnungsverfahren gilt, wenn man außerhalb des vorgesehenen Nettowohnbaulandes mit festgesetzten GFZ noch gesonderte Garagenflächen vorsieht, wie es häufig der Fall ist. Die GFZ dieser Garagenflächen liegt dann konstant zwischen 0,4 und 0,6, je nachdem, wie groß der Anteil der Fahrgassen und Zusatzflächen ist.

Will man hingegen die Garagenflächen mit ihren spezifischen Geschoßflächenzahlen in das Wohnbauland einbeziehen, so ergibt sich ein für alle GFZ konstanter Faktor $f'(G)$ nach folgender Berechnung. Unterstellte Fixgrößen: 85 qm Wohnfläche/WE; 20 qm Garagengeschoßfläche/Garage; 1 Garage/WE:

$$f'(G) = \frac{85 + 20}{85} = 1,235.$$

Dieser Faktor bleibt auch in etwa konstant, wenn man verschiedenen Geschoßflächenzahlen unterschiedliche Wohnflächen unterstellt, weil der notwendige Garagenbedarf im gleichen Sinne variiert (vgl. 1.1.3).

Aus Abb. 42 ist zu entnehmen, wie sich die mittleren Verkehrsflächen je WE zur GFZ verhalten. Um sicher zu gehen, muß man bei Einbeziehung von Tiefgaragen in das Wohnbauland unter Vollausnutzung der GFZ für Wohnflächen eine Verkehrsfläche je WE und GFZ wählen, die etwas unter dem mittleren Wert in Abb. 42 liegt: $f_{E(G)} = f(GFZ)$.

Die Werte für München-Fürstenried (GFZ m = 0,81; f_E = 31 qm/WE, nach Abb. 42 ausgeglichen: 33 qm/WE) wurden als Bezugspunkt für die folgenden Umrechnungsfaktoren gewählt. Das scheint eine willkürliche Maßnahme zu sein. Dafür spricht aber, daß das gewählte Wertepaar aus einem für Tiefgaragen bedeutungsvollen Verdichtungsbereich stammt, welcher im Rahmen des Streuungsbereichs (vgl. Abb. 42) einen niedrigen Flächenverbrauch nach sich zieht und sich damit beim folgenden Kostenvergleich eher ungünstig für Tiefgaragen auswirkt [1].
$f_{E(TG)} = f_{E(G)}/f'(G)$ (qm/WE), wobei $f_{E(TG)} < f_{E(G)}$.

Der Faktor zur Ermittlung der Erschließungskosten K_E in Abhängigkeit von der GFZ berechnet sich mit dem Bezugswert von München-Fürstenried zu $f'_{E(G)} = f_{E(G)}/33$ im Falle von ebenerdigen Garagen und zu $f'_{E(TG)} = f'_{E(G)}/f'(G)$, wobei $f'_{E(TG)} < f'_{E(G)}$, im Falle von Tiefgaragen.

Somit berechnen sich die Erschließungskosten (Herstellung ohne Grundstückskosten) für die beiden Grundwerte K_E von 1 500 und 2 000 DM/WE [1] zu

---

[1] Diese und die vorherige Annahme zuungunsten der Tiefgaragen wurden getroffen, weil die vorliegende Arbeit von der Hypothese ausgeht, daß Tiefgaragen rentabler seien als bislang allgemein angenommen. Dies soll nun mit Werten nachgewiesen werden, die sich eher ungünstig für die Verifizierung der Hypothese auswirken.

[2] Diesen Grundwerten liegt wieder der entsprechende (nach Abb. 42 für Tiefgaragen eher ungünstige) Wert von München-Fürstenried zugrunde, der mit 1 716 zwischen 1 500 und und 2 000 DM/WE liegt.

$$K'_{E(G)} = \begin{pmatrix} 1\,500 \\ 2\,000 \end{pmatrix} \times f'_{E(G)} \text{ (DM/WE) und}$$

$$K'_{E(TG)} = \begin{pmatrix} 1\,500 \\ 2\,000 \end{pmatrix} \times f'_{E(TG)} \text{ (DM/WE)}.$$

Für die Gesamtkosten der Erschließung (Baukosten und Grundstücksaufwendungen) ergibt sich bei variierten GFZ und Grundstückspreisen (K_{Bo}):

$$\Sigma K_{E(G)} = \begin{pmatrix} 1\,500 \\ 2\,000 \end{pmatrix} \times \frac{f_{E(G)}}{33} + f_{E(G)} \times K_{Bo} = K'_{E(G)} + f_{E(G)} \times K_{Bo} \text{ (DM/WE)};$$

$$\Sigma K_{E(TG)} = \begin{pmatrix} 1\,500 \\ 2\,000 \end{pmatrix} \frac{f_{E(G)}}{33 \times f'_{(G)}} + \frac{f_{E(G)}}{f'_{(G)}} \times K_{Bo} = K'_{E(TG)} + f_{E(TG)} \times K_{Bo} =$$

$$\frac{1}{f'_{(G)}} (K_{E(G)}) \text{ (DM/WE)}.$$

Zum Vergleich: der angegebene Reduktionsfaktor k_j ist nach diesem Berechnungsverfahren mit $k_j = \frac{f'_{E(G)}}{f'_{(G)}}$ definiert. Er berücksichtigt hier zweierlei Einflüsse: Zum einen die Reduktion des Erschließungsaufwandes für höhere Verdichtung allgemein (nach Gassner durch $f_{E(G)}/33$ in Abhängigkeit von GFZ) und zum anderen die Reduktion durch Tiefgaragen ($1/f'_{(G)}$), ebenfalls in Abhängigkeit von GFZ. Seine Werte — in Abhängigkeit von der GFZ — gibt Tab. 45 wieder.

Tab. 45: Reduktionsfaktor in Abhängigkeit von GFZ

Geschoßflächenzahl	k_j
0,3	0,932
0,3	0,903
0,4	0,879
0,5	0,850
0,6	0,822
0,7	0,802
0,8	0,780
0,9	0,755
1,0	0,736
1,1	0,725
1,2	0,703

Zunehmende Geschoßflächenzahlen wirken sich hiernach günstig auf die Rentabilität von Tiefgaragen im Vergleich mit ebenerdigen Garagen aus (vgl. Berechnung in Tab. 46). Bei der SIN-Datenerfassung 1968 waren für die Verkehrsflächen Werte von 8,08 bis 16,56 qm je Einwohner gefunden worden. Bei einer Belegungsziffer von 3,0 Einwohner je WE ergibt das ca. 24 bis 50 qm/WE. Diese Werte liegen im Rahmen der hier tabellarisch ermittelten Werte für $f_{E(G)}$ und $f_{E(TG)}$.

Tab. 46: Berechnung der Gesamtkosten für Erschließung und Garagen je WE in Abhängigkeit von GFZ und Rohlandpreis

a) Erschließungskosten

	GFZ 0,2	0,3	0,4	0,5	0,6
Zahl der erforderlichen Garage pro ha N_{Ga} (10 000 x GFZ/85)	23,6	35,3	47,1	58,8	70,6
zusätzliche Fläche je ha für Garagen F_{Ga} (N_{Ga} x 30) (qm/ha)	708	1 059	1 412	1 765	2 118
Faktor für zusätzliche Garagenflächen $f'_{(g)}$ (10 000 + F_{Ga}/10 000)	1,0708	1,1059	1,1412	1,1765	1,2118
Erschließungsflächen /WE (empirisch) $f_{E(G)}$ (qm/WE)	97,0	82,0	68,0	55,0	44,5
reduzierte Erschliessungsflächen bei Tiefgaragen $f_{E(TG)}$ ($f_{E(G)}/f'_{(G)}$) (qm/WE)	90,5	74,1	59,5	46,7	36,7
Faktor für Erschliessungsaufwand in Abhängigkeit von der Dichte $f'_{E(G)}$ ($f_{E(G)}/33$)	2,94	2,48	2,06	1,67	1,35
$f'_{E(TG)}$ $f'_{E(G)}/f'_{(G)}$	2,74	2,24	1,81	1,42	1,11
Erschließungskosten ohne Grundstückskosten $K'_{E(G)}$ (K_E x $f'_{E(G)}$)					
KE = 1 500 DM/WE	4 410	3 720	3 090	2 505	2 025
KE = 2 000 DM/WE	5 880	4 960	4 012	3 340	2 700
$K'_{E(TG)}$ (K_E x $F_{E(G)}$)					
KE = 1 500 DM/WE	4 110	3 360	2 715	2 130	1 665
KE = 2 000 DM/WE	5 480	4 480	3 620	2 840	2 220

	GFZ 0,7	0,8	0,9	1,0	1,1	1,2
Zahl der erforderlichen Garagen pro ha N_{Ga} (10 000 x GFZ/85)	82,4	94,1	105,6	117,6	129,3	141,1
zusätzliche Fläche je ha für Garagen F_{Ga} (N_{Ga} x 30) (qm/ha)	2 470	2 825	3 168	3 530	3 880	4 233
Faktor für zusätzliche Garagenflächen $f'_{(G)}$ (10 000 + F_{GA}/10 000)	1,2470	1,2825	1,3168	1,3530	1,3880	1,4233
Erschließungsflächen/ WE (empirisch) $f_{E(G)}$ (qm/WE)	36,5	33,0	31,0	30,0	30,0	30,0

Tab. 46: Berechnung der Gesamtkosten für Erschließung und Garagen je WE in Abhängigkeit von GFZ und Rohlandpreis
a) Erschließungskosten (Fortsetzung)

	GFZ					
	0,7	0,8	0,9	1,0	1,1	1,2
reduzierte Erschliessungsflächen bei Tiefgaragen $f_{E(TG)}$ $(f_{E(G)}/f'_{(G)}$ (qm/WE)	29,3	25,7	23,5	22,2	21,6	21,0
Faktor für Erschliessungsaufwand in Abhängigkeit von der Dichte $f'_{E(G)}$ $(f_{E(G)}/33)$	1,11	1,00	0,94	0,91	0,91	0,91
$f'_{E(G)}/f'_{(G)}$	0,89	0,78	0,71	0,67	0,66	0,64
Erschließungskosten ohne Grundstückskosten $K'_{E(G)}$ $(K_E \times f'_{E(G)})$						
KE = 1 500 DM/WE	1 665	1 500	1 410	1 365	1 365	1 365
KE = 2 000 DM/WE	2 220	2 000	1 880	1 820	1 820	1 820
$K'_{E(TG)}$ $(K_E \times f'_{E(TG)})$						
KE = 1 500 DM/WE	1 335	1 170	1 065	1 005	990	960
KE = 2 000 DM/WE	1 780	1 560	1 420	1 340	1 320	1 280

Tab. 46: Berechnung der Gesamtkosten für Erschließung und Garagen je WE in Abhängigkeit von GFZ und Rohlandpreis
b) Kosten der Erschließungsflächen (DM/WE)

	GFZ				
	0,2	0,3	0,4	0,5	0,6
ebenerdige Garagen $(f_{E(G)} \times K_{Bo})$ K_{Bo} (DM/qm)					
20	1 940	1 640	1 360	1 100	890
40	3 880	3 280	2 720	2 200	1 780
60	5 820	4 920	4 080	3 300	2 670
80	7 760	6 560	5 440	4 400	3 560
100	9 700	8 200	6 800	5 500	4 450
Tiefgaragen $(f_{E(TG)} \times K_{Bo})$ K_{Bo} (DM/qm)					
20	1 810	1 482	1 190	934	734
40	3 620	2 964	2 380	1 868	1 468
60	5 430	4 446	3 570	2 802	2 202
80	7 240	5 928	4 760	3 736	2 936
100	9 050	7 410	5 950	4 670	3 670

Tab. 46: Berechnung der Gesamtkosten für Erschließung und Garagen je WE in Abhängigkeit von GFZ und Rohlandpreis
b) Kosten der Erschließungsflächen (DM/WE) Fortsetzung

	GZF					
	0,7	0,8	0,9	1,0	1,1	1,2
ebenerdige Garagen ($f_{E(G)} \times K_{Bo}$)						
K_{Bo} (DM/qm)						
20	730	660	620	600	600	600
40	1 460	1 320	1 240	1 200	1 200	1 200
60	2 190	1 980	1 860	1 800	1 800	1 800
80	2 920	2 640	2 480	2 400	2 400	2 400
100	3 650	3 300	3 100	3 000	3 000	3 000
Tiefgaragen ($f_{E(TG)} \times K_{Bo}$)						
K_{Bo} (DM/qm)						
20	586	514	470	444	432	420
40	1 172	1 028	940	888	864	840
60	1 758	1 542	1 410	1 332	1 296	1 260
80	2 344	2 056	1 880	1 776	1 728	1 680
100	2 930	2 570	2 350	2 220	2 160	2 100

Tab. 46: Berechnung der Gesamtkosten für Erschließung und Garagen je WE in Abhängigkeit von GFZ und Rohlandpreis
c) Gesamtkosten der Erschließung einschließlich Grundstückskosten (DM/WE)

	GFZ				
	0,2	0,3	0,4	0,5	0,6
ebenerdige Garagen $(\Sigma K_{(E(G)}\binom{1\,500}{2\,000}) = K'_{E(G)}\binom{1\,500}{2\,000} + f_{E(G)} \times K_{Bo}$					
K_{Bo} (DM/qm)					
0	4 410	3 720	3 090	2 505	2 025
	5 880	4 960	4 012	3 340	2 700
20	6 350	5 360	4 450	3 605	2 915
	7 820	6 600	5 372	4 440	3 590
40	8 290	7 000	5 810	4 705	3 805
	9 760	8 240	6 732	5 540	4 480
60	10 230	8 640	7 170	5 805	4 695
	11 700	9 880	8 092	6 640	5 370
80	12 170	10 280	8 530	6 905	5 585
	13 640	11 520	9 452	7 740	6 260
100	14 110	11 920	9 890	8 005	6 475
	15 580	13 160	10 812	8 840	7 150

Tiefgaragen $(\Sigma K_{E(TG)}\binom{1\,500}{2\,000}) = K'_{E(TG)}\binom{1\,500}{2\,000} + f_{E(TG)} \times K_{Bo}$

Tab. 46: Berechnung der Gesamtkosten für Erschließung und Garagen je WE in Abhängigkeit von GFZ und Rohlandpreis
c) Gesamtkosten der Erschließung einschließlich Grundstückskosten (DM/WE) Fortsetzung

K_{Bo} (DM/qm)	GFZ				
	0,2	0,3	0,4	0,5	0,6
0	4 110	3 360	2 715	2 130	1 665
	5 480	4 480	3 620	2 840	2 220
20	5 920	4 842	3 905	3 064	2 399
	7 290	5 962	4 810	3 774	2 954
40	7 730	6 324	5 095	3 998	3 133
	9 100	7 444	6 000	4 708	3 688
60	9 540	7 806	6 285	4 932	3 867
	10 910	8 926	7 190	5 642	4 422
80	11 350	9 288	7 475	5 866	4 601
	12 720	10 408	8 380	6 576	5 156
100	13 160	10 770	8 665	6 800	5 335
	14 530	11 890	9 570	7 510	5 890

	GFZ				
	0,7	0,8	0,9	1,0	1,1	1,2

ebenerdige Garagen
$(\Sigma K_{E(G)} \binom{1\,500}{2\,000}) = K'_{E(G)} \binom{1\,500}{2\,000} + f_{E(G)} \times K_{Bo})$

K_{Bo} (DM/qm)	0,7	0,8	0,9	1,0	1,1	1,2
0	1 665	1 500	1 410	1 365	1 365	1 365
	2 220	2 000	1 880	1 820	1 820	1 820
20	2 395	2 160	2 030	1 965	1 965	1 965
	2 950	2 660	2 500	2 420	2 420	1 420
40	3 125	2 820	2 650	2 565	2 565	2 565
	3 680	3 320	3 120	3 020	3 020	3 020
60	3 855	3 480	3 270	3 165	3 165	3 165
	4 410	3 980	3 740	3 620	3 620	3 620
80	4 585	4 140	3 890	3 765	3 765	3 765
	5 140	4 640	4 360	4 220	4 220	4 220
100	5 315	4 800	4 510	4 365	4 365	4 365
	5 870	5 300	4 980	4 820	4 820	4 820

Tiefgaragen
$(\Sigma K_{E(TG)} \binom{1\,500}{2\,000}) = K'_{E(TG)} \binom{1\,500}{2\,000} + f_{E(TG)} \times K_{Bo}$

K_{Bo} (DM/qm)	0,7	0,8	0,9	1,0	1,1	1,2
0	1 335	1 170	1 065	1 005	990	960
	1 780	1 560	1 420	1 340	1 320	1 280
20	1 921	1 684	1 535	1 449	1 422	1 380
	2 366	2 074	1 890	1 784	1 752	1 700
40	2 507	2 198	2 005	1 893	1 854	1 800
	2 952	2 588	2 360	2 228	2 184	2 120
60	3 093	2 712	2 475	2 337	2 286	2 220
	3 538	3 102	2 830	2 672	2 616	2 540

Tab. 46: Berechnung der Gesamtkosten für Erschließung und Garagen je WE in Abhängigkeit von GFZ und Rohlandpreis
c) Gesamtkosten der Erschließung einschließlich Grundstückskosten (DM/WE) Fortsetzung

	GFZ					
	0,7	0,8	0,9	1,0	1,1	1,2
80	3 679	3 226	2 945	2 781	2 718	2 640
	4 124	3 616	3 300	3 116	3 048	2 960
100	4 265	3 740	3 415	3 225	3 150	3 060
	4 710	4 130	3 770	3 560	3 480	3 380

In Abb. 49 werden die Erschließungskosten ($K'_E + f_E \times K_{Bo}$) aus Tab. 46 für verschiedene Bodenpreise in Abhängigkeit von der Geschoßflächenzahl aufgetragen: Die Erschließungskosten steigen mit sinkender GFZ rapide, vor allem bei hohen Bodenpreisen, während sie im Bereich höherer GFZ (0,8 bis 1,2) relativ konstant bleiben.

Den Kostenvergleich für K_E = 2 000 DM/WE bei GFZ 0,8 und K_{Bo} = 60 DM/qm gibt Tab. 47, für K_E = 1 500 DM/WE bei GFZ 0,8 und K_{Bo} = 60 DM/qm gibt Tab. 48 wieder.

Tab. 47 Kostenvergleich I

Garagenform	ΣK_E	Kostenunterschied
Tiefgaragen	3 000 DM/WE	850 DM $\stackrel{\wedge}{=}$ 22 %
Reihengaragen	3 850 DM/WE	

Tab. 48: Kostenvergleich II

Garagenform	ΣK_E	Kostenunterschied
Tiefgaragen	2 600 DM/WE	750 DM $\stackrel{\wedge}{=}$ 22,4 %
Reihengaragen	3 350 DM/WE	

Bei niedrigeren GFZ und/oder höheren Bodenpreisen (K_{Bo}) sind die Kostenunterschiede für die Erschließung bei alternativen Garagenarten wesentlich höher. Ein weiteres Ergebnis ist, daß im Falle von Tiefgaragen die Erschließungskosten für höhere GFZ (1,0) und höhere Bodenpreise (80 DM/qm) etwa gleich bleiben. Dieser Befund, der quantitativ den Minderaufwand für die Erschließung bei Unterbringung des ruhenden Verkehrs in Tiefgaragen darlegt, dürfte auch besonders für die kommunalen Planungsträger bedeutungsvoll sein, denn sie tragen ja gemäß § 129 Abs. 1 BBauG mindestens 10 % der Erschließungskosten. Hier wird also der in Abschnitt 7.1 angedeutete Konflikt zwischen privatwirtschaftlicher und volkswirtschaftlicher Wirtschaftlichkeitsrechnung bestätigt.

Abb. 49: Erschließungskosten bei verschiedenen Bodenpreisen in Abhängigkeit von der GFZ
a: K_E = 1500 DM/WE

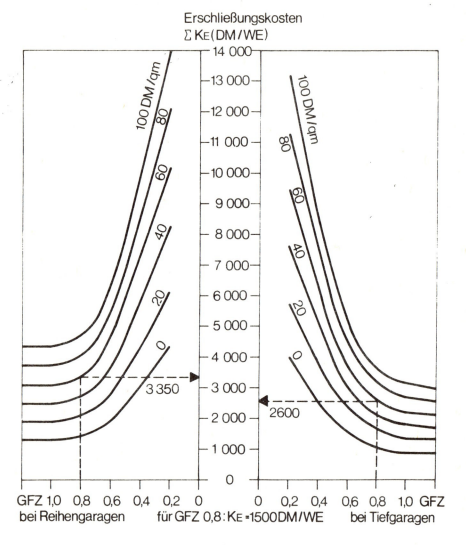

Abb. 49: Erschließungskosten bei verschiedenen Bodenpreisen in Abhängigkeit von der GFZ
b: K_E = 2000 DM/WE

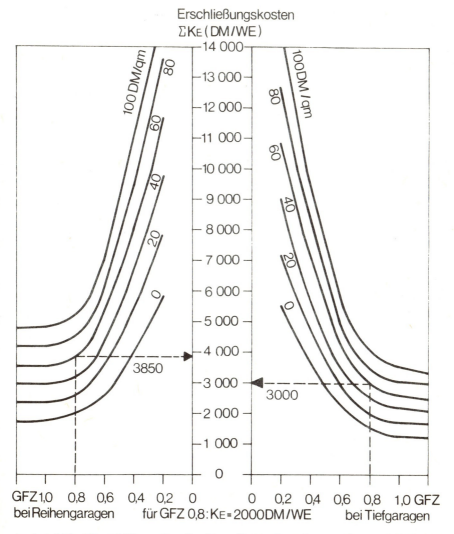

In den Abb. 50 und 52 werden für die variierten Grundkosten K_E von 1 500 und 2 000 DM/WE bei GFZ 0,8 die Gesamtkosten für Garagen und Erschließung in Abhängigkeit vom Bodenpreis für variierte GFZ dargestellt. Die Gesamtkosten lassen sich als Abstand zwischen Streuungsband für Garagenkosten und Kostenlinie für Erschließung für beliebige Bodenkosten und GFZ herausgreifen. Der inkonsistenten Darstellungsweise (Streubereich für Garagenkosten/exakte Linie für Erschließungskosten auf empirischer Basis) steht der Vorteil der Variabilität für praktische Zwecke bei kalkulierten Basiswerten gegenüber. Für einige Werte von GFZ und Bodenpreisen ergeben sich nach Tab. 49 z.B. die in Abb. 51 und 53 dargestellten Kosten.

Abb. 50: Gesamtkosten für Garagen und Erschließung in Abhängigkeit von Bodenpreis und GFZ I

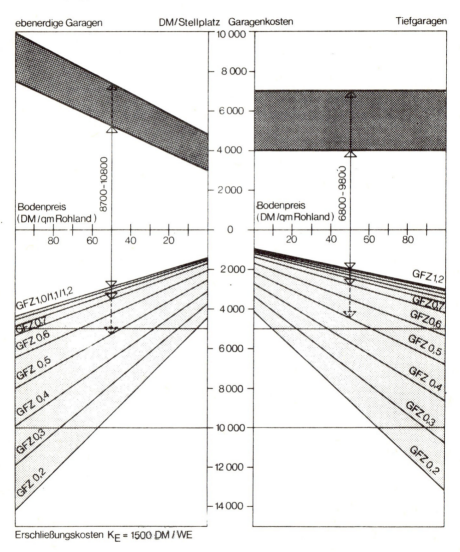

Abb. 51: Kosten für Erschließung und Garagen (ebenerdige Garagen = Ga und Tiefgaragen = TG) für ausgewählte Bodenkosten bei GFZ = 0,7 [1])

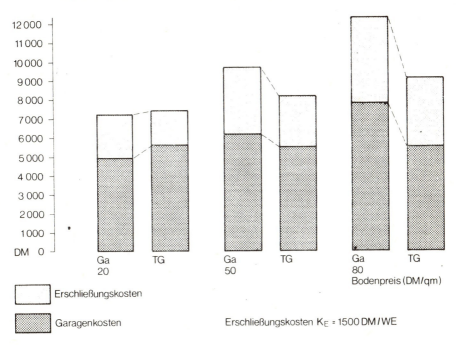

1) Quelle: Abb. 50

Abb. 52: Gesamtkosten für Garagen und Erschließung in Abhängigkeit von Bodenpreis und GFZ II

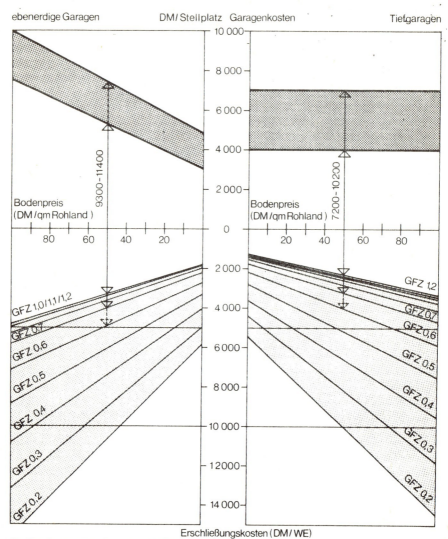

Abb. 53: Kosten für Erschließung und Garagen (ebenerdige Garagen = Ga und Tiefgaragen = TG) für ausgewählte Bodenkosten bei GFZ = 0,7 II[1)]

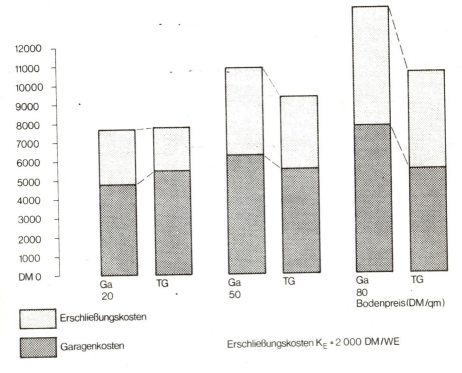

1) Quelle: Abb. 52

Tab. 49: Gesamtkosten für Garagen und Erschließung (Σ_K)

K_E DM/qm	GFZ	Bodenpreis K_{Bo} (DM/qm)	ebenerdige Reihengaragen (DM/WE)			Tiefgaragen (DM/WE)			Unterschied der Mittelwerte (DM/WE)
			min.	Mittel	max.	min.	Mittel	max.	
1 500	0,5	20	7 500	8 425	9 450	7 100	8 600	10 100	+ 175
		50	10 500	11 550	12 600	8 500	10 000	11 500	− 1 550
1 500	0,7	20	6 300	7 275	8 250	5 900	7 400	8 900	+ 125
		50	8 700	9 750	10 800	6 750	8 250	9 750	− 1 500
1 500	1,2	20	5 850	6 825	7 800	5 350	6 850	8 350	+ 25
		50	8 050	9 100	10 150	5 950	7 450	8 950	− 1 650

Tab. 49: Gesamtkosten für Garagen und Erschließung (Σ_K) (Fortsetzung)

K_E DM/qm	GFZ	Bodenpreis K_{Bo} (DM/qm)	ebenerdige Reihengaragen (DM/WE)			Tiefgaragen (DM/WE)			Unterschied der Mittelwerte (DM/WE)
			min.	Mittel	max.	min.	Mittel	max.	
2 000	0,5	20	8 350	9 325	10 300	7 750	9 250	10 750	− 100
		50	11 350	12 400	13 450	9 200	10 700	12 200	− 1 700
2 000	0,7	20	6 800	7 775	8 750	6 350	7 850	9 350	+ 75
		50	9 300	10 350	11 400	7 250	8 750	10 250	− 1 600
2 000	1,2	20	6 300	7 275	8 250	5 700	7 200	8 700	− 75
		50	8 500	9 550	10 600	6 300	7 800	9 300	− 1 750

Für die herausgegriffenen Basiswerte sind die Gesamtkosten bei den billigsten Tiefgaragen in jedem Falle niedriger als die Gesamtkosten bei den billigsten ebenerdigen Garagen, desgleichen bei der teuersten Ausführung von Garagen und Tiefgaragen und Bodenpreisen von 50 DM/qm. Für mittlere Garagenbaukosten sind bei Bodenpreisen von 50 DM/qm die Gesamtkosten im Falle von Tiefgaragen immer erheblich niedriger (Differenz > 1 000 DM/WE), bei 20 DM/qm etwa gleich groß wie im Falle von ebenerdigen Reihengaragen.

20 DM/qm Rohbauland kann in etwa als kritischer Bodenpreis betrachtet werden, bei dem Gleichheit in den Gesamtkosten für Garagen und Erschließung für die verglichenen Garagenarten eintritt.

Dieser Befund, dem realistische Annahmen für Garagen- und Erschließungskosten zugrunde liegen, weist entschieden die Bedenken zurück, die bislang gegen die Rentabilität der Unterbringung des ruhenden Verkehrs in Tiefgaragen vorgetragen wurden. Er zeigt auf, daß bei den heute geforderten Bodenpreisen die Unterbringung des ruhenden Verkehrs in Tiefgaragen bei Bodenkosten ab 10 bis 30 DM/qm Rohbauland aus wirtschaftlichen Gründen in Erwägung gezogen werden muß. Ein weiterer, mit wachsender GFZ zunehmender Kostenvorteil für Tiefgaragen ist aus den vorliegenden Daten nicht abzulesen (GFZ < 0,4 werden für Tiefgaragen uninteressant), es sei denn über die Beziehung zwischen Bodenpreisen und geforderter Verdichtung. Es sei noch einmal darauf hingewiesen, daß diesem Kostenvergleich zum Teil empirische Werte zugrunde liegen.

Es gibt zudem nur einen Einblick in die allgemeinen Kostenbedingungen. Einzelfälle mögen wegen vorhandener örtlicher Bedingungen oder der Leistungsfähigkeit des Planers erhebliche Abweichungen ergeben, die sich entweder für Tiefgaragen oder für ebenerdige Garagen günstiger auswirken. Die angewandte Berechnung der Gesamtkosten zum Vergleich der Erschließungs- und Garagensysteme läßt sich aber, wenn konkrete Daten (Vergleichsvorschläge) vorliegen, zur Ermittlung der wirtschaftlicheren Planung heranziehen.

7.6 Wirtschaftlichkeitsvergleich unter Berücksichtigung der besonderen Bestimmungen des § 21a Abs. 5 BauNVO

Bisher hat der hier vorgenommene Wirtschaftlichkeitsvergleich noch nicht die Vergünstigung berücksichtigt, die im Falle von Unterflurgaragen oder unterirdischen Garagengeschossen eine Erhöhung der zulässigen baulichen Nutzung gewährt. Dazu § 21 a Abs. 5 BauNVO: „Die zulässige Geschoßfläche (§ 20) oder die zulässige Baumasse (§ 21) ist um die Flächen oder Baumassen notwendiger Garagen, die unter der Geländeoberfläche hergestellt werden, insoweit zu erhöhen, als der Bebauungsplan dies festsetzt oder als Ausnahme vorsieht." (Kommentar und Interpretation, vgl. 1.2).

Unter der Annahme fixer Planungsdaten sollen nun die Garagen- und Erschließungskosten im Falle von ebenerdigen Garagen bzw. Tiefgaragen unter Anwendung dieser Bestimmung berechnet werden. Für Tiefgaragen ergibt sich bei GFZ = 1,0, 85 qm/WE, 1 Stellplatz/WE als Garage, 25 qm/Garage, und somit 117,6 notwendige Garagen/ha eine mögliche Erhöhung der GFZ um

$$\frac{117,6 \times 25}{10\,000} = 0,294 \text{ auf GFZ} = 1,294.$$

Damit können auf demselben Gelände (1 ha) bei gleichem Erschließungsaufwand

$$\frac{12\,940 \text{ qm} - 10\,000 \text{ qm}}{85 \text{ qm/WE}} = 34,8 \text{ WE} \approx 35 \text{ WE}$$

mehr untergebracht werden. Bei einem Rohlandpreis von 40 DM/qm ergeben sich als Erschließungskosten (bei Bebauung mit ebenerdigen Garagen) 2 550 DM/WE (Wert aus Abb. 52). Für Tiefgaragenbebauung ermäßigt sich dieser Wert wegen der Verteilung auf mehr WE/ha gemäß Erhöhung der GFZ um 0,294 auf $2\,550 \times \frac{1,0}{1,294}$ = 1 970,64 DM/WE. Das ergibt eine Einsparung von rund 579 DM/WE.

Hierbei wurden noch nicht die Einsparungen an Wohnbauland berücksichtigt, die sich, bezogen auf 1 WE, bei der möglichen Erhöhung der GFZ durch Planung von Tiefgaragen nach § 21 a Abs. 5 BauNVO ergeben: Bei 40 DM/qm Rohbauland sind 40 x 10 000 = 400 000 DM/ha aufzubringen. Die zusätzlich unterzubringenden WE reduzieren den Aufwand für Wohnbauland/WE um $400\,000 \times \frac{1}{117,6} - \frac{1}{117,6+27,6}$ = 3 400 − 2 755 = 645 DM/WE. Damit ergibt sich bei einem Rohlandpreis von 40 DM/qm und den sonstigen Planungsdaten eine (theoretische) Einsparung für Wohnbauland und Erschließungsaufwand von 579 + 645 = 1 224 DM/WE. Diese Ersparnis durch Anlage von Tiefgaragen und Ausnutzung der neuen Bestimmungen der BauNVO kann als der Betrag angesehen werden, den Tiefgaragen für die durchgerechneten Planungsgrundlagen mehr kosten dürften als ebenerdige Garagen (einschließlich Garagenflächenkosten, die bei 40 DM/qm und 30 qm/Garagenplatz einschließlich Nebenflächen 1 200 DM ausmachen), um auf den gleichen Gesamtaufwand für Erschließung, ruhenden Verkehr und Wohnbauland zu kommen. Unter Hinzurechnung der Garagenflächenkosten ist der mögliche Mehraufwand für die Herstellung der Tiefgaragen: 2 424 DM/WE (= Garage). Bei höheren Rohlandpreisen erhöht sich diese Einsparung wiederum erheblich. Selbst bei niedrigen Rohlandpreisen zeigt sich die kostenmäßige Überlegenheit der Bebauung mit Tiefgaragen gegenüber der Bebauung mit ebenerdigen Garagen.

7.7 Vergleichsformel zum Kostenvergleich von Bebauungsvarianten

Bisher wurden Kostenvergleiche mit angenommenen Grunddaten durchgeführt, die — mit einem Streuungsbereich für Einzelkosten — einen allgemeinen Einblick in die Kostenstruktur der Aufwendungen für Wohnbauland, Erschließung und Garagen und einen Vergleich der Gesamtkosten ermöglichten. Es liegt in der Natur von empirischen Daten, Anhaltswerte mit einer bestimmten Wahrscheinlichkeit zu liefern. Konkrete Beispiele für Bebauungsgebiete können wegen örtlicher Besonderheiten von diesen Anhalts- und Mittelwerten erheblich abweichen. Für die Praxis ist es nun interessant, in jedem einzelnen Fall einer vorliegenden oder zu planenden Bebauung zu wissen, ob eine Bebauung mit unterirdischen Garagen oder eine solche mit ebenerdigen Garagen kostengünstiger herzustellen ist. Dazu wird das angewandte Berechnungsverfahren verallgemeinert, statt der unterstellten Daten werden allgemeine Ausdrücke eingeführt, in die für den konkreten Fall die jeweiligen Einzelwerte eingesetzt werden können.

Die Berechnungsgleichungen hatten nach Abschnitt 7.6 folgende Form:
für Bebauung mit ebenerdigen Garagen:

$$\Sigma K_E = K_G + f_G \times K_{Bo} \times \frac{0,5}{GFZ} + K_{E,g} + f_{E,g} \times K_{Bo} + f_{WL} \times K_{Bo};$$

für Bebauung mit Tiefgaragen:

$$\Sigma K_{tg} = K_{TG} + 0 + [K_{E,tg} + (f_{E,tg} + f_{WL}) K_{Bo}] \frac{f_W}{f_W + f_{TG}}$$

Dabei wurden die Indizes abgeändert:
G bzw. TG werden bei direktem Aufwand für ebenerdige Garagen bzw. Tiefgaragen verwendet.
g bzw. tg werden bei indirektem Aufwand im Falle von Bebauung mit ebenerdigen bzw. Tiefgaragen verwendet.
f_W ist die „Bruttowohnfläche je WE",
f_{WL} das „Wohnbauland je WE".

Der Reduktionsfaktor $\frac{0,5}{GFZ}$ berücksichtigt, daß die Flächen der Garagenanlagen eine andere spezifische GFZ als die Wohnbauflächen aufweisen können (unter Berücksichtigung der Fahrgassen und Zufahrtsflächen rund GFZ = 0,5).

Der Reduktionsfaktor $\frac{f_W}{f_W + f_{TG}}$ drückt die Nutzungserhöhung nach § 21 a BauNVO im Falle von unterirdischen Garagen aus. f_{TG} ist dabei die Fläche pro Stellplatz in der Tiefgarage, die für die Erhöhung der Geschoßflächenzahl angerechnet werden darf. Dieser Reduktionsfaktor verkleinert die drei Größen K_E, f_E, f_{WL} dadurch, daß sich gleichbleibende Aufwendungen für Erschließung und Wohnbauland auf eine größere Anzahl von Wohneinheiten verteilen.

Die Reduktionsfaktoren werden zusammengefaßt zu den neuen Größen:

$$f_1 = \frac{0,5}{GFZ} f_G \text{ (Definition s.o.);}$$

$$f^*_1 = \frac{f_1 + f_{WI}}{f_{WL}} .$$

f^*_1 erfaßt die Ausweitung des Baugebiets um die notwendigen ebenerdigen Garagen, wobei dieser Ausdruck hier auf 1 Garage/WE festgesetzt wird.

Die Beziehung $\frac{1}{f^{**}_1} = \frac{f_W}{f_W + f_{TG}}$ erfaßt die Nutzungserhöhung nach § 21 a BauNVO.

Hierbei wurde bislang als Zahl der „notwendigen" Garagen 1 Stellplatz/WE unterstellt. Wenn die Stellplatzpflicht zum Teil durch offene oberirdische Stellplätze abgedeckt wird (unter Einschränkung der Freifläche — aber nicht unbedingt mit Auswirkungen auf die bauliche Nutzung), erfahren die beiden Reduktionsfaktoren f^* und $1/f^{**}$ eine Korrektur durch n_G als Anteil der als Garagen ausgebildeten Stellplätze:

$$f = \frac{0,5}{GFZ} \times f_G \times n_G = f_1 \times n_G$$

$$f' = \frac{\frac{0,5}{GFZ} f_G \times n_G + f_{WL}}{f_{WL}} = \frac{f_1 \times n_G + f_{WL}}{f_{WL}} \leq f^*_1; (f' > 1,0)$$

Dabei ist $f_{WL} = f_W/GFZ$; der Ausdruck f' erweist sich somit als konstant für alle GFZ:

$$f' = \frac{\frac{0,5}{GFZ} f_G \times n_G + \frac{f_W}{GFZ}}{f_W/GFZ} = \frac{0,5 f_G \times n_G + f_W}{f_W}$$

$$\frac{1}{f''} = \frac{f_W}{f_W + f_{TG} \times n_{TG}} ; \quad > \frac{1}{f^{**}_1}$$

n_G bzw. n_{TG} als Anteil der Garagen an den Stellplätzen/WE ist nach den geltenden Richtzahlen der Landesbauordnungen eine Zahl kleiner als 1, nach den Richtlinien für Demonstrativbaugebiete eine Zahl kleiner als 1,5.

Mit diesen Vereinfachungen lauten die allgemeinen Kostenausdrücke nunmehr:

$$\Sigma K_g = K_G + f'K_E + \left(\frac{f_W}{GFZ} + f_E\right) f'K_{Bo} = K_G + f' \left[K_E + \left(\frac{f_W}{GFZ} + f_E\right) K_{Bo}\right]$$

$$\Sigma K_{tg} = K_{TG} + \frac{1}{f''} \left[K_E + \left(\frac{f_W}{GFZ} + f_E\right) K_{Bo}\right]; \text{ mit } f' > 1,0 \text{ und } 1/f'' < 1,0.$$

f' ist größer als 1,0 und erhöht die Aufwendungen für Erschließung und Wohnbauland je Wohneinheit wegen der Nutzungseinschränkung durch oberirdische Garagengeschoßflächen (weniger WE/ha bei gleichen Bauland- und Erschließungskosten).

1/f'' ist kleiner als 1,0 und vermindert die Aufwendung für Erschließung und Wohnbauland je Wohneinheit unter Berücksichtigung des § 21 a BauNVO im Falle von unterirdischen Garagen.

Mit diesen Rechenausdrücken läßt sich nun z.B. für einen Bebauungsplan mit ebenerdigen Garagen die Kostensumme berechnen, die im Falle von Tiefgaragen mehr (oder weniger) entstanden wäre. Eine Berechnung der Mehr- bzw. Minderkosten) für Wohnbauland, Erschließung und Garagen bei beliebigen Bebauungsplänen zum Vergleich der Kostenwirkungen von Garagensystemen wird so möglich.

Z.B. erhält man mit $\Delta (\Sigma K)$ die Kosten, die bei Ersatz der geplanten ebenerdigen Garagen durch Tiefgaragen zusätzlich oder weniger entstehen würden.

$$\Delta(\Sigma K) = \Delta(K_{TG,G}) + \Delta(K_{E,WL}) =$$
$$= \Delta(K_{TG,G}) + [K_E + (f_{WL} + f_E) \times K_{Bo}] \times [\frac{1}{f''} - f'] =$$
$$= [K_{TG} \cdot K_G] + [K_E + (\frac{f_W}{GFZ} + f_E) \times K_{Bo}] \times [\frac{f_W}{f_W + f_{TG} n_G} - \frac{0{,}5 f_G\, n_G + f_W}{f_W}]$$

(DM/Garage)

Die einzelnen Ausdrücke, die durch die jeweiligen Werte eines konkreten Bebauungsplans ersetzt werden, erklären sich wie folgt:

$\Delta(K_{TG,G})$	= K_G-K_{TG} ... Unterschied der Garagenbaukosten	(DM/Garage)
$\Delta(K_{E,WL})$	... Unterschied der Kosten für Erschließung und Wohnbauland	(DM/WE)
K_G	Kalkulierte Kosten/ebenerdiger Garagenplatz („Baukosten" nach DIN 276 Abs. 2.0; ohne Kosten des Baugrundstückes)	(DM/Stellplatz)
K_{TG}	Kalkulierte Kosten/Tiefgaragenplatz („Baukosten")	(DM/Stellplatz)
K_E	Baukosten der Erschließung [1]	(DM/WE)
K_{Bo}	Rohlandpreis (unerschlossener Boden)	(DM/qm)
f_E	Erschließungsfläche/Wohneinheit [2]	(qm/WE)
f_G	Fläche ebenerdiger Garagen [3]	(qm/Stellplatz)
f_{TG}	(Tief-)Garagenfläche	(qm/Stellplatz)
f_W	Bruttowohnfläche (im Mittel)	(qm/WE)
n_G	Anteil der Garagenstellplätze an den gesamten Stellplätzen, bezogen auf eine Wohneinheit	($n_G \leq 1{,}0$)

---

[1] „Erschließung" im Sinne des § 127 Abs. 3 BBauG
[2] Flächen für die „innere Erschließung", ebenfalls im Sinne von § 127 Abs. 3 BBauG
[3] Flächen einschließlich Fahrgassen, Zufahrt und Verschnittflächen

Dabei wird das Produkt der beiden letzten Klammerausdrücke negativ, weil der letzte Klammerausdruck als Differenz der beiden Faktoren (1/f'') und (f') immer negativ ist, d.h., die Erschließungs- und Wohnbaulandkosten (bezogen auf die Wohneinheit) werden im Zuge der Verdichtung durch Tiefgaragen niedriger sein.

Ergibt sich für $\Delta(\Sigma K)$ ein negativer Wert, so bedeutet dieser Betrag die Einsparungen in DM/Garage, die durch Tiefgaragen erzielt werden. Ergibt sich für $\Delta(\Sigma K)$ ein positiver Wert, so bedeutet dieser Betrag den Mehraufwand in DM/Garage, der für Tiefgaragen aufgebracht werden muß.

Hierzu ein Rechenbeispiel eines fingierten Bebauungsplanes mit vorgegebenen Planungsdaten:

GFZ = 0,7
K_G = 3 500 DM/Garage
K_{TG} = 5 500 DM/Garage
K_E = 2 000 DM/WE
f_E = 40 qm/WE
f_W = 85 qm/WE
f_{WL} = f_W/GFZ = 85/0,7 = 121,4 qm/WE
K_{Bo} = 30 DM/qm Rohland
f_G = 30 qm/Stellplatz
f_{TG} = 25 qm/Stellplatz
n_G = 0,8 (Zahl der Garagen pro Zahl aller Stellplätze)

$\Delta(\Sigma K)$ = (5 500 - 3 500) + [2 000 + (121,4 + 40,0)

$\times [\dfrac{85}{85 + 25 \times 0,8} - \dfrac{0,5 \times 30 \times 0,8 + 85}{85}] =$

= 2 000 + [2 000 + 4 840] × [0,81 − 1,14] =
= 2 000 + 6 840 (−0,33) =
= 2 000 − 2 255 =
= − 255 (DM/Garage)

Bei diesem Beispiel hätten also 2 255 DM für Erschließung und Bauland gespart werden können, so daß man die veranschlagten Mehrkosten für Tiefgaragen von 2 000 DM/Stellplatz mehr als ausgeglichen hätte. Man hätte also insgesamt 255 DM/Garage durch die Herstellung von Tiefgaragen sparen können — und zusätzlich einen städtebaulichen Vorteil erzielt.

Abschließend noch einige Anmerkungen zu dem Formelausdruck für $\Delta(\Sigma K)$.

K_{TG} − K_G bewegt sich nach den angeführten Kostenbeispielen in den Größenordnungen von 800 bis 4 000 DM und ergibt sich aus der örtlichen Kalkulation der Garagenkosten. Diese Mehrkosten für den Bau von Tiefgaragen müssen durch den zweiten Summanden (das Produkt der beiden Klammerausdrücke, das in jedem Falle negativ wird) mindestens ausgeglichen werden.

Der erste Faktor des Produkts ($K_E + f \times K_{Bo}$), als Summe der Erschließungs- und Baulandkosten/WE, ist in hohem Maße abhängig von K_{Bo}, weil K_E nur zwischen rund 1 500 bis 3 000 DM/WE bei Geschoßflächenzahlen streut, die für Tiefgaragen relevant sind. $f = f_{WL} + f_E$ streut zwischen rund 100 bis 220 qm/WE und die Rohlandkosten K_{Bo} sind sehr unterschiedlich. Schon bei 15 DM/qm können die Baulandkosten $f \times K_{Bo}$ die Kosten K_E für die Erschließung überwiegen.

Der Reduktionsfaktor $\Delta(f_{tg,g}) = \frac{1}{f''} - f'$ ist bei konstanter mittlerer Bruttowohnfläche f_W und konstanten Garagenflächen (f_G und f_{TG}) nur abhängig von der Zahl (n_g) der als Garagen ausgebildeten Stellplätze. Tab. 50 gibt die quantitative Bedeutung der Faktoren und Summanden des Berechnungsausdrucks unter der Annahme folgender Fixwerte wieder: f_W = 85 qm/WE; f_{TG} = 25 qm/Stellplatz; f_G = 30 qm/Garagenplatz.

Tab. 50: Berechnung des Reduktionsfaktors $\Delta(f_{tg,g})$ für verschiedene n_G

f_W	n_G	$f_{TG} n_G$	$f' = \frac{f_W}{f_W + f_{TG} \times n_G}$	$0{,}5 f_G \times n_G$	$1/f'' = \frac{0{,}5 f_G \times n_G + f_W}{f_W}$	$(f_{tg,g})$ $f' - 1/f''$
qm/WE		qm/Stellplatz		qm/Stellplatz		
85	0,6	15	0,850	9	1,105	− 0,255
85	0,8	20	0,810	12	1,140	− 0,330
95	1,0	25	0,773	15	1,177	− 0,404

Die Variation von n_G in Tab. 50 zeigt die Bedeutung dieses Faktors. Werden alle notwendigen Stellplätze (hier 1 Stellplatz/WE) als Garagen ausgebildet, so wird $\Delta(f_{tg,g}) = -0{,}404$, d.h., die Kosten/WE für Erschließung und Wohnbauland verringern sich durch Tiefgaragen um 40,4 %. Werden nur noch 60 % der Stellplätze als Garagen ausgebildet, so beträgt die Reduktion $\Delta(f_{tg,g})$ nur 25,5 %. Bei Erschließungs- und Baulandkosten von 7 000 DM/WE macht dieser Unterschied von $\Delta(f)$ (40,4 − 25,5 ≈ 15 %) immerhin 0,15 × 7 000 = 1 050 DM/WE aus.

Es muß jedoch berücksichtigt werden, daß — gleiche Zahl der notwendigen Stellplätze vorausgesetzt — sich die Erschließungskosten um die Kosten der offenen Stellplätze erhöhen und dadurch die Preisrelationen wieder günstiger für die Tiefgaragen werden. Berechnet man 0,25 offene Stellplätze bzw. Parkplätze je WE, die zusätzlich zu den Garagen gebaut werden, so bedeutet das bei 20 qm/Stellplatz, 30 DM/qm und 800 DM/Stellplatz 0,25 (20×30+800) = 350 DM/WE allein für offene Parkflächen.

Tab. 52 zeigt die Einsparungen in DM/Garage an Erschließungs- und Baulandkosten für verschiedene GFZ, K_E, f_E und n_G. Dabei wird die außerordentliche Bedeutung der Rohlandpreise K_{Bo} (vgl. auch Tab. 51) und des Faktors n_G deutlich.

Tab. 51: Berechnung des Ausdrucks $K_E + (f_{WL} + f_E) K_{Bo}$

GFZ	f_{WL}	K_E	f_E	$(f_{WL}+f_E)K_{Bo}$ (DM/WE)		$K_E+(f_{WL}+f_E)K_{Bo}$ (DM/WE)	
				für K_{Bo} (DM/qm)		für K_{Bo} (DM/qm)	
	qm/WE	DM/WE	qm/WE	20	40	20	40
0,5	170,0	3 000	50	4 400	8 800	7 400	11 800
		2 000	40	4 200	8 400	6 200	10 400
0,8	106,2	2 000	40	2 924	5 848	4 924	7 848
		1 500	30	2 924	5 448	4 224	6 948
1,0	85,0	1 500	30	2 300	4 600	3 800	6 100
1,2	70,8	1 500	25	1 916	3 832	3 416	5 332

Tab. 52: Berechnung [1] des Minderaufwandes für Wohnbauland und Erschließung je Stellplatz [2] und der Kosteneinsparungen [3]

$\dfrac{K_E}{f_E}$	GFZ	n_G	$\triangle(f_{tg,g})$	$\triangle(K_{E,WL})$[4] für K_{Bo} (DM/qm)		$\triangle(\Sigma K)$ [5] für K_{Bo} (DM/qm)	
				20	40	20	40
					DM/WE		DM/Garage
$\dfrac{3\,000}{50}$	0,5	0,6	− 0,255	1 890	3 000	− 110	− 1 000
	0,5	0,8	− 0,330	2 440	3 900	− 440	− 1 900
	0,5	1,0	− 0,404	3 000	4 760	− 1 000	− 2 760
$\dfrac{2\,000}{40}$	0,5	0,6	− 0,255	1 580	2 650	420	− 650
	0,5	0,8	− 0,330	2 220	3 440	− 220	− 1 440
	0,5	1,0	− 0,404	2 500	4 200	− 500	− 2 200
$\dfrac{2\,000}{40}$	0,8	0,6	− 0,255	1 256	2 000	744	± 0
	0,8	0,8	− 0,330	1 623	2 585	377	585
	0,8	1,0	− 0,404	1 990	3 165	10	− 1 165
$\dfrac{1\,500}{30}$	0,8	0,6	− 0,255	1 080	1 770	920	230
	0,8	0,8	− 0,330	1 392	2 390	608	− 390
	0,8	1,0	− 0,404	1 705	2 800	295	− 800
$\dfrac{1\,500}{30}$	1,0	0,6	− 0,255	970	1 550	1 030	445
	1,0	0,8	− 0,330	1 235	2 010	747	− 10
	1,0	1,0	− 0,404	1 535	2 460	465	− 460
$\dfrac{1\,500}{25}$	1,2	0,6	− 0,255	870	1 360	130	640
	1,2	0,8	− 0,330	1 150	1 760	850	240
	1,2	1,0	− 0,404	1 380	2 150	620	− 150

1) Mit den variierten Daten der Tab. 50 und 51 sowie $\triangle K_{tg,g} = 5\,500 - 3\,500 = 2\,000$ DM/Garage
2) $[K_E + (f_{WL} + f_E) \times K_{Bo}] \times \triangle(f_{tg,g}) = \triangle(K_{E,WL})$
3) $\triangle(K_{tg,g}) - \triangle(K_{E,WL}) = \triangle(\Sigma K)$, wobei $\triangle(\Sigma K) > 0$ Mehraufwand, $\triangle(\Sigma K) < 0$ Einsparung bedeutet.
4) $= K_E + (f_{WL} + f_E) \times K_{Bo} \times \triangle(f_{tg,g})$
5) $= \triangle(K_{tg,g}) - \triangle(K_{E,WL})$

Nach der Berechnungsformel ergeben sich größere Einsparungen sowohl für niedrigere als für höhere GFZ. Es ist jedoch zu berücksichtigen, daß bei allen GFZ rechnerisch gleiche Bruttowohnflächen und gleiche Bodenkosten unterstellt wurden. In der Praxis werden allerdings bei höheren GFZ im allgemeinen auch höhere Bodenpreise gelten und etwas niedrigere Bruttowohnflächen vorgesehen sein; das führt dann auch zu höheren Einsparungen bei größerer Wohndichte.

7.8 Gewinn aus Tiefgaragen?

Im Gegensatz zu den Bedingungen in Kerngebieten rücken die Herstellungskosten für Tiefgaragen in neuen Wohngebieten in den Bereich der Kosten für ebenerdige Garagen.

Eindimensionale Kostenvergleiche, die bisher im allgemeinen zur Argumentation bei der Erstellung von Tiefgaragen herangezogen wurden, müssen abgelehnt werden, weil sie wesentliche Implikationen der „Wirtschaftlichkeit" unberücksichtigt lassen. Für einen treffenden Vergleich verschiedener Arten der Unterbringung des ruhenden Verkehrs muß man die „Wirtschaftlichkeit" aufschlüsseln in:
betriebs- und volkswirtschaftliche Aspekte des Problems; letzteres ist vor allem für die öffentliche Hand interessant (Kosten-Nutzen-Analysen) [1];
Einnahmeseite der unterschiedlichen Garagensysteme, Maßnahmen zur Vermeidung von Mietausfall (Nachhaltigkeit);
Bedeutung der Bodenpreise vor dem Hintergrund einer zunehmenden Verknappung (heute verschwenderisch verplante Flächen verknappen das potentielle Bauland und tragen somit zu höheren künftigen Bodenpreisen bei);
Erschließungskosten in Abhängigkeit von der Wohndichte, die wiederum in hohem Maße von der Wahl der Garagenarten abhängt.

Der Vergleich der Herstellungskosten ergab bei ebenerdigen Garagen (2 720 bis 4 715 DM/Garage) einen geringeren Kostenunterschied als bei Tiefgaragen (4 000 bis 8 380 DM/Stellplatz). Letzterer wird auf die vergleichsweise geringere Erfahrung in der wirtschaftlichen Bauweise von Tiefgaragen zurückgeführt — eine Interpretation, die mit wachsender Erfahrung für die Zukunft eine Kostennivellierung für Tiefgaragen erwarten läßt.

Die Garagenherstellungskosten sind abhängig vom Flächenbedarf und den Grundstückspreisen. Der Kostenfaktor „Baulandpreis" erlangt zunehmende Bedeutung vor dem Hintergrund einer vierfachen Zunahme der durchschnittlichen Baulandpreise gegenüber den Baukosten innerhalb von sieben Jahren (1962 bis 1969). Unter der Annahme mittlerer Herstellungskosten für Garagen werden Tiefgaragen bei Grundstückspreisen von mehr als rund 47 DM/qm billiger als ebenerdige Garagen.

---

[1] Vgl. Klaus, J. u.a.: Nutzen-Kosten-Analysen im Städtebau. Wirtschaftlichkeitsüberlegungen für Einzelprojekte und Gesamtmaßnahmen der Stadtentwicklung. Nürnberg 1974 (= „SIN-Studien", hrsg. v. Professor Gerhard G. Dittrich, 4)

Zahlreiche, in Abschnitt 7.4 vorgeschlagene Einzelmaßnahmen sind geeignet, die Kosten von Tiefgaragen erheblich zu senken.

Eine wesentliche Erweiterung stellt die Einbeziehung des Erschließungsaufwandes in den Kostenvergleich alternativer Garagensysteme dar. Die Unterbringung des ruhenden Verkehrs bringt nicht nur eine höhere Ausnutzung der Grundstücksflächen und GFZ, sondern auch eine Verringerung des Erschließungsaufwandes mit sich, weil bei größerer Dichte die Erschließungskosten und die Erschließungsflächen je WE geringer werden. Das Ausmaß dieser Reduktion des Erschließungsaufwandes hat starken Einfluß auf die Wirtschaftlichkeit der Gesamtaufwendungen für Garagen und Erschließung, hier ausgedrückt durch eine progressive Abnahme des kritischen Bodenpreises, bei dem ebenerdige Garagen und Tiefgaragen gleiche Kosten verursachen. In ein erweitertes Kostenvergleichsdiagramm wurde diese Reduktion des Erschließungsaufwandes in Abhängigkeit von der GFZ einbezogen. Damit ergibt sich eine Beziehung zwischen Garagen- und Erschließungskosten einerseits sowie GFZ und Bodenpreis andererseits. Mit variablen Kosten- und Flächenwerten läßt sich ein Vergleich der Rentabilität vornehmen, der wirklichkeitsnäher ist als der Vergleich nach einfacheren Methoden. Bei den unterstellten Daten werden Tiefgaragen bei Bodenpreisen von 10 bis 30 DM/qm Rohland und mehr kostengünstiger als ebenerdige Garagen.

Der § 21 a Abs. 5 BauNVO, der vom Gesetzgeber als besonderer Anreiz für den Bau von unterirdischen Garagen gedacht ist, wirkt sich nach einer Berechnung tatsächlich als starke Vergünstigung für die wirtschaftliche Erstellung von Tiefgaragen im Vergleich zu ebenerdigen Garagen aus. Bei einer GFZ von 1,0, 8,5 qm Bruttowohnfläche/WE und einem Rohlandpreis von 40 DM/qm können z.B. weitere 645 DM/WE an Wohnbaulandkosten durch die Erstellung von unterirdischen Garagen eingespart werden. Unter Umständen ergeben sich selbst bei Rohlandpreisen von 20 DM/qm immer noch geringere Kosten für die Bebauung mit Tiefgaragen als für die Bebauung mit ebenerdigen Garagen.

8. Ergebnisse der Untersuchung

Die Bedeutung der „unproduktiven" Verkehrsflächen des ruhenden Verkehrs nimmt bei der Planung von neuen Wohngebieten zu. Dies geschieht vor dem Hintergrund sich verknappender Bauflächen und damit einer Verteuerung der Grundstückspreise, der voraussichtlichen Verdoppelung des PKW-Bestandes innerhalb der nächsten 20 bis 25 Jahre und der zunehmenden Bedeutung des „ruhenden" Verkehrs bei abnehmender Nutzung der Kraftfahrzeuge. Die Unterbringung des ruhenden Verkehrs in Wohngebieten wird zu einer unumgänglichen Notwendigkeit, weil hier der Dauerstandort der PKW ist. Der gesamte Stellplatzbedarf muß in Wohngebieten voll gedeckt werden. Bei unzureichender Planung des Stellplatzbedarfs müssen andere Flächen mißbräuchlich benutzt werden, was die anderen Nutzungen, „Lebens"-Raum und Wohnwert einschränkt.

Die jeweils zuständigen Gesetzgeber der verschiedenen Ebenen berücksichtigen den Bedarf an Stellplätzen mit Richtzahlen von 0,67 bis 1,5 Stellplätze je WE. Über den Anteil von festen Garagen an diesen Stellplätzen wie über die Modalitäten des sukzessiven Ausbaus der erforderlichen Stellflächen entsprechend dem Bedarf werden keine Vorschriften gemacht. Desgleichen existieren in den Garagenordnungen der Länder zwar detaillierte Bestimmungen über die technische Ausführung der Garagenbauwerke, nicht aber präzise Richtlinien für eine wirtschaftlich tragbare Bewältigung des Problems der Unterbringung des ruhenden Verkehrs im Sinne eines „sozialen Städtebaus". Immerhin wird in den „Grundsätzen der Raumordnung" ganz allgemein von einer „förderlichen Verdichtung" gesprochen, die jedoch nicht zu „ungesunden" Verhältnissen führen soll. Als „ungesund" darf im Zusammenhang mit neuen Wohngebieten wohl eine bauliche Verdichtung angesehen werden, die — insbesondere durch die Schaffung notwendiger und ausreichender Stellplätze und Garagen innerhalb des Baugebietes — den Lebensraum der angesiedelten Bevölkerung einengt und das Wohnen noch dazu durch Lärm und Abgase beeinträchtigt. Bei der Novellierung der BauNVO wurden angesichts der voraussehbaren Entwicklung des Individualverkehrs durch die mögliche Gewährung erhöhter baulicher Nutzung erhebliche Anreize gegeben, den ruhenden Verkehr unter Mehrfachnutzung der Flächen unterirdisch unterzubringen: Der § 21 a Abs. 5 BauNVO schafft neue, außerordentlich günstige Voraussetzungen zur wirtschaftlichen Herstellung von Tiefgaragen.

Der Wohnwert innerhalb eines Wohngebiets ist nicht nur abhängig von der Qualität der einzelnen Wohnungen, sondern in erheblichem und steigendem Maße auch von der Benutzbarkeit des individuellen Verkehrsmittels unter gleichzeitiger Vermeidung von Störungen durch den ruhenden Verkehr. Dabei spielt der Standort des ruhenden Verkehrs — notwendige Fußwege einerseits, Beeinträchtigung der Wohnruhe und Nutzflächen andererseits — eine große Rolle.

Interessant ist in diesem Zusammenhang die Bedeutung, die den verschiedenen Nutzungsarten und den verschiedenen Gruppen von Benutzern eines Wohngebietes durch die geltenden Richtzahlen für die Flächen eingeräumt wird: Während nach den als maximal geltenden Vorschlägen der Deutschen Olympischen Gesellschaft 2 qm Spielfläche/Kopf der Bevölkerung vorgesehen werden sollten, müssen nach den Richtlinien für Demonstrativbauvorhaben rund 40 qm je WE (1 bis 1,5 Stellplätze/WE) für ,,ruhendes Blech" bereitgestellt werden. Als ,,unsozial" darf gelten, daß alle — auch und besonders diejenigen, die nicht unmittelbar am Nutzen der PKW teilhaben — vom ,,Flächenfraß" und Lärm der PKW betroffen sind und in ihrem Bewegungsraum eingeengt werden, während der Minderheit der ständigen und direkten Nutznießer des Individualverkehrs außerordentlich große Flächen zugestanden werden.

Die Schaffung von unterirdischen Stellplätzen in Tiefgaragen bietet sich hier als Maßnahme an, um den ,,Hauptfunktionen" eines Wohngebiets den notwendigen Raum zu geben und gleichzeitig die Hauptstörungsquelle für die Wohnruhe (Kaltstart geparkter PKW) auszuschalten.

Größere Sammelstellplätze, zu denen auch Tiefgaragen gehören, bieten den Vorteil geringeren Flächenverbrauchs je Stellplatz. Einzelgaragen hingegen sind mit ihren notwendigen Vorflächen wegen des besonders hohen Flächenbedarfs in Gebieten mittlerer und hoher baulicher Nutzung abzulehnen. Sammelstellplätze sind als fester Standort vieler PKW Voraussetzung einer sicheren, abgestuften und sparsamen Straßendimensionierung; sie bieten Vorteile für eine Trennung des Verkehrs in Fuß-, Fahr- und ruhenden Verkehr und eignen sich zur Planung des ,,Standortes von Lärmquellen" im Sinne einer möglichst großen Wohnruhe der engeren Wohnbezirke durch Minimierung der Belästigung.

Wiederum erweisen sich Tiefgaragen auch in dieser Hinsicht als optimale Lösung. Mehrgeschossige Garagenanlagen, teilweise versenkt, fallen unter Einschränkung auch noch unter die Vergünstigungen der Novelle zur BauNVO und eignen sich zur nachträglichen Schaffung von Garagenplätzen entsprechend dem gestiegenen Bedarf in den Baugebieten, die zu einem Zeitpunkt geplant wurden, als die Zunahme des Verkehrs noch nicht richtig eingeschätzt werden konnte.
In den 1968 untersuchten 16 Demonstrativbauvorhaben mußte festgestellt werden, daß nur in Ausnahmefällen der Bedeutung des Verkehrs mit speziellen Untersuchungen für die Planung ausreichende Aufmerksamkeit geschenkt wurde. Unter heutigen Gesichtspunkten müssen die Verkehrsanlagen der meisten untersuchten Gebiete als unzureichend, beeinträchtigend oder zu aufwendig betrachtet werden. Tiefgaragen waren nur sehr selten vorhanden.

An Erfahrungen mit Tiefgaragen und besonderen Problemen wurden genannt: zögernde Annahme der gebotenen Stellplätze durch die Bewohner wegen vorhandener Ausweichmöglichkeiten auf öffentlicher Verkehrsfläche und wegen fehlender Unterteilung in Boxen;
Angst vor Beschädigung auf dem ungesicherten offenen Stellplatz in der Tiefgarage;
Ängstlichkeit insbesondere weiblicher Benutzer wegen unzureichender Beleuchtung;
Schwierigkeiten bei der Vermietung, weil zunächst weniger PKW in den Wohngebieten vorhanden waren (als nach den geltenden Richtlinien) Stellplätze ausgewiesen wurden.

Hier ergibt sich das Problem der Ausweisung notwendiger Stellflächen gemäß der künftigen Vollmotorisierung und des sukzessiven Ausbaues dieser Stellflächen nach dem jeweiligen Bedarf. Eine Aufgabe für Ökonomen: Minimierung der diskontierten Kosten für sofortigen oder sukzessiven Ausbau der geforderten bzw. notwendig werdenden Garagenflächen.

Die Bevölkerungsbefragung im Rahmen der SIN-Datenerfassung 1968 gab Einblick in die Einstellung der Bevölkerung zur Unterbringung des ruhenden Verkehrs. Aufgeschlüsselt nach sozialen Gruppen zeigen ihre Ergebnisse eine deutliche Abhängigkeit zwischen Einkommen und Stellplatzwünschen: Bewohner mit höheren Einkommen äußerten häufiger den Wunsch nach einer festen Garage. Ebenerdige Einzelgaragen genossen dabei den Vorzug vor Tiefgaragen. Das läßt einerseits Rückschlüsse auf den Prestigewert der einzelnen Garagenarten zu, jedoch ist andererseits zu berücksichtigen, daß gemeinhin wohl die Garagenart gewünscht wird, die in der Siedlung bekannt ist. In Anbetracht der Seltenheit und relativen Unbekanntheit von Tiefgaragen ist es nicht verwunderlich, daß diese Garagenart so selten genannt wurde. Sehr häufig zieht man auch einen offenen Stellplatz vor, um die mit Garagen verbundenen höheren Mieten zu umgehen. Wesentlich für neue Wohngebiete ist die Tatsache, daß überdurchschnittlich viele junge Familien einziehen, die wegen anderweitiger hoher finanzieller Belastungen bei zunächst geringem Einkommen ihre PKW (soweit überhaupt vorhanden) „kostenlos" an der Straße abstellen möchten. Dies sollte als Ausdruck eines begründeten Sachzwanges beim Bau neuer Wohngebiete vom Planer berücksichtigt werden, indem Flächen für später zu errichtende Garagen freigehalten werden.

Die städtebaulichen Vorteile von Tiefgaragen sind offenkundig: Tiefgaragen fördern eine größere Wohndichte (ohne dabei Freiflächen einzuschränken) und ermöglichen folglich eine vielseitigere und rentablere Ausstattung mit Gemeinbedarfseinrichtungen, unter anderem auch eine bessere und rationellere Bedienung durch öffentliche Verkehrsmittel. Dabei dürfen jedoch andere Aspekte der Verdichtung nicht unberücksichtigt bleiben. Tiefgaragen mit dem möglichen Standort in der Mitte einer Gebäudegruppe können die doppelte Fläche ebenerdiger Garagen in Anspruch nehmen, die zur Erhaltung der Wohnruhe doch meist nur vor den Kopfseiten der Wohnzeilen angeordnet werden können. Das ergibt eine direktere Zuordnung, somit kürzere Fußwege und eine wirtschaftlichere Größe der Sammelstellplatzanlage. Tiefgaragen lassen zudem den oberirdischen Raum der „Öffentlichkeit" zur vielfältigen Nutzung, was eine Reurbanisierung des „vorstädtischen"

Wohnens begünstigt. Der „Standort" von Lärm- und Gefahrenquellen kann planerisch überhaupt vermieden oder doch so angeordnet werden, daß er minimale Beeinträchtigungen ergibt. Die „Entmischung" der Vor- und Nachteile des privaten Kraftverkehrs kann in der Weise stattfinden, daß durch günstigere Standortbedingungen mit Tiefgaragen die Vorzüge des PKW als flächenerschließendes Verkehrsmittel für die PKW-Besitzer gewahrt werden und die Allgemeinheit dennoch nicht von den schon genannten lebensfeindlichen Nebenwirkungen in Mitleidenschaft gezogen wird, die in keinem Verhältnis zum gelegentlichen und indirekten Nutzen der Nicht-PKW-Besitzer durch die PKW stehen. Das ist nicht nur ein Aspekt für „sozialen" Städtebau; durch die Unterbringung des ruhenden Verkehrs in Tiefgaragen steigt auch allgemein der Wohnwert und somit, in Anbetracht des technischen Fortschritts, auch der Dauermietwert eines solchen Wohngebiets.

Die Abmessungen (Flächenverbrauch, Bauhöhe, lichte Höhe, Raumbedarf) untersuchter Tiefgaragen verraten durch ihre außerordentliche Streuung eine Unsicherheit bei der Planung der bislang gebauten Tiefgaragen, vor allem der ersten ihrer Art. Einsparungen an Baumasse lassen sich mit den vorgeschlagenen Mindest- und Durchschnittsabmessungen erzielen. Im allgemeinen dürften eingeschossige Tiefgaragen in neuen Wohngebieten, die nach den heute zulässigen Baunutzungszahlen gebaut werden, den Stellplatzbedarf abdecken. Die dazu erforderliche einfache Zufahrtsrampe ist weniger aufwendig als die für mehrgeschossige Anlagen erforderlichen Rampensysteme. Sollten sich aus gestalterischen Gründen und bei Sonderformen zweigeschossige Anlagen als günstig erweisen, so sind auch diese unter Ausnutzung der Geländeverhältnisse oder bei Schaffung einer oberen, völlig überdachten Stellplatzebene durch einfache Rampen zugänglich zu machen.

Die Wahl der Tragkonstruktion ist ausschlaggebend für die Freizügigkeit des Parkraumes und für die Abmessungen, insbesondere die Bauhöhe und somit für die erforderlichen Baumassen. Konstruktionsformen mit Fertigteilen wurden hin und wieder angewandt, haben sich aber noch keineswegs durchgesetzt, obwohl im Zuge einer weiteren technischen Entwicklung der Vorfertigung von Bauteilen mit Kosteneinsparungen gerechnet werden darf, weil Sammelgaragen Bauwerke mit häufig wiederkehrenden, einfachen Elementen sind.

Die zusätzlichen Aufwendungen für Brandschutz und Lüftung lassen sich reduzieren, wenn die Bauwerke eine bestimmte Größe (rund 65 Stellplätze je Tiefgarage) nicht überschreiten oder wenn besondere Vorkehrungen getroffen werden. Teilweise offene Anlagen kommen mit natürlicher Belüftung aus.

Das weitaus wichtigste Kriterium für die Wahl der Unterbringungsart für den ruhenden Verkehr ist die Kostenfrage. Die Rentabilität einer Garage ergibt sich zunächst aus der Gegenüberstellung von Aufwand und Einnahmen. Während die Einnahmen durch die Mieten bei der heutigen Marktlage und bei vorhandenen Ausweichmöglichkeiten auf „kostenlosen", öffentlichen Raum als verhältnismäßig invariabel gelten, weisen die Herstellungskosten für Garagen hohe Streuungen auf, die sich aus der unterschiedlichen Bauweise, der Größe der Gesamtanlage, dem Flächen- und Raumbedarf je Stellplatz, der unterschiedlichen Ausstattung und den örtlichen Bedingungen ergeben.

In Abschnitt 7.4 wurden einzelne Maßnahmen zur Kostensenkung bei Tiefgaragenbauten aufgezählt.
Ein realistischer Vergleich der Kosten für ebenerdige Garagen und Tiefgaragen ist aber erst möglich, wenn die Grundstückskosten und die bei unterschiedlicher Garagenart verursachten Erschließungskosten einbezogen werden.

Unter Berücksichtigung der Tatsache, daß eine höhere Verdichtung niedrigere Erschließungskosten verursacht und Tiefgaragen eine höhere Verdichtung des Wohngebietes bei gleichbleibenden Freiflächen ermöglichen, brachte ein umfassender Kostenvergleich mit Variation der Erschließungskosten für Herstellung und Flächen, der GFZ und der Bodenpreise einen Kostenvorteil für die Bebauung mit Tiefgaragen bei Rohlandpreisen von 10 bis 30 DM/qm und mehr. Weitere Vergünstigungen bringt die Anwendung des § 21 a Abs. 5 BauNVO.
Somit dürfte unter dem Aspekt des erweiterten Kostenvergleichs das Argument widerlegt sein, Tiefgaragen seien teurer als ebenerdige Garagen. Sie sind es nur, wenn man die Mehraufwendungen für Bauland und Erschließungsaufwand, die den primären Vorteil der reinen Herstellungskosten von ebenerdigen Garagen mehr als aufwiegen, unbeachtet läßt und nicht die weiteren wirtschaftlichen Vergünstigungen durch die mögliche Erhöhung der baulichen Nutzung in Anspruch nimmt.

Diese Kostenbetrachtung ist nicht nur für den Träger des Wohnungsbaus interessant, sondern auch für die kommunalen Baubehörden, die ja mindestens 10 % der Erschließungskosten tragen, also auch aus einer Verminderung des Erschließungsaufwandes Vorteile ziehen würden.

9. Planungshinweise

Weiträumige Bebauung mit Einzelhäusern und niedrigen GFZ erlaubt die Unterbringung des ruhenden Verkehrs in Einzelgaragen am Haus. Bei geringer Dichte machen sich die Nachteile individueller Kraftfahrzeuge vergleichsweise wenig bemerkbar. Allerdings müssen hohe Kosten für Erschließung und Bauland in Kauf genommen werden. Das ist bei einem entsprechend hohen „Wohnwert" vertretbar. Ausreichende Ausstattung mit Gemeinbedarfseinrichtungen ist jedoch kaum möglich, desgleichen eine wirtschaftliche und gute Bedienung durch öffentliche Verkehrsmittel. Solche extensiven Baugebiete setzen den Besitz eines PKW voraus.

Bei dichterer Bebauung verstärken sich die Nachteile (Flächenverbrauch auf Kosten der Freiflächen, Konzentration von Lärm), die durch den ruhenden Individualverkehr verursacht werden. Bei derartigen Baugebieten handelt es sich auch im Durchschnitt um Abnehmergruppen für die Wohnungen, die die hohen Folgekosten einer großzügigeren Bebauung nicht mehr aufbringen können. Unter dem Aspekt der Vermietbarkeit müssen die Wohnfolgekosten besonders sorgfältig kalkuliert werden. Zudem ergibt sich bei höherer Dichte der Wohnungen (und damit auch der PKW) die Möglichkeit, mehrere Stellplätze zu einem Sammelstellplatz bzw. zu einer Sammelgarage zusammenzufassen, um auf diese Weise zu einer wirtschaftlichen Lösung zu kommen.

Tiefgaragen als eine Form der Sammelgaragen vereinigen die beiden Vorteile auf sich, städtebaulich günstig und zudem im allgemeinen besonders wirtschaftlich zu sein, wie nachgewiesen wurde. Mögen die Herstellungskosten im allgemeinen noch höher sein als die von ebenerdigen Garagen, so reduzieren unterirdische Garagenanlagen doch die Erschließungskosten und Aufwendungen für Bruttowohnbauland (vgl. Abschnitte 7.5, 7.6 und 7.7).

Bei relativ niedriger baulicher Nutzung sind Lösungen mit ebenerdigen Garagen (wenigstens zum Teil) noch akzeptabel, sofern sie auch Möglichkeiten der besonderen baulichen Gestaltung bieten; Tiefgaragen erweisen sich jedoch bereits bei Nutzungen von GFZ = 0,5 als rentabler, sofern sie standortgünstig geplant werden können. Für Bebauungspläne mit Ausbildung von ebenerdigen Garagen bzw. Tiefgaragen sollten Kostenvergleiche nach dem Berechnungsverfahren von Abschnitt 7.7 vorgenommen werden. Damit lassen sich die Einsparungen bzw. Mehrausgaben für Garagen, Erschließung und Wohnbauland berechnen, die bei dem Ersatz einer Garagenart durch die Alternative entstehen.

Die Baukosten von Tiefgaragen werden in hohem Maße von den Bodenverhältnissen, vom Grundwasserstand und von den örtlichen Bauverhältnissen bestimmt. Unter solchen besonderen Umständen können die Kosten sehr hoch werden im Vergleich zu ebenerdigen Garagen. Das sind jedoch Ausnahmefälle, die eingehend untersucht werden sollten.

Es ist ratsam, für den Bau der Tiefgaragen eine Vergabeweise zu wählen, die eine Konkurrenzsituation am Ort entstehen läßt. Dazu dient auch die Planung und Ausführung mehrerer Garagenprojekte, so daß mit wachsender Erfahrung das Risiko geringer angesetzt werden kann (vgl. Kap. 3 und Abschnitt 7.4).

Es gibt Möglichkeiten, ohne besondere Vorkehrungen für Feuerschutz und für künstliche Lüftung auszukommen, und zwar durch entsprechende Beschränkung der Garagengröße (bis zu rund 65 Stellplätze je Garage) und durch bauliche Maßnahmen. Sie sollten bei der Planung bedacht werden (vgl. Abschnitte 6.1.3, 6.2.3 und 7.4).

Sehr sorgfältig muß auch die Einnahmenseite der Kostenrechnung berücksichtigt werden; Mietausfälle können die Rentabilität von (Tief-)Garagen verringern (vgl. Abschnitt 7.1). Dabei stellt sich das Problem der Kostenminimierung unter zwei gegenläufigen Aspekten:
höhere Herstellungskosten bei sukzessiven, kleineren Investitionen entsprechend dem wachsenden Bedarf;
Mietausfall bzw. Zinsverluste bei sofortigem Vollausbau für einen späteren Bedarf. Gerade in Neubaugebieten muß wegen der besonderen Bevölkerungsstruktur (finanzielle Situation überdurchschnittlich vieler „junge" Familien) mit einer zögernden Annahme der Garagen, aber auch mit einem überdurchschnittlichen Anstieg der Motorisierung gerechnet werden.

Es muß also geprüft werden, ob nicht zunächst unterirdische Räume (oberirdisch: Freiflächen) für nachträglich zu bauende Tiefgaragen von allen Ver- und Entsorgungsleitungen freigehalten werden sollten.

Zur Förderung der Annahme von Garagen können verschiedene planerische Maßnahmen getroffen werden:
Ausbildung der Tiefgaragen entsprechend den Wünschen der Bevölkerung, sofern sich diese feststellen lassen (unter Umständen abgeschlossene Boxen, Waschplatz, KFZ-Werkzeugvorrichtungen, ausreichender Manövrierraum u.a.);
günstiger Standort mit direktem unterirdischem Zugang zum Treppenhaus oder Fahrstuhl des Wohnhauses (vgl. Kap. 3 und 4 sowie Abschnitt 6.2.2);
knappe Dimensionierung der oberirdischen offenen Stellplätze; Straßen, die nur für den Fahrverkehr dimensioniert sind und nicht durch umgeplanten ruhenden Verkehr zweckentfremdet benutzt werden können, um so das Ausweichen auf „Laternengaragen" zu verhindern (vgl. Kap. 3);
Koppelung der Garagenmiete für PKW-Besitzer (auf privatrechtlicher Basis) an die Wohnungsmiete (vgl. Abschnitte 1, 2, 4 und 7.1).

Durch günstige Standortwahl der Tiefgaragen läßt sich die Zahl der öffentlichen „Stellplätze" unter Umständen auf die Zahl der Parkplätze reduzieren, die für wirkliche „Besucher" und Anlieferer erforderlich sind, weil der wohnungsnahe Tiefgaragenstellplatz auch zum kurzen Abstellen der Bewohner-PKW geeignet ist, woraus sich weitere Einsparungen ergeben (vgl. Abschnitt 7.1).

Literatur

Bahrdt, H.P.: Die moderne Großstadt. Soziologische Überlegungen zum Städtebau. Hamburg 1969.
—: Humaner Städtebau. Überlegungen zur Wohnungspolitik und Stadtplanung für eine nahe Zukunft. Hamburg 1968. (= Zeitfragen, hrsg. v. Wilhelm Hennis, Nr. 4)
Baubehörde der Freien und Hansestadt Hamburg (Hrsg.): Handbuch für Siedlungsplanung. Städtebauliche Planungsgrundlagen für den Hamburger Raum. 3. Aufl. Hamburg 1966. (= Hamburger Schriften zum Bau-, Wohnungs- und Siedlungswesen, H. 37)
Bentfeld, G.: Die Planung von Parkbauten. In: Sill, O. (Hrsg.): Parkbauten. Handbuch für Planung, Bau und Betrieb von Park- und Garagenbauten. 2. Aufl. Wiesbaden, Berlin 1968. S. 57 - 70.
Boué, P.: Bauformen, Entwurf, Konstruktion und Ausrüstung. In: Sill, O. (Hrsg.): Parkbauten. Handbuch für Planung, Bau und Betrieb von Park- und Garagenbauten. 2. Aufl. Wiesbaden, Berlin 1968. S. 71 - 106.
Büttner, O.: Parkplätze und Großgaragen. Bauten für den ruhenden Verkehr. Stuttgart, Bern 1967.
Bundesministerium für Städtebau und Wohnungswesen (Hrsg.): Bebauungspläne von Demonstrativmaßnahmen in den Maßstäben 1:10 000 und 1:2 000 mit städtebaulichen Vergleichswerten. Teil 1. Bonn 1970/71. (= Informationen aus der Praxis - für die Praxis, Nr. 24)
Bundesministerium für Wohnungswesen und Städtebau (Hrsg.): Fließender und ruhender Individualverkehr. Beispiel für 8 000 Einwohner: Lüneburg-Kaltenmoor. Bonn 1969. (= Informationen aus der Praxis - für die Praxis, Nr. 17)
—: Wirtschaftliche Ausführung von Mehrfamilienhäusern. Querschnittsbericht über Untersuchungen und Erfahrungen bei Demonstrativbaumaßnahmen des Bundesministeriums für Wohnungswesen und Städtebau. Bonn 1968. (= Informationen aus der Praxis - für die Praxis, Nr. 16)
—: Wohnungsbau und Stadtentwicklung. Demonstrativbauvorhaben des Bundesministeriums für Wohnungswesen und Städtebau. München 1968.
—: Wirtschaftliche Erschließung neuer Wohngebiete. Maßnahmen und Erfolge. Querschnittsbericht über Untersuchungen und Erfahrungen bei Demonstrativbauvorhaben des Bundesministeriums für Wohnungswesen und Städtebau. Bonn 1966. (= Informationen aus der Praxis - für die Praxis, Nr. 11)
Dittrich, G.G.: Der ruhende Verkehr in neuen Wohngebieten. Studie. O.O.o.J
— Hrsg.: Menschen in neuen Siedlungen. Befragt - gezählt. Stuttgart 1974. (= Die Stadt)
— (Hrsg.): Neue Siedlungen und alte Viertel. Städtebaulicher Kommentar aus der Sicht der Bewohner. Stuttgart 1973. (= Die Stadt)
— (Hrsg.): Umweltschutz im Städtebau. Empirische Untersuchungen, analytische Erörterunrung, Empfehlungen zu Gegenmaßnahmen. Nürnberg 1973. (= SIN-Studien, 3)
Fickert, H.C./Fieseler, H.: Baunutzungsverordnung. Kommentar unter besonderer Berücksichtigung des Umweltschutzes mit ergänzenden Rechts- und Verwaltungsvorschriften zur Bauleitplanung. 3., völlig neu bearb. u. erw. Aufl. Köln 1971. (= Neue Kommunale Schriften, hrsg. v. Ministerialdirektor a.D. Dr. Rüdiger Göb, 28)
Gassner, E.: Raumbedarf für den fließenden und ruhenden Verkehr in Wohngebieten. Bonn 1968. (= Straßenbau und Verkehrstechnik, H. 66/9)

Heymann, G.: Wirtschaftliche Aufteilung der Parkfläche von Parkhäusern mit Rampenanlagen. In: Straßenverkehrstechnik, 11.Jg. (1967), H. 11/12, S. 146 - 153

Institut für Arbeits- und Baubetriebswirtschaft (Hrsg.): Vergleichende Kostenuntersuchung für Tiefgaragen. Leonberg 1969.

Institut für Bauforschung e.V. Hannover (Hrsg.) Demonstrativmaßnahme des Bundesministeriums für Städtebau und Wohnungswesen. Interkommunale Zusammenarbeit bei der Durchführung der Demonstrativ-Maßnahme Hannover, Garbsen „Auf der Horst". Hannover 1971.

—: Rationalisierung des herkömmlichen Bauens am Beispiel der Demonstrativbauten Amberg-St. Sebastian. Regensburg 1969. (= Bauforschung international, 2)

Klaus, J. u.a.: Nutzen-Kosten-Analysen im Städtebau Wirtschaftlichkeitsüberlegungen für Einzelprojekte und Gesamtmaßnahmen der Stadtentwicklung. Nürnberg 1974 (= SIN-Studien, hrsg. v. Professor Gerhard G. Dittrich, 4)

Kräntzer, K.R.: Auswirkung der Anzahl und der Anordnung von Einstellplätzen auf den Baulandbedarf. In: wirtschaftlich bauen, 1965, H. 3, S. 96 - 101.

Krug, W.: Städtebauliche Planungselemente IV. Verkehrsplanung, Verkehrstechnik. Nürnberg 1968. (= Studienhefte, hrsg. v. Städtebauinstitut Nürnberg, H. 22)

Legat, W.: Straßen, Brücken und Parkeinrichtungen. Ergebnis der Bestandsaufnahme am 1. Januar 1966. In: Wirtschaft und Statistik, 1967, H.6, S. 351 - 355

Lindemann, H.-E.: Der ruhende Verkehr in Wohngebieten. Braunschweig, Diss. 1965.

Mitscherlich, A.: Die Unwirtlichkeit unserer Städte. Anstiftung zum Unfrieden. Frankfurt am Main 1965. (= edition suhrkamp, 123)

Pfeiffer, K.: Probleme des ruhenden Verkehrs in neuen Wohngebieten. Nürnberg 1968. (Als Manuskript gedruckt)

Pieper, F.: Grundlagen für die Planung von Fußgängerbereichen und Parkbauten in Innenstädten. In: Straßennetze in Städten. Tagung vom 27. Oktober 1966 im Haus der Technik Essen 1967. (= Haus der Technik, Vortragsveröffentlichungen, hrsg v. Professor Dr.-Ing. habil. K. Giesen, H. 109) S. 45 - 54

Rössler, R./Langner, J. Schätzung und Ermittlung von Grundstückswerten. Eine umfassende Darstellung der Rechtsgrundlagen und praktischen Möglichkeiten einer zeitgemäßen Wertermittlung. 2., neu bearb.u.erw.Aufl. Neuwied, Berlin 1960.

Ross, R.W./Brachmann, R.: Ermittlung des Bauwertes von Gebäuden und des Verkehrswertes von Grundstücken, 21., neu bearb.u.erw.Aufl. Hannover-Kirchrode 1971.

Scheerbarth, W.: Das allgemeine Bauordnungsrecht unter besonderer Berücksichtigung der Landesbauordnungen. 2., völlig neu bearb. u. wesentlich erw. Aufl. Köln 1966.

Schröder, E.F./Neve, P./Panten, R.: Beispiele für Parkbauten. In: Sill, O. (Hrsg.): Parkbauten. Handbuch für Planung, Bau und Betrieb von Park- und Garagenbauten. 2. Aufl. Wiesbaden, Berlin 1968, S. 185 - 255.

Sill, O.: Parkbauten - ein wichtiges Mittel zur Behebung der Verkehrsnöte in den Stadtkernen. In: Sill, O. (Hrsg.): Parkbauten. Handbuch für Planung, Bau und Betrieb von Park- und Garagenbauten. 2. Aufl. Wiesbaden, Berlin 1968. S. 1 - 39.

Stadtplanungsamt Hannover (Hrsg.): Bericht über eine Umfrage bei deutschen Städten über Erfahrungen mit dem Bau von Tiefgaragen speziell in Wohngebieten. Hannover 1966. (Als Manuskript gedruckt)

Städtebauinstitut Nürnberg (Hrsg.): Großwohnanlage München-Fürstenried. Städtebauliche Auswertung. Nürnberg 1965 (= Schriftenreihe, H.4)

Statistisches Bundesamt (Hrsg.): Ausstattung der privaten Haushalte mit ausgewählten langlebigen Gebrauchsgütern 1962/63. Stuttgart, Mainz 1964. (= Fachserie M „Preise, Löhne, Wirtschaftsrechnungen", R. 18 „Einkommens- und Verbrauchsstichproben")

—: Ausstattung der privaten Haushalte mit ausgewählten langlebigen Gebrauchsgütern 1969. Stuttgart, Mainz 1970. (= Fachserie M „Preise, Löhne, Wirtschaftsrechnungen", R. 18 „Einkommens- und Verbrauchsstichproben")

—: Statistisches Jahrbuch für die Bundesrepublik Deutschland 1964. Stuttgart, Mainz o.J.

—: Statistisches Jahrbuch für die Bundesrepublik Deutschland 1970. Stuttgart, Mainz 1970.

—: Statistisches Jahrbuch für die Bundesrepublik Deutschland 1971. Stuttgart, Mainz 1971.

Abkürzungen

BauNVO	Baunutzungsverordnung
BayBO	Bayerische Bauordnung
BBauG	Bundesbaugesetz
BGBl	Bundesgesetzblatt
BRD	Bundesrepublik Deutschland
EFH	Einfamilienhaus
EW	Einwohner
GarVO	Verordnung über den Bau und Betrieb von Garagen (Nordrhein-Westfalen)
GaV	Landesverordnung über Garagen (Bayern)
GFZ	Geschoßflächenzahl
MABl	Ministerialamtsblatt
MFH	Mehrfamilienhaus
OKT	Oberkante Terrain
OVG	Oberverwaltungsgericht
PKW	Personenkraftwagen
RGaO	Reichsgaragenordnung
SIN	SIN-Städtebauinstitut-Forschungsgesellschaft mbH, Nürnberg
WE	Wohnungseinheit(en)

Register

Abgase 203
Aktivraum, städtebaulicher 78
Alleinstehende 45
Altbaugebiete 20 f., 45, 49, 174
Alter 18, 20 ff.
Altersheime 44
Angestellte 19, 96
Anlieferungsverkehr 58
Anlieferwege 164
Anliegerverkehr 53, 76
Anmarschwege 11
Arbeiter 19, 96
Arbeitsplatz 10, 174
Arbeitsplatzbesatz 18
Arbeitsplatzentfernung 18
Arbeitsstätte 11, 14, 18, 20, 29, 33
Aufstellungsart 51, 64 f., 67, 73
Aufzug 50, 80, 82, 127, 132, 138
Ausleuchtung 84

Ballungsgebiete 9
Bauhöhe 108, 136, 154, 206
Baukosten 9, 11, 102 f., 135, 141, 143, 147 - 154, 158 ff., 162, 170 ff., 196, 200, 210
—, reine 149 f.
Baulandpreise 157 ff., 196 ff., 200, 207, 209
Bauleitpläne 28, 54
Baumasse 30 - 33, 67, 135, 161, 193, 206
Baunutzungsverordnung 28, 30 - 35, 38, 100, 127, 130, 157, 193, 195 f., 201, 203 f., 207
Baupreise 157, 159
Bauordnungsrecht 34, 37 ff., 41
Bauträger 9, 85, 98, 144 ff., 164, 207
Beamte 19
Bebauung 90, 123, 170 f., 194, 201, 207, 209
—, dichte 75, 171, 209
—, geschlossene 59
—, lockere 76, 88
—, verdichtete 59
Bebauungsdichte 10 ff., 54, 131, 157, 178
Bebauungsplan 29 ff., 33, 37, 40 f., 45, 53 f., 56, 87, 164, 167, 178, 193, 196 f., 209

Bedarf, täglicher 75
Belange, öffentliche 29
Belegungsziffer 46, 60, 114, 180
Beleuchtung 51, 103, 138, 204
Belüftung 80, 103, 149, 159, 206
Berufsverkehr 14, 17, 26
Besiedlungsdichte 57 f., 62, 87
Besitzverhältnisse 86
Besonnung 82
Besucherparkplatz 66
Besuchsverkehr 47, 53, 66
Bevölkerungs/gruppen 27
— schichten 18, 21
— struktur 27
Bodenkosten 12, 84, 159, 170 ff., 176, 187 f., 191, 200
Bodenpreis 11, 76, 142, 145, 157, 164, 170 f., 174, 177 f., 185 - 188, 190 ff., 200 f., 207
— preis, kritischer 174, 177 f., 192, 201
Brandmauer 105, 162
Brandabschnitte 50, 84, 139
Brandschutz 36, 139, 162, 206
Bruttogeschoßfläche 43, 46 f., 51
Bürgersteige 32, 49, 95
Bundesbaugesetz 28 ff., 31, 35, 40, 185

City 18, 42, 45
Cityentfernung 18

Dachgarten 129
Dachparkplätze 131
Dachterrasse 82
Dauermietrecht 12, 206
Dauermietwert 145
Decke 50, 136 ff.
Demonstrativbauvorhaben 45, f., 58, 60, 83, 36, 91, 93 f., 153, 167 ff., 195, 204
Dichte 14, 61 f., 76, 144, 169, 178, 181 f., 209
Doppelnutzung 30, 34, 76 f., 164
Durchgangsverkehr 79

Einfahrten 110, 138

217

Einfamilienhäuser 26, 35, 43 f., 47, 51 f., 130, 169
Einkommen 18, 22 f., 25, 205
Einrichtungen, öffentliche 60
Einstellplatz 10, 32, 41 f., 48, 53 f., 107 ff., 141 f., 168
Einzelgarage 73, 88, 93, 134, 204 f.,
Einzelhausbebauung 171, 209
Einzelkellergarage 66
Einzelparkstand 106
Enteignung 40, 42
Entwässerung 131, 139, 141
Entwurfsfahrzeug 63
Erholungsfläche 129
Erlasse 28, 43
Erschließung 10 f., 28, 86 f., 103, 142, 145 ff., 150, 167, 169, 172 f., 175, 177 f., 180 - 192, 194 - 199, 201, 209
Erschließungsaufwand 12, 65, 144 f., 164, 167, 172, 175 - 178, 180 ff., 193, 201, 207
Erschließungsfläche 172, 175, 181 ff., 196, 201
Erschließungskosten 34, 49, 142 - 147, 164, 166 f., 169 f., 172 - 179, 181 f., 185 - 191, 193, 196 f., 200 f., 207, 209
Erschließungsnetz 80, 144, 172
Erschließungsschema 75 f.,
Erschließungsstraße 79, 145
Erschließungssysteme 192
Erschließungsträger 9, 30
Erschließungsvertrag 53
Erschließungszone 75
Ertragswert 151
Erwerbskosten 34
Erwerbsquote 17, 21
Erwerbsstand 21
Erwerbstätigenhaushalt 20 f., 23

Fahrbahnrand 49
Fahrgasse 63, 65, 67, 69, 71 ff., 79, 88, 105 - 110, 116, 118, 131, 136, 179, 194, 196
Fahrstuhl 125, 133, 210
Fahrtenhäufigkeit 27
Fahrverkehr 56 f., 67, 75 f., 204
Fahrwege 80, 118, 124
Fahrzeuggröße 73 f.
Fertigbauweise 130
Fertiggarage 148
Fertigteilbau 136, 162, 206
Feuerschutz 210
Feuerwehrwege 134, 164
Flächen, öffentliche 32, 90
Flächenangebot 14, 27
Flächenbedarf 10, 14
Flächenknappheit 9, 14, 45
Flächennutzungsplan 29

Flächenverteilungsziffern 12
Folgekosten 144, 209
Freiflächen 14, 54 f., 62, 76 - 79, 82, 124, 127, 195, 205, 207, 209 f.,
Freizügigkeit 10, 57, 79, 102, 109, 206
Fußanmarschwege 10
Fußgängerbereich 79, 141
Fußgängerebene 79
Fußgängerverhalten 58
Fußgängerverkehr 50, 56, 65, 77
Fußüberweg 87
Fußweg 31, 58, 67, 76, 78, 80, 82, 86 - 89, 102 f., 123, 125, 127, 130, 132 ff., 163, 204 f.
Fußwegentfernungen 58, 131

Garagen 9 f., 13, 26, 28 - 35, 37 ff., 41 f., 44, 49, 51, 53 f., 59 ff., 63, 65 - 68, 70, 76, 79, 84 ff., 93, 95 - 98, 105, 110 f., 120, 122 f., 125 f., 133 f., 143 ff., 147 f., 151 ff., 160 - 163, 174 - 179, 181 - 185, 187 - 194, 196 - 201, 205 f., 209 f.
–, ebenerdige 9, 142, 144 - 147, 153, 157, 159, 161, 164, 169 f., 172 - 180, 182 ff., 188 - 196, 200 f., 205, 207, 209 f.
–, unterirdische 33, 194 ff., 201
Garagenanlagen 31, 34, 68, 78, 147, 151, 159, 204
–, unterirdische 53, 138 f., 209
Garagenart 12, 144 f., 164, 167, 178, 185, 192, 200, 205, 207, 209
Garagenbereiche 31
Garagenbauten 17, 80, 109, 113, 138
Garagenfläche 66, 172, 178 f., 181, 198, 205
Garagengeschosse 30 ff., 34, 119
–, unterirdische 50, 157, 193
Garagenhäuser 37, 128, 147 f., 152, 159
Garagenhalle 163
Garagenhöfe 34, 89
Garagenkosten 145 f., 157, 169, 174, 176, 178, 188 - 191, 193, 197, 201
Garagenmiete 41, 49, 66, 93, 96 f., 146, 164, 205, 210
Garagenordnung 28, 43, 50, 162
Garagenplanung 10, 42, 131, 175, 193, 198
Garagensysteme 10, 145, 159, 192, 196, 200 f.
Gefahren 11, 35, 39, 57, 62, 206
Gehwege 16, 50, 124
Gemeinbedarfseinrichtungen 45, 57, 61 f., 82, 100, 205, 209
Gemeinbedarfsflächen 29
Gemeindesatzungen 44
Gemeinschaftsanlagen 30 ff., 38 - 41
Gemeinschaftsgaragen 29, 41
Gemeinschaftsstellplätze 29
Geräusche 39
Geruchsbelästigung 10 f., 36, 101

Gesamterschließungsaufwand 9, 164, 169
Gesamtkosten 141 f., 151, 154 f., 169 f., 172 ff., 177 f.,.180 - 188, 190 ff., 194
Geschoßfläche 31 f., 33 f., 46, 119, 193
Geschoßflächenzahl 30, 47, 51, 54 f., 130, 157, 163 - 166, 168 - 172, 178, 201, 207, 209
Geschoßzahl 55, 162
Gesellschaftsbild 61
Gestaltung, städtebauliche 78, 82
Gesundheit 100
Gewerbegebiete 31
Großgaragen 50 f., 113
Großparkplatz 71, 88
Großstellplatz 69, 72
Grünanlagen 78
Grünflächen 29, 130
Grundflächenzahl 30, 124
Grundstückskosten 34, 67, 79, 142, 149 - 152, 157, 160 f., 163 f., 179, 181 - 185, 207
Grundstückspreis 141 f., 145, 159 ff., 180, 200 f.

Haushalt 14, 18, 20, 23, 25, 28, 45, 97
Haushaltsgröße 21, 28
Haushaltsnettoeinkommen 19, 21
Heimatstandort 10
Heizung 138
Herstellungskosten 206, 209 f.
Hochgaragen 16, 80, 170 f.
Hochhaus 26, 56, 94 ff.
Höchstentfernung 38
Hügelhaus 78, 130

Ideologie 10
Individualverkehr 9, 46, 106, 204, 209
Industriegebiete 31

Kaltstart 59
Kellergarage 66, 125, 132
Kennwert 107, 117 f.
Kennziffer 105
Kerngebiete 9, 14, 31, 142, 200
Kinder 11, 60 ff., 97
Kinderspielplatz 79, 124
Kleingaragen 50
Kleinsiedlungsgebiet 30
Kleinstellplätze 67
Kommunikation 56, 134
Kontaktbereiche 31
Kontaktfläche 11
Kosten 9, 12, 77, 84 f., 127, 131, 142 - 146, 153, 155, 162, 176, 198
Kosten - Nutzen - Analyse 200
Kostensplit 155

Kreuzungsfreiheit 58
Kurzzeitparkstände 9

Lärm 9, 11, 36, 39, 56 f., 82, 101, 127, 203 f., 209
Lärmbelastigung 10, 77, 127
Lärmquelle 59, 65, 204, 206
Lärmschutz, pflanzlicher 59
Lärmseite 59
Lärmübertragung 82
Landesbauordnungen 13, 28, 33 ff., 37 - 40, 44, 111 f., 127, 195
Landesgaragenverordnungen 50, 66, 203
Leitbild 60
Lichtraum 131
Lüftung 51, 138, 141, 148, 157, 162, 206, 210
Luftverunreinigung 9, 56

Mehrfachnutzung 77, 79, 124, 127, 164, 169, 203
Mehrfamilienhäuser 26, 43 f., 47, 51 f., 167
Mietausfall 41 f., 54, 85, 97, 102, 140 f., 145, 162 ff., 200, 210
Miete 11, 25, 85, 142 f., 149 ff., 206
Mietpreis 11, 75, 84, 93, 162
Mischgebiete 164
Mittelgaragen 50
Motorisierung 13 - 16, 18, 21 - 28, 33, 39, 41, 43, 46 f., 51, **54**, **60**, 86 f., 100, 210
Motorisierungsgrad 11, **16**, 20, 34, 54, 80
Motorisierungsziffer 86 f.
Multifunktionalität 101
Musterbauordnung 34, 43

Nachbarn 39
Nahverkehr, öffentlicher 18, 45, 60, 145
Nettohaushaltseinkommen 22 f.
Netzgestaltung 134
Neubaugebiete 12, 16 ff., 20 f., 60, 83, 210
Nichterwerbstätige 19
Nutzfläche 111
Nutzungsänderung 29

Öffentlichkeit 56, 101, 205
Ortssatzungen 28, 85

Parkanlagen, mehrgeschossige 79
Parkbauten 16, 80, 141
Parkfläche 16, 46, 63, 65
-, öffentliche 16, 45, 84, 86
Parkgasse 64
Parkgewohnheiten 162
Parkhaus 37, 42, 63, 77, 80, 84, 115 f., 118, 124, 127, 143
Parkhochhaus 141
Parkpaletten 124 f., 127, 132, 147 f., 152

219

Parkplatz 14, 16, 41, 45 f., 57 f., 127, 141 f., 211
—, öffentlicher 37, 41, 44 ff., 49, 53 f., 87
Parkplatzbedarf 10, 45
Parkplatzsuche 10
Parkraum, öffentlicher 54, 163
Parkreihe 67
Parksilo 131
Parkspur 16
Parkstände 46 f., 116, 136
Parkstreifen 16, 49, 63, 87
Pendleranteil 11
Planung 21, 34, 37, 61, 83, 85, 87, 99, 109, 124, 142, 177 f., 193, 203, 206, 210
—, flexible 145
Planungshinweise 209
Planungskonzeption 9, 84
Planungsziel 99
Prognose 13 f., 27 f., 39

Rampen 36 f., 50, 63, 66, 80, 105 - 109, 111, 113, 115 - 124, 127, 129 f., 138 f., 162, 206
Rampensysteme 114, 116, 118 - 123, 206
Rangierfläche 64 f.
Rastersystem 57
Raumordnungsgesetz 28 f.
Regelfahrzeug 73, 135
Regenwande 139
Reichelsdorf-Lösung 79, 97, 124 ff., 130, 132, 135, 162 f.
Reichsgaragenordnung 30, 35, 42 f.
Reihengaragen 161, 173, 185 ff.
—, ebenerdige 141, 147, 152, 159, 161, 191 f.
Rentabilität 9, 11, 84, 86, 110, 130, 143 f., 151, 164, 179 f., 192, 201, 205 f., 209 f.
Reserveflächen 28, 47 f., 87, 145
Richtlinien 28, 33, 43, 45 f., 51, 203, 205
Richtwerte 54, 58, 85
Richtzahlen 43, 48, 144, 162, 195, 203 f
Rohlandpreis 181 - 184, 193 f., 198, 201 207

Sammeleinstellplatz 49
Sammelgaragen 39, 41, 60, 72 f., 84, 86, 148, 160, 206, 209
Sammelstellplätze 58, 62, 65 ff., 72 - 75, 87, 89, 95, 159, 161, 204 f., 209
—, mehrgeschossige 80
Sammelstraße 75
Sanierung 145
Sanierungsbedürftigkeit 144
Sanierungsgebiet 18, 204
Sanierungskosten 146
Sanierungsreife 146
Schädigungen 42

Schallabsorption 79
Schalldämmung 59, 61, 130
Schallisolierung 78
Schutzbaugesetz 28
Schutzstreifen 65, 67
Selbständige 19, 96
Sicherheitsabstand 138
Sicherheitsschleusen 50
Siedlungsplanung 28, 85
Spielfläche 60, 102, 204
Sprinkleranlagen 139
Social costs 49
Sozialpflichtigkeit 37
Sozialstruktur 43, 92, 94, 162
Stadtbautechnik 83
Stadtentwicklung 46, 200
Stadtplanung 10, 61, 99
Stadtregion 27
Städtebau 9 f., 12, 28, 31 ff., 35, 44 f., 47, 56, 59 ff., 164
Städtebauförderungsgesetz 28
Standort 75 - 79, 127, 163, 204 ff., 209 ff.
Stellflächen 10, 40, 54 f., 58, 63, 65, 67, 75, 77, 203
—, öffentliche 58
Stellflächenbedarf 88
Stellplätze 9, 11 ff., 16, 24, 26 - 48, 51 f., 54, 57 ff., 63 - 68, 71, 73 - 86, 91, 95, 97, 105 - 108, 110, 119 ff., 127, 129 - 136, 138 f., 143 - 149, 152, 156 - 161, 169 ff., 174 f., 193 ff., 198, 203 ff., 210
—, öffentliche 87, 163 f., 211
—, unterirdische 204
Stellplatzbedarf 10, 23, 27, 43, 45, 49, 51, 169, 203, 206
Stellplatzbedarfsprognose 27
Stellplatzhalle 73, 102, 127
Stellplatzhaus 37, 80 f., 152, 161
Stellplatzmiete 49
Stellplatzplanung 14, 18, 21, 24, 46, 56, 87
Stellplatzprognose 13
Stellplatzrichtzahlen 43, 163
Stellplatzwerte 48, 51 f.
Stellplatzwünsche 95, 205
Stellplatzziffer 51, 130 f.
Stellung im Beruf 18, 96
Stichstraße 78 f., 88, 131, 134, 164
Straße 10 f., 16, 87, 92, 112, 126, 130
Straßendimensionierung 204
Straßenlärm 78 f.
Straßennetz 58, 132, 134, 141
Straßenparkplatz 65, 90, 98
Straßenrand 16, 72, 87, 95, 141, 159
Straßenraum, öffentlicher 41, 43
Stützen 50, 63, 80, 136

Tiefgaragen 9 f., 12, 16, 29 f., 32, 39, 41 f.,
  50, 53 f., 59, 62, 73 f., 77 - 80, 83 - 86,
  91, 96, 98 - 101, 103, 105, 107, 109 - 112,
  118, 123 ff., 130 ff., 134 - 138, 141 ff.,
  145 - 164, 169 - 198, 200 f., 203 - 207,
  209 ff.
—, mehrgeschossige 118, 141
Tiefgaragenstellplätze 133, 144, 196
Tiefgaragensysteme 123
Teileigentum 85
Terrassenhaus 132

Überdachung 75, 97, 124, 129
Umweltschutz 59
Unfallgefahr 9, 56, 60
Unterflurgarage 83 f., 124 f., 132, 163, 193
Unterstraßengarage 125, 130 ff.

Verdichtung 13, 29 f., 45, 61, 79 f., 82, 101,
  142 f., 145, 157, 164, 168 f., 172, 175,
  177 f., 180, 192, 197, 203, 205, 207
Verkehr 35, 134, 168, 284
—, fließender 10, 12, 27
—, öffentlicher 16, 62, 144, 146, 205, 209
—, ruhender 9 - 14, 16, 27 - 32, 34, 37 f., 40,
  48 f., 51, 54, 56 ff., 60 ff., 65 f., 77, 79 f.,
  83 ff., 87, 90 f., 99, 101, 103, 113, 127,
  141 - 144, 146 f., 157, 164 f., 167, 169,
  184, 192, 194, 200 f., 203 - 206, 209 f.
Verkehrsaufkommen 13, 26
Verkehrsdichte 27
Verkehrserschließung 60, 83 f., 134, 165 f.
Verkehrsfläche 25, 29, 33, 46, 86 f., 130 f.,
  165, 167 - 170, 178 ff., 203
—, öffentliche 35 f., 61, 130, 205
Verkehrsgeräusche 59
Verkehrsgewohnheiten 13, 25
Verkehrslärm 59, 78
Verkehrsmittel, öffentliche 14, 17, 26
Verkehrsnetz 172
Verkehrsplanung 54, 68, 83, 117 f., 129
Verkehrsspitzen 26
Vermietbarkeit 53, 138, 163, 209
Verordnungen 28
Vollbelegung 143
Vollmotorisierung 24, 45, 205
Vollplatzhaus 80
Vollzugsanweisungen 28

Vorausschätzung 26 f.

Wände 50, 63, 105, 138, 157
Wegelänge 77
Wendefläche 79
Wendekreis 63, 73
Wirtschaftlichkeit 9, 11 f., 42, 46, 56, 73,
  84, 142 ff., 185, 193, 200 f.
Wochenendhausgebiete 30
Wochenmarkt 89
Wohnbauland 194 - 199, 209
Wohnbebauung, dichte 60
Wohnbereich 13, 31, 75, 78, 90, 130, 144
Wohndauer 21
Wohndichte 54 f., 101, 130, 164, 167, 200,
  205
Wohnfläche 24, 76 ff., 123, 129, 172, 179
Wohngebiete 10, 12, 14, 18, 21, 26 f., 30 f.,
  40 f., 45, 51 ff., 62, 78, 80, 100, 107,
  118, 124, 130 ff., 142 ff., 164, 203 ff.
—, neue 11, 25, 34, 45, 47 f., 60, 96, 141,
  165, 169, 172, 177 f., 200 ff.
—, reine 30, 39, 46, 58, 80, 142
—, verdichtete 73
Wohngebietszentren 58
Wohnhügel 77, 81 f., 129, 132
Wohnruhe 59 f., 134, 204 f.
Wohnstraßen 43, 134
Wohnterrasse 130
Wohnung 21, 23, 25 - 28, 41, 44, 54, 76 f.,
  80, 82, 123, 130, 163 f., 169, 203, 209
Wohnungsgröße 21, 24 f., 28
Wohnungsmiete 21, 41 f., 49, 143, 164, 210
Wohnwert 9, 11 f., 46, 56, 60, 63, 84, 86,
  100, 143 ff., 203, 206, 209

Zeitverlust 11, 14
Zeitvorteil 10
Zentrum 89 f.
Zielvorstellungen 29, 99
Zinsverluste 210
Zufahrt 67, 71, 79, 106 f., 130, 153, 194
Zufahrtswege 63
Zusammenarbeit, interdisziplinäre 99 f.
Zuschuß 42
Zwischenfinanzierung 25 f., 28, 43, 45, 61,
  174